U0212605

我们的宇宙正在死亡吗？
还可能有其他的宇宙吗？

　　加来道雄博士是一位世界著名的物理学家和畅销书作者。《华尔街杂志》说他擅长将最为玄妙难解的思想解释得通俗易懂。在《平行宇宙》一书中他以引人入胜的方式，带领读者遍览宇宙学和 M 理论，深刻理解其对宇宙命运的意义。

　　继《超越爱因斯坦》和《超空间》之后，在新近出版的这一本有关物理学的书中，加来道雄博士首先讲述了在过去一个世纪，特别是过去 10 年中所出现的改变了宇宙学的那些非凡进展，迫使全世界的科学家重新思考我们对宇宙起源及其最终命运的理解。在加来道雄博士看来，随着 WMAP 、COBE 卫星和哈勃空间望远镜所提供的新发现，宇宙幼年时期的图景以前所未有的方式呈现在了我们面前，所以说我们正生活在一个物理学的黄金时代。

　　当天文学家不辞辛劳地分析了从 WMAP 卫星得到的像雪片一样多的数据之后，一幅新的宇宙图景显现了。到目前为止，有关宇宙起源的最重要的理论是"宇宙膨胀理论"，对大爆炸理论作了重大改进。在这个理论中，我们的宇宙只不过是众多宇宙中的一个，像泡泡一样漂浮在无边无际的泡沫宇宙之海中，随时都有新的宇宙在诞生。一个平行宇宙也许就悬浮在我们的头顶上，相隔只有 1 毫米之遥。

　　对于平行宇宙这一想法，以及对于用以解释平行宇宙之存在的弦理论，科学家一度以怀疑的眼光看待，认为它是神秘主义者、假充内行以及行为怪诞的人所感兴趣的领域。但是今天，已有压倒多数的理论物理学家在支持弦理论和它的最新版本M理论。因为，如果这个理论被证明是正确的话，它将能够以简单优雅的方式把宇宙的四种力归结在一起，同时能够回答"在大爆炸之前发生了什么？"这个问题。

科学可以这样看丛书

Parallel Worlds

平行宇宙

（新版）

穿越创世、高维空间和宇宙未来之旅

〔美〕加来道雄（Michio Kaku） 著

伍义生 包新周 译

在学者的陪同下，
作一次奇妙的宇宙漫游，
他的见解可将我们的想象力推向极限。

重庆出版集团 重庆出版社
果壳文化传播公司

Parallel Worlds by Michio Kaku

Copyright ⓒ 2004 by Michio kaku

Originally Published by Doubleday, an imprint of Random House, in 2004.
Simplified Chinese characters edition arranged through
Andrew Nurnberg Associates International Ltd.
All Rights Reserved
版贸核渝字(2014)第42号

图书在版编目(CIP)数据

平行宇宙:新版/(美)加来道雄著;伍义生,包新周译.—重庆:重庆出版社,2014.4(2023.12重印)

(科学可以这样看丛书/冯建华主编)

ISBN 978-7-229-07764-8

Ⅰ.①平… Ⅱ.①加… ②伍… ③包… Ⅲ.①宇宙—普及读物 Ⅳ.①P159-49

中国版本图书馆CIP数据核字(2014)第065143号

平行宇宙(新版)

PINGXING YUZHOU(XINBAN)

〔美〕加来道雄(Michio Kaku) 著 伍义生 包新周 译

责任编辑:连 果
审 校:冯建华
责任校对:何建云
封面设计:博引传媒·何华成

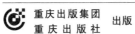 重庆出版集团
重庆出版社 出版

重庆市南岸区南滨路162号1幢 邮政编码:400061 http://www.cqph.com

重庆出版集团艺术设计有限公司制版

重庆市国丰印务有限责任公司印刷

重庆出版集团图书发行有限公司发行

全国新华书店经销

开本:720mm×1 000mm 1/16 印张:20.5 字数:330千
2008年5月第1版 2014年5月第2版 2023年12月第2版第20次印刷
ISBN 978-7-229-07764-8
定价:43.80元

如有印装质量问题,请向本集团图书发行有限公司调换:023-61520678

Advance Praise for Parallel Worlds
《平行宇宙》一书的发行评语

"喜欢宇宙论、时间旅行、弦理论和 10 维或 11 维宇宙的读者可能不会找到比加来道雄博士更好的引导者了,他既是一位亲身从事这方面研究的学者,同时又善于以引人入胜的方式,深入浅出地讲解这一难以琢磨的复杂问题,非常难能可贵。"

——唐纳德·戈德史密斯(Donald Goldsmith),《逃亡的宇宙》和《宇宙的连接》的作者。

"可读性极高,让你轻松涉足在宇宙学前沿而乐不可支。"

——马丁·里斯 (Martin Rees),《我们的宇宙栖息地》和《我们的最后结局》的作者。

"穿越宇宙,突破宇宙,目不暇接,五光十色。加来道雄博士,世界上最优秀的科学作家之一,指点你透过物理世界的寻常表象,看到隐藏其下的奇妙世界:不可思议的暗物质及暗能量,空间中隐藏着的高维度,振动着的弦及其微小的环,宇宙就是靠它们才得以维系。根据加来道雄博士的看法,现实世界其实扑朔迷离,丝毫不亚于最离奇的科幻小说。"

——保罗·戴维斯(Paul Davies),澳大利亚悉尼麦考瑞大学太空生物学中心,《怎样建造一架时间机器》的作者。

"加来道雄博士的又一力作。在《平行宇宙》中,他巧妙地将物理学的前沿变得如同一座游乐园,使你能一边享受乐趣,一边又学到了爱因斯坦的相对论、量子力学、宇宙学和弦理论。但是本书的真正精髓在于,它告诉你加来道雄是如何运用这些强大的工具,来探究多宇宙是否存在,以及,在我们对上帝以及生命的意义进行认知的过程中,它们能给我们以怎样的哲学启迪。"

——尼尔·德格拉斯·泰森(Neil de Grasse Tyson),天体物理学家和纽约城海登天文馆主任,《起源:宇宙演变的 140 亿年》一书的合著者。

"著名物理学家和《超空间》的作者加来道雄,在这个最新探索遥远天际的科学思考中告诉读者,另一个宇宙可能就漂浮在离我们宇宙只有 1 毫米之遥,与我们宇宙平行的一片'振动膜'(膜)上。我们不能将头伸进去到处看一看是因为它存在于超空间,超出了我们的四个维度。然而,加来道雄写道,科学家推测:有可能成为人们长期追求的'万有理论'的 M 理论所创造的膜可能最终相撞,彼此湮灭。这样的碰撞会造成我们所说的大爆炸。加来道雄用通常读者喜爱的风格,讨论了从相对论和量子力学的方程式里出现的幽灵般的物体:虫洞、黑洞和另一端的'白洞';众多的宇宙从另一个宇宙萌生;交替的量子现实,其中的 2004 个电子出现不同的结果。当加来道雄深入探究这个宇宙的过去、现在和可能的未来时,他的观点让读者激动,在我们的鼻子尖外就可能存在另外的宇宙,他承认这很可能是猜测的,从现在开始我们的后代有可能享受无数年;例如,当这个宇宙死亡(死于'大冻结')时,人类能够逃到其他的宇宙中。"

——出版人周刊(*Publishers Weekly*)

"当我们的宇宙最终死亡时,文明能够迁移到另一个宇宙中吗? 纽约城市大学的理论物理学教授加来道雄认为,这种转变的可能性出现在一个新兴的多元宇宙理论中,即'世界是由多个宇宙组成的,而我们的宇宙是其中之一'。我们的宇宙正在膨胀。'如果这个反引力继续,宇宙会最终死于大冻结。'这是一个物理学定律。'但它也是一个演化定律,当环境变化时,生命必须离开、适应或是死亡。'迁移到另一个宇宙是加来道雄引证的一种可能性。另一个可能性是文明可以建立一个'时间隧道',在大冻结之前旅行回到自己的过去。第三个可能性是'整个文明可以通过维度入口注入种子和重建自身,再实现完全的繁荣'。加来道雄善于解释这个宇宙论的想法:其中的弦理论、膨胀、虫洞、空间和时间弯曲、高维度是他论点的基础。"

——科学美国人(*Scientific American*)

"《超空间》的作者加来道雄,在纽约城市大学教理论物理学。听起来挺可怕吗? 他在处理最近的卫星数据时提出,神秘的暗能量占了宇宙的近四分之三。《平行宇宙》倾注了加来道雄对物理学和未来学的兴趣,提出了令人毛骨悚然的问题:更高的维度存在吗? 黑洞可以弯曲时间吗? 当我们的宇宙死亡时,我们可以跳上通往另一个宇宙的星舰吗? 加来道雄探究了宇宙学最近的历史,从牛顿到爱因斯坦,并介绍了他自己的理论。他写得清晰明了,是一本有帮助的好词典。但由于内容丰富和复杂的概念，大多数读者会需要一些帮助。一些评论家建议从布赖恩·格林的《宇宙结构》开始，这是一本漂亮的但仍然困难的书。或者去超弦理论网站 superstringtheory.com，就更容易明白。"

——书签杂志（Bookmarks Magazine）

"物理学家布赖恩·格林的书（如《宇宙结构》）展示了对弦理论和膜理论的兴趣，它断定，物质和能量由 10 维或 11 维以不同频率振动的实体构成。加来道雄是这个领域的先驱理论家，也是一个兴趣广泛、优美流畅的作家（如《平行宇宙》），他能够解释弦理论的本质和含义。弦理论是纯粹的理论构建，在自然界还没有检测到，但是在当前正在发展的一些大型科学观察站的描述进程中，加来道雄预计将会发现这些物理实体存在的证据。从这个乐观的平台出发，加来道雄详尽阐述了为什么天体物理学家钟爱弦理论和膜理论：它们解决了各种无理取闹的宇宙悖论，并且加来道雄认为，最终有可能用只有一英寸长的公式描述我们的宇宙。另一方面，在弦理论的数学参数中允许存在数以百万计的可能的宇宙，并且因为我们的宇宙注定要膨胀成为永恒寒冷的世界，根据宇宙学家当前的思考，早日筹划移民到一个温暖的平行宇宙就很有意义。加来道雄引人入胜的通过时空逃生的猜测，开创了在物理学中用弦理论处理问题的新方法。"

——吉尔伯特·泰勒（Gilbert Taylor）。

"一百年前，阿尔伯特·爱因斯坦彻底改革了宇宙学的科学。《平行宇宙》的作者加来道雄，另一个天才，给我们提供了这门科学的最新信息并推测宇宙的未来。"

——圣安东尼奥快递新闻（San Antonio Express-News）

"加来道雄采用一种平易近人的风格，即使对我们这些很难讲清楚超弦理论和喷彩摩丝气溶胶之间有什么不同的人，也在很大程度上使故事极易理解……迷人的有时简直是难以置信的。"

——科幻杂志（Sci Fi Magazine）

Also by Michio Kaku
Beyond Einstein
Hyperspace
Visions
Einstein's Cosmos

跟随加来道雄
《超越爱因斯坦》
《超空间》
《构想未来》
《爱因斯坦的宇宙》

This book
is dedicated to
my loving wife , Shizue

本书
献给我的妻子静枝

目录

致　谢

　　我要感谢以下科学家,感谢他们花费许多时间接受我的采访。他们的意见、观察和思想极大地丰富了本书的内容,使本书的内容更深刻、更集中。

　　＊诺贝尔奖获得者　史蒂文·温伯格(Steven Weinberg)(得克萨斯大学奥斯汀分校)

　　＊诺贝尔奖获得者　默里·盖尔曼(Murray Gell-mann)(圣菲研究所和加利福尼亚理工学院)

　　＊诺贝尔奖获得者　利昂·莱德曼(Leon Lederman)(伊利诺伊理工学院)

　　＊诺贝尔奖获得者　约瑟夫·罗特布拉特(Joseph Rotblat)(圣巴塞洛缪医院,退休)

　　＊诺贝尔奖获得者　沃尔特·吉尔伯特(Walter Gilbert)(哈佛大学)

　　＊诺贝尔奖获得者　亨利·肯德尔(Henry Kendall)(麻省理工学院,已故)

　　＊物理学家　艾伦·古思(Alan Guth)(麻省理工学院)

　　＊英国皇家学会天文学家　马丁·里斯(Martin Rees)爵士(剑桥大学)

　　＊物理学家　弗里曼·戴森(Freeman Dyson)(普林斯顿大学高等学术研究所)

　　＊物理学家　约翰·施瓦茨(John Schwarz)(加利福尼亚理工学院)

　　＊物理学家　莉萨·兰德尔(Lisa Randall)(哈佛大学)

　　＊物理学家　J. 理查德·戈特(J. Richard Gott Ⅲ)(普林斯顿大学)

　　＊天文学家　尼尔·德格拉斯·泰森(Neil de Grasse Tyson)(普林斯顿大学和海登天文馆)

　　＊物理学家　保罗·戴维斯(Paul Davies)(阿德莱德大学)

　　＊天文学家　肯·克罗斯韦尔(Ken Croswell)(加利福尼亚大学伯克利分校)

　　＊天文学家　唐·戈德史密斯(Don Goldsmith)(加利福尼亚大学伯克利分校)

　　＊物理学家　布莱恩·格林(Brian Greene)(哥伦比亚大学)

　　＊物理学家　库姆兰·瓦法(Cumrun Vafa)(哈佛大学)

* 物理学家　斯图尔特·塞缪尔（Stuart Samuel）（加利福尼亚大学伯克利分校）

* 天文学家　卡尔·萨根（Carl Sagan）（科内尔大学，已故）

* 物理学家　丹尼尔·格林伯格（Daniel Greenberger）（纽约市立学院）

* 物理学家　V. P. 奈尔（V. P. Nair）（纽约市立学院）

* 天文学家　罗伯特·P. 基尔希纳（Robert P. Kirshner）（哈佛大学）

* 天文学家　彼得·D. 沃德（Peter D. Ward）（华盛顿大学）

* 天文学家　约翰·巴罗（John Barrow）（苏塞克斯大学）

* 科学新闻记者　马西娅·巴尔图什克（Marcia Bartusiak）（麻省理工学院）

* 物理学家　约翰·卡斯蒂（John Casti）（圣菲研究所）

* 科学新闻记者　蒂莫西·费里斯（Timothy Ferris）

* 科学作家　迈克尔·莱蒙尼克（Michael Lemonick）（《时代》周刊）

* 天文学家　富尔维奥·梅利亚（Fulvio Melia）（亚利桑那大学）

* 科学新闻记者　约翰·霍根（John Horgan）

* 物理学家　理查德·马勒（Richard Muller）（加利福尼亚大学伯克利分校）

* 物理学家　劳伦斯·克劳斯（Lawrence Krauss）（凯斯西储大学）

* 原子弹设计专家　特德·泰勒（Ted Taylor）

* 物理学家　菲利普·莫里森（Philip Morrison）（麻省理工学院）

* 计算机科学家　汉斯·莫拉韦克（Hans Moravec）（卡内基梅隆大学）

* 计算机科学家　罗德尼·布鲁克斯（Rodney Brooks）（麻省理工学院人工智能实验室）

* 天体物理学家　唐娜·雪莉（Donna Shirley）（喷气推进实验室）

* 天文学家　达恩·韦特海默（Dan Wertheimer）（加利福尼亚大学伯克利分校，在家搜寻地外文明计划）

* 科学新闻记者　保罗·霍夫曼（Paul Hoffman）（《发现》杂志）

* 物理学家　弗朗西斯·埃弗里特（Francis Everitt）（斯坦福大学，引力探测基地）

* 物理学家　西德尼·佩尔科维奇（Sidney Perkowitz）（埃默里大学）

我还要感谢以下科学家，多年来他们促进了有关物理学的讨论，极大地增强了本书的内容：

　　*诺贝尔奖获得者　李政道(T. D. Lee)(哥伦比亚大学)

　　*诺贝尔奖获得者　谢尔登·格拉肖(Sheldon Glashow)(哈佛大学)

　　*诺贝尔奖获得者　理查德·费曼(Richard Feynman)(加利福尼亚理工学院,已故)

　　*物理学家　爱德华·威滕(Edward Witten)(普林斯顿大学高等学术研究所)

　　*物理学家　约瑟夫·吕克(Joseph Lykken)(费米实验室)

　　*物理学家　戴维·格罗斯(David Gross)(加利福尼亚大学圣巴巴拉分校,卡夫利研究所)

　　*物理学家　弗兰克·维尔切克(Frank Wilczek)(加利福尼亚大学圣巴巴拉分校)

　　*物理学家　保罗·汤森德(Paul Townsend)(剑桥大学)

　　*物理学家　彼得·范·尼乌文赫伊泽思(Peter Van Nieuwenhuizen)(纽约州立大学石溪分校)

　　*物理学家　米格尔·维拉索罗(Miguel Virasoro)(罗马大学)

　　*物理学家　布尼·萨基塔(Bunji Sakita)(纽约市立学院,已故)

　　*物理学家　阿肖克·达斯(Ashok Das)(罗彻斯特大学)

　　*物理学家　罗伯特·马沙克(Robert Marshak)(纽约市立学院,已故)

　　*物理学家　弗兰克·蒂普勒(Frank Tippler)(杜兰大学)

　　*物理学家　爱德华·特赖恩(Edward Tryon)(亨特学院)

　　*天文学家　米切尔·比格尔曼(Mitchell Begelman)(科罗拉多大学)

　　我要感谢肯·克罗斯韦尔对本书的众多建议。

　　我还要感谢我的编辑罗杰·肖勒(Roger Scholl),他出色地编辑了我的两本书。他的编辑扎实可靠,极大地增强了本书的魅力,他的意见总是帮助澄清和加深了书的内容和表达。最后,我还要感谢我的代理人斯图尔特·克里切夫斯基(Stuart Krichevsky),这些年来我的所有书都是由他介绍给读者的。

前　言

　　宇宙学是研究宇宙整体的科学,包括宇宙的诞生和它的最终命运。毫不奇怪的是,它经历了缓慢的和痛苦的演变,这种演变常常被宗教的教条和迷信所笼罩。

　　宇宙学的第一次革命是在 17 世纪引进望远镜时产生的。在伟大的天文学家尼古劳斯·哥白尼(Nicolaus Copernicus)和约翰尼斯·开普勒(Johannes Kepler)工作的基础上,伽利略·加利列伊(Galileo Galilei)借助于望远镜的帮助展示了天空的壮观,首次为天空的认真的科学研究打下了基础。宇宙学的这个第一阶段的进展在艾萨克·牛顿(Isaac Newton)的工作中达到了顶点,他最终确定了控制天体运动的基本定律。天体的规律现在不再是魔法和神秘的,而是受可以计算和可以复制的力支配的。

　　宇宙学的第二次革命是在 20 世纪引进大型望远镜产生的。例如威尔逊山上的一架望远镜有一面巨大的直径达 100 英寸(2.54 米)的反射镜。在 20 世纪 20 年代,埃德温·哈勃(Edwin Hubble)利用这架巨大的望远镜推翻了几个世纪以来有关宇宙是静态的和永恒的教条。他证明天空中的星系正以巨大的速度离地球而去,即宇宙在膨胀。这就证实了爱因斯坦广义相对论的结果,它说空间-时间的构造不是平的和线性的,而是动态的和弯曲的。这就给出了宇宙起源的第一个似乎可信的解释,即宇宙开始于"大爆炸",大爆炸将星星和星系飞快地向外送到宇宙空间。由于乔治·伽莫夫(George Gamow)有关大爆炸和弗雷德·霍伊尔(Fred Hoyle)有关元素起源的先驱工作,已经出现了一个概括宇宙演化的框架。

　　现在正在进行第三次革命。大约只有 5 年时间。它是由一连串新的高技术仪器,如空间卫星、激光、引力波探测器、X 射线望远镜和高速超级计算机产生的。我们现在有了关于宇宙性质的最权威的数据,包括它的年龄、它的组成,甚至它的将来和最终的死亡。

　　现在,宇宙学家认识到宇宙正以跑开的模式在膨胀,无限制地膨胀,速度越来越快,随着时间越长宇宙变得越来越冷。如果这样继续下去,我们将面临大冻结的前景,那时宇宙将陷入黑暗和寒冷,所有的智能生命都将死亡。

这本书是写这个第三次大革命的。这本书不同于我早先的关于物理学的、书名为《超越爱因斯坦》(*Beyond Einstein*)和《超空间》(*Hyperspace*)的书,那两本书是向公众介绍高维度和超弦理论的。在《平行宇宙》(*Parallel Worlds*)中注意的问题不是空间-时间,而是在过去几年时间内展现的宇宙学的革命性的发展。这些发展是根据从世界各个实验室和最外层空间得到的新证据和理论物理的新突破。我的意图是不需要任何以前的物理学和宇宙学的背景,就能让读者了解这些发展。

书的第一部分集中在对宇宙的研究上,总结宇宙学早期阶段的进展,最后讲"膨胀"理论,它给了我们到今天为止的大爆炸理论的最完善的表述。书的第二部分特别集中在多元宇宙理论的出现,即世界由多个宇宙组成,我们的宇宙只是其中之一。讨论虫洞、空间和时间弯曲的可能性,以及高维空间可能会怎样连接它们。超弦理论和 M 理论使我们在超越爱因斯坦原始理论的道路上走出重要的一步。它们给我们进一步的证据,说明我们的宇宙只不过是众多宇宙中的一个。书的第三部分讨论大冻结,现在科学家都把它看做是我们宇宙的结局。我也给出一个认真的,尽管是推测的一种可能性。在 1 万亿年后,遥远将来的高级文明也许能利用物理定律离开我们的宇宙,进入另一个更友好的宇宙,开始重新诞生的过程,或在时间上回到宇宙温暖的时期。

随着我们今天收到的大量的新数据,随着新的工具,如能够扫描天空的空间卫星,随着新的城市大小的原子对撞机接近完成,物理学家感到正在进入一个宇宙学的黄金时代。简而言之,对物理学家来说,对于一位宇宙起源和命运的探索者来说,一个伟大的时代即将来临。

PART ONE
THE UNIVERSE

第 一 部 分

宇　宙

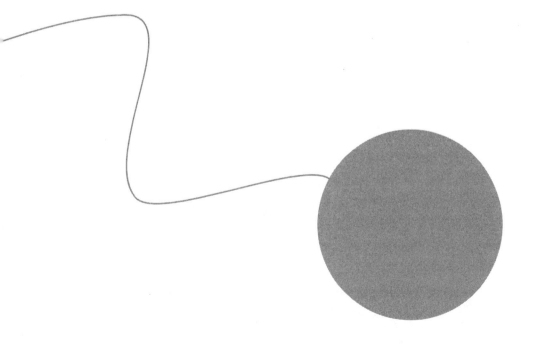

第1章　宇宙诞生时的情景

　　诗人只想把他的头脑放入天空抒发情怀。逻辑学家却想把天空放入他的头脑探寻秘密。结果分裂的是他的头脑。

——G. K. 切斯特(G. K. Chesterson)

　　当我是一个孩子的时候,我内心的信仰有冲突。我的双亲是在佛教的传统下长大的。但我每周去主日学校上课,我喜欢这里讲的有关鲸鱼、方舟、盐柱、肋骨和苹果的圣经故事。这些古老的寓言让我着迷,这些内容是我最喜欢主日学校的地方。对我来说,有关大洪水、燃烧的丛林和逝去的流水,比起佛教的圣歌和沉思冥想更让我激动不已。事实上,这些古代的有关英雄事迹和悲剧的传说给我上了一堂生动的道德和伦理课,这些教育伴随了我的一生。

　　在主日学校里,有一天我们学习"创始"。读到上帝在天上雷鸣般地说:"让世界充满光明!"这些话语听起来比有关"涅槃"的沉思冥想更为生动。出于好奇,我问我的主日学校老师:"上帝有母亲吗?"平时她回答问题总是很果断,每次都给我深刻的道德教育。然而,这一次她被问住了,她迟疑地说上帝大概没有母亲吧。我问她:"那么上帝是从哪来的呢?"她咕哝着说,关于这个问题她要问问牧师。

　　我当时没有认识到我意外地触及到一个重大的神学问题。我迷惑了,因为在佛教中根本没有上帝,只有无始无终的永恒的宇宙。后来,当我研究有关世界的神话时,我知道了在宗教上有两种类型的宇宙论:一种理论是上帝在一瞬间创造了宇宙,另一种理论是宇宙过去、现在和将来都永远如此。

　　我想,两种理论不可能都是对的。

　　后来,我开始发现这些共同的主题贯穿在很多其他的文化中。例如,在中国的神学中,开始时有一个宇宙蛋。幼儿上帝盘古几乎是永久地居住在这个漂浮在无形的混沌海上的蛋中。当他最终孵化出世后,他长得无比地大,每天长10英尺多(3米多),蛋壳的上半部分变成了天,下半部分变成了地。一万八千年后,他死了,诞生了我们的世界,他的血变成了河,他的眼变成了太阳和月亮,他的声音变成了雷。

盘古神话以各种方式反映了一个在其他宗教和古代神学中所建立的主题,即宇宙是从无到有创造的。在希腊神学中,宇宙起源于混沌状态。事实上,混沌一词来源于希腊意思为"深渊"这个词。这个毫无特色的空洞通常被描绘为一个海洋,在巴比伦和日本的神学中就是这样描绘的。这个主题也出现在古埃及神学中,太阳神 Ra(拉。被画成鹰头而戴太阳之冠的古埃及人的主神。——译者注)是从漂浮的蛋中出现的。在玻利尼西亚神学中,宇宙蛋被一个椰子壳代替。玛雅人相信的故事又有一些变化,宇宙诞生,但五千年后最终死亡,然后又一次一次复兴,诞生和毁灭无休止地循环。

这些从无到有的神话是与佛教的宇宙论及某种形式的印度教截然不同的。在这些神学中,宇宙是永恒的,无始无终的。存在的级别有很多,最高的是"涅槃",它是永恒的,只有通过沉思冥想才能达到。在印度佛教的教义中写道:"如果上帝创造了世界,在创造世界之前他在哪里呢?……要知道世界不是创造的,就像时间那样没有开始和终结。"

这些神学明显地互相矛盾,不能明确地说出谁对谁错。它们是相互排斥的:宇宙或者有开始,或者没有,显然没有折中的余地。

然而今天似乎出现了一个解决方案,这是由全新的科学世界的发展,由新一代的翱翔在外层空间的强大科学仪器所得出的结果。古代神学依赖的是讲故事的人的智慧解释世界的起源。今天,科学家则利用一组卫星、激光、重力波探测器、干涉仪、高速超级计算机和因特网,革新我们对宇宙的理解,给我们有关宇宙起源的更加引人注目的描述。

从科学探测数据逐渐得出的是两种相互对立的神学的合成。科学家推测,"起源"也许在无止境的"涅槃"海洋中重复发生。在这个新的图片中,我们的宇宙可以比做漂浮在巨大"海洋"上的一个气泡,在这个"海洋"上不断有新的气泡形成。根据这个理论,宇宙像开水中形成的气泡,在不断地产生,漂浮在一个更大的舞台上,即一个 11 维的超空间"涅槃"上。越来越多的物理学家认为我们的宇宙的确是从一次火灾中,从一个大爆炸中产生的,但它也与其他宇宙的永恒的海洋并存。如果我们是对的,大爆炸甚至就在你读这本书时正在发生。

全世界的物理学家和天文学家现在都在推测这些并行的世界会是什么样子,服从什么规律,它们怎样诞生,最终如何死去。大概这些世界是荒无人迹的,没有生命的基本要素。或者也许它们只是看上去像我们的宇宙,被一个单一的使这些宇宙脱离我们宇宙的量子事件所分开。一些物理学家推测,也许有一天,随着我们生存的宇宙变老和变冷,生命难以继续维持,我们将不得不离开它,逃到另一个宇宙中去。

驱动这些新理论的动力是从空间卫星拍照宇宙创建时留下的残迹所得到的大量的数据。最显著的是,科学家现在将零点定在大爆炸发生后仅 380 000 年后所发生的事情。那时,宇宙创建时的余晖首次充满了宇宙。这种从宇宙创建时所产生的辐射的最引人注目的描述大概是从 WMAP 卫星的新仪器得来的。

宇平 宙行 WMAP 卫星

2003 年 2 月,一些通常持保留态度的天体物理学家在谈论从最近一颗卫星得到的精确数据时,异口同声地赞叹道:"不可思议!""一个新的里程碑!"WMAP(威尔金森微波各向异性探测器)是以宇宙学家大卫·威尔金森(David Wilkinson)的名字命名的,于 2001 年发射升空,已给予科学家前所未有的精确的年龄仅有 380 000 年的早期宇宙的详细图片。从诞生恒星和星系的原始火球留下的巨大能量环绕了我们的宇宙几十亿年。今天,它最终被 WMAP 卫星异常详细地捕捉在影片上,产生了一幅以前从未见过的天空照片,惊人地、详细地呈现大爆炸所产生的微波辐射。这些辐射被《时代》周刊叫做"创世的回波"。天文学家再也不会以同样的方式看待天空了。

普林斯顿大学高等学术研究所的约翰·巴赫恰勒(John Bahcall)说:"WMAP 卫星的发现代表了宇宙学从推测到精密科学的跨越。"从宇宙历史的早期得到的这些数据使宇宙学家首次能够精确回答远古时代的所有问题,自从人类第一次看到夜晚天空的美丽景色,这些问题就一直困惑着人类,并激发起他们的好奇心。宇宙有多大年纪了? 宇宙是由什么构成的? 宇宙的命运是什么?

(1992 年的前一颗 COBE〔宇宙背景探测卫星〕给了我们这些充满天空的背景辐射的第一张聚焦不好,从而模糊不清的图片。尽管这个结果是革命性的,但是因为它给出的早期宇宙的图片太不清楚了,所以令人失望。但这并没有妨碍出版界将这张照片激动地称为"上帝的脸"。然而,从 COBE 卫星得到的这张模糊的照片更确切的说法应该是代表宇宙幼年的"婴儿照片"。如果今天的宇宙是一个 80 岁的老人,则 COBE 卫星和后来的 WMAP 卫星所得到的照片是一个新生的不到 1 天的宇宙。)

WMAP 卫星能够给我们前所未有的宇宙幼年的照片的原因是,夜晚的天空像一架时间机器。因为光传播的速度是有限的,我们在夜晚看到的星星是它过去的样子,而不是现在的样子。光从月球到达地球需要 1 秒多钟,因此当我们凝视月亮时,我们看到的是它 1 秒钟以前的样子。光从太阳到达地球需要大约 8 分钟。同样,我们在天上看到的很多熟悉的星星是如此之远,光从这些星星到达我们的眼睛需要 10 到 100 年。换句话说,它们距离地球 10 到 100 光年。1 光年大约是 6 万亿英里(约 9.656 万亿千米),或光 1 年走过的距离。从遥远星系来的光可能有几亿到几十亿光年之远。结果,这些光代表了"化石"光,有些甚至是在恐龙出现之前就发射出来的光。我们用天文望远镜能够看到的有些天体叫做类星体,它们是巨大的发动机,在可见宇宙边缘附近发出难以想象的能量,这些类星体离地球 120 亿到 130 亿光年。现在,WMAP 卫星已检测到甚至是在此之前从创造宇宙的原始火球所发出的辐射。

为了描述宇宙,宇宙学家有时采用从曼哈顿 100 多层高的帝国大厦向下看的例子来说明。当你从顶层向下看时,你仅仅能够看到街道水平面。如果帝国大厦的基础代表大爆炸,那么从顶层向下看,遥远的星系将位于第 10 层。通过地球上的望远镜看到的遥远的类星体将位于第 7 层。WMAP 卫星所测量的宇宙背景则仅高出街道半英寸(约 1.27 厘米)。这样 WMAP 卫星测量得出的宇宙年龄为 137 亿年的准确度达到令人吃惊的 1%。

WMAP 卫星完成的使命是十几年来天体物理学家艰苦工作所达到的顶点。WMAP 卫星的设想是在 1995 年首次提交给 NASA(美国国家航空航天局)的,两年之后得到认可。在 2001 年 6 月 30 日,NASA 将 WMAP 卫星搭载在德尔塔 Ⅱ (Delta Ⅱ)火箭上,将它发射到位于地球和太阳之间的太阳轨道上。目标仔细选在拉格朗日点 2(或 L 2 点,一个特殊的靠近地球的相对稳定点)。从这一有利的地点,该卫星总能背向太阳、地球和月亮,因此能够得到完全不受障碍的宇宙的视野,它每 6 个月完整地扫描一次整个天空。

它的仪器是最新式的。利用它的强大的传感器,它能够检测大爆炸所留下的充斥宇宙的微弱的微波辐射,但是这些辐射大部分被我们的大气吸收掉了。这颗由铝合金和复合材料制造的卫星内径 3.8 米(11.4 英尺),外径 5 米(15 英尺),重 840 千克(1 850 磅)。它有两架背靠背的望远镜聚焦来自周围天空的微波辐射,它最终将数据用无线电发回到地球。它的电源仅 419 瓦,相当于 5 只普通的灯泡。离开地球 100 万英里(约 161 万千米),WMAP 卫星位于地球大气的干扰之外,微弱的微波背景辐射不会被地球大气遮挡,并且能够持续不断地观察整个天空。2002年4月,该卫星完成了对整个天空的首次观察。6个月后做了第二次整个天空的观察。今天,WMAP卫星给了我们最完善的、详细的微波辐射图,这是以前从来没有得到过的。1948年,乔治·伽莫夫和他的小组曾首先预言了WMAP卫星所检测的微波背景辐射。他还指出这一辐射有一个与其相关的温度。WMAP卫星测量的这个温度比绝对零度K(-273.15 ℃)高一点,在绝对温度2.724 9至2.725 1度(K)之间。

　　WMAP卫星所拍摄的天空图用肉眼看上去并不怎么有趣,只是一群随机分布的斑斑点点。然而,这些斑斑点点却让一些天文学家激动得落下眼泪,因为它们代表了在宇宙创造之后不久所发生的大爆炸所产生的原始火灾的波动和不规则。这些小的波动就像“种子”一样从此以后无限膨胀,就像宇宙本身向外爆炸一样。今天,这些小的种子发展成我们所看到的照亮天空的星团和星系。换句话说,我们所在的银河系(Milky Way galaxy)和我们周围的星团曾经是这些波动之一。通过测量这些波动的分布,我们看到星团的起源就像画在天上的宇宙织锦上的小点。

图1　这是WMAP卫星拍照的宇宙的“婴儿照片”,因为拍的是它仅有380 000
　　　岁时的照片。每个点很可能代表在创造余晖中的微小量子波动,它们随
　　　后膨胀,创造了我们今天看到的星团和星系。

　　今天,大量的天文数据积累的速度超过了科学家建立理论的速度。事实上,我认为我们正进入一个宇宙理论的黄金时代。(尽管WMAP卫星给人深刻的印象,但与欧洲2007年要发射的普朗克〔Planck〕卫星相比,它可能会成为一个矮子。普朗克卫星将给天文学家更加详细的有关微波背景辐射的图片。)在多年的思索和疯狂的猜想之后,今天宇宙论终于成熟。在历史上,宇宙学家因名声不是太好而感到痛苦。他们满怀激情所提出的有关宇宙的宏伟理论仅仅符合他们的一点可怜的数据。正如诺贝尔奖获得者列夫·兰道(Lev Landau)所讽刺的:"宇宙学家常常是错误的,但从不被怀疑。"科学界有句格言:"思索,更多的思索,这就是宇宙学。"

20世纪60年代后期,我在哈佛大学主修物理,我考虑是否有研究宇宙学的可能性。从童年开始我就对宇宙的起源着迷。然而,只要看一看这个领域就知道它令人困窘。它根本不是一门实验科学,不能用精密的仪器检验你的假设,而是一些不精确的猜测的理论。宇宙学家忙于激烈地争论,世界是在宇宙大爆炸时诞生的?还是自始至终以稳定的状态一直存在?但是由于数据太少,各种理论的数量超过了数据的数量。事实上,数据越少,争论越激烈。

在整个宇宙学的历史中,由于可靠数据太少,导致天文学家的长期的不和和痛苦,他们常常几十年愤愤不平。例如,就在威尔逊山天文台的天文学家艾伦·桑德奇(Allan Sandage)打算做一篇有关宇宙年龄的讲演前,先前的发言者辛辣地说:"你们下一个要听到的全是错的。"当桑德奇听到反对他的人赢得了很多听众,他咆哮着说:"那是一派胡言乱语。它是战争——它是战争!"

宇宙的年龄

天文学家一直渴望知道宇宙的年龄。几个世纪以来,学者、牧师和神学家一直试图估计宇宙的年龄,在他们的探讨中所用的唯一方法是自亚当和夏娃所产生的人类的宗谱。在20世纪,地质学家利用岩石中残存的放射性元素给出地球年龄的最佳估计。与此相比,今天的WMAP卫星测量了大爆炸的回波,给我们最具权威的宇宙的年龄。WMAP卫星数据揭示,我们的世界是在137亿年前发生的剧烈的大爆炸中诞生的。

(多年来,一个困扰宇宙学的最令人不安的事实是,由于数据不完善,计算得出的宇宙的年龄常常比行星和恒星的年龄要年轻。以前估计的宇宙的年龄是10亿到20亿年,与地球的年龄45亿年和最老的恒星的年龄120亿年相矛盾。现在,这些矛盾消除了。)

WMAP卫星对希腊人2 000年前提出的宇宙是由什么构成的争论问题,给出了意想不到的转折性的答案。过去一个世纪,科学家相信他们已经知道了这个问题的答案。经过上千次艰苦的实验,科学家得出结论:宇宙是由大约 100 多种不同类型的原子构成的。这些原子在元素周期表上按次序排列,第一个是氢元素。这一理论成为现代化学的基础,事实上,在每个高中的科学课程上都是这样教的。WMAP 现在毁灭了这种信念。

为了确认以前的实验,WMAP 卫星得出我们所看见的周围的物质,包括山、行星、恒星和星系只占宇宙总物质和总能量的 4%。(在这 4% 的物质中,绝大部分是氢和氦,大约只有 0.03% 是重元素。)宇宙大部分实际上是由完全不知道起源的、神秘的、不可见的物质构成的。我们所熟悉的构成我们世界的元素仅占宇宙的 0.03%。在某种意义上,科学被拉回到几个世纪以前,那时还没有出现原子假设,因为物理学家掌握了事实:宇宙是由全新的、不知道的物质和能量形式所支配的。

根据 WMAP 卫星的观测,宇宙的 23% 是由奇怪的、不确定的、叫做暗物质的物质构成的。这些物质有重量,以巨大的光环围绕着星系,但是它们完全看不见。暗物质在我们的银河系是如此普遍和丰富,以至它的重量为所有星星的 10 倍。尽管看不见,这种奇怪的暗物质能够间接地被科学家观察到,因为它能使星光(starlight)弯曲,就像玻璃那样,因此可以靠它所产生的光线扭曲量来定位。

谈到从 WMAP 卫星数据得到的奇怪结果时,普林斯顿大学天文台的天文学家约翰·巴赫恰勒(John Bahcall)说:"我们生活在一个难以置信的、疯狂的宇宙中,但它是一个我们现在已经知道了它的详细特性的宇宙。"

但是,从 WMAP 卫星数据得出的最令人吃惊的大概是宇宙的 73% 是由完全不知道的叫做暗能量形式构成的,或隐藏在空间的看不见的能量构成的。爱因斯坦在 1917 年曾提出暗能量的概念,后来又放弃它(他将它称为他的"最大的错误")。现在暗能量又作为整个宇宙的驱动力重新出现了。现在人们相信这个暗能量产生一个新的反引力场,它使星系分开。宇宙自身的最终命运将由暗能量决定。

目前,没有一个人知道暗能量是从何而来。华盛顿大学西雅图分校的天文学家克雷格·奥甘(Craig Hogan)承认:"坦率地说,我们确实不理解它,我们知道它的效果,但我们完全没有线索……每个人都没有它的线索。"

如果我们采用最新的亚原子粒子理论来试图计算这个暗能量的值,我们发现它的数值为 10^{120},即 1 的后面跟 120 个零。这个理论和经验的矛盾远远超出了科学历史上发现的最大差距。这是一个最令我们困惑的问题——我们最好的理论不能计算整个宇宙最大能量源的值。可以肯定,有很多很多的诺贝尔奖在等待勤奋工作的、能够揭示暗物质和暗能量秘密的人。

宇宙平行 膨胀

　　天文学家仍然试图竭力处理从 WMAP 卫星得来的大量数据。因为它将古老的宇宙概念一扫而光,一个新的宇宙学的图景正在出现。查尔斯·L. 班尼特(Charles L. Bennett)是帮助建立和分析 WMAP 卫星的国际小组的领导人,他说:"我们已经奠定了统一的、一致的宇宙学理论的基础。"迄今为止,最先进的理论是"宇宙膨胀论",它是大爆炸理论的重大更新,该理论是麻省理工学院的物理学家艾伦·古思(Alan Guth)首先提出的。在膨胀过程中,在一万亿分之一的一万亿分之一秒,一个神秘的反引力的力引起宇宙比预想的更快的速度膨胀。该膨胀期是难以想象的爆炸式的,宇宙膨胀的速度比光速更快。(这不违反爱因斯坦对任何物体的速度都不能超过光速的断言,因为膨胀的空间是真空的空间。而实质性的物体不能超越光速。)在几分之一秒中,宇宙不可想象地扩大了 10^{50} 倍。

　　为了直观地说明此膨胀期的动力,想象一个正在膨胀的气球,在气球表面画了一个星系。我们所看到的充满了星星和星系的宇宙都位于这个气球的表面上,而不是在气球的内部。现在在气球上画一个用显微镜才可见的小圆圈。此小圆圈代表可见的宇宙,即用我们的望远镜所看到的一切。(打个比方,如果整个可见的宇宙像亚原子粒子那样小,那么实际的宇宙比我们看见的我们周围的可见宇宙要大许多许多。)换句话说,膨胀的速度是如此之快,以至于超出我们的可见宇宙的整个区域并将永远超出我们可以达到的范围。

　　事实上,膨胀是如此巨大,在我们的视野范围内,气球看上去似乎是平的。这一事实已被 WMAP 卫星实验证实了。同样,地球看上去似乎是平的,因为与地球半径相比我们人太小了。宇宙看上去是平的,只是因为它在更大的尺度上是弯曲的。

　　如果假定早期的宇宙经历了膨胀的过程,我们就可以毫不费力地解释很多有关宇宙的谜团,比如为什么它看上去是平坦的和均衡的。物理学家乔尔·普里马克(Joel Primack)在评论膨胀理论时说过:"没有一个理论能像膨胀理论这样完美,以前曾认为它是错的。"

平行宇宙 **多元宇宙**

　　尽管膨胀理论与 WMAP 卫星得到的数据一致,但它仍然回答不了一些问题,如由什么引起膨胀? 是什么引发了反引力使宇宙膨胀? 有 50 多种建议解释是什么引起膨胀,是什么最终终止膨胀,创建了我们所看见的我们周围的宇宙。但未达成共识。大多数物理学家赞同快速膨胀期这一核心思想,但是没有确切的建议回答膨胀背后的发动机是什么?

　　因为无人确切地知道膨胀是怎样开始的,所以同一机理总有可能再次发生,即膨胀式的爆炸可能重复发生。斯坦福大学的俄罗斯物理学家安德烈·林德(Andrei Linde)就提出了这样的想法,即不管是什么机理引起部分宇宙突然膨胀,该机理可能仍然在起作用,也许会意外地引起宇宙其他遥远的区域也发生膨胀。

　　根据这个理论,一小片宇宙可能突然膨胀、“发芽”,萌生一个“子代”宇宙或“婴儿”宇宙,这些宇宙又可能萌生另一个婴宇宙,如此不断进行下去。想象吹一个肥皂泡到空中。如果我们使劲吹,我们看到有些肥皂泡分成两半,产生新的肥皂泡。宇宙可能会以相同的方式不断产生新的宇宙。如果这是真的,我们可能生活在这样一个宇宙的海洋上,每个宇宙像一个漂浮在其他肥皂泡海洋上的一个肥皂泡。事实上,比“宇宙”更确切的词应该是“多元宇宙”(multiverse)或“无限维度宇宙”(megaverse)。

　　林德(Linde)将这一理论叫做永恒的、自我再生的膨胀,或“混沌膨胀”(chaotic inflation),因为他预想的是一个绝无终止的平行宇宙连续膨胀的过程。首次提出膨胀理论的艾伦·古思(Alan Guth)说:“膨胀理论几乎是强迫我们接受多元宇宙的思想。”

　　这一理论也意味着,我们的宇宙可能在某个时候萌生了它自己的一个婴宇宙。也许我们自己的宇宙也是从更古老、更早期的宇宙萌生出来的。

　　马丁·里斯(Martin Rees)爵士是大英帝国皇家学院的天文学家,他说:“我们通常所说的‘宇宙’可能只是全体成员中的一员。可能存在不计其数的规律不同的其他宇宙。我们所在的宇宙属于与众不同的子集,在这个宇宙中允许复杂的事物和意识得以发展。”

　　所有这些关于多元宇宙主题的研究活动让人们开始思索,这些其他的宇宙

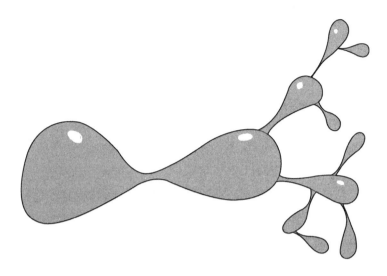

图 2　越来越多的理论证据支持多元宇宙的存在,在多元宇宙中,
整个宇宙不断地发芽或萌生其他的宇宙。如果这是真的,它
将统一两种重大的宗教神学,"创始"和"涅槃"。在无始无
终的"涅槃"的织构中"创始"不断发生。

看起来会是什么样子?是不是也有生命?是不是最终有可能与他们取得联系?
加利福尼亚理工学院、麻省理工学院、普林斯顿大学和其他研究中心的科学家已
经进行了计算,以确定进入平行宇宙是不是符合物理学的规律。

宇平宙行 M 理论和 11 维空间

　　科学家曾以怀疑的眼光审视平行宇宙这一思想,因为它太神秘、太夸张和太
奇异了。任何敢于研究平行宇宙的科学家都会受到嘲笑和伤害他的事业生涯,
因为即便是现在也没有实验证据证明它们的存在。

　　但是,近年来潮流急剧改变,本星球杰出的思想家都在极为兴奋地探讨这一
课题。这种突然的转变是由于一个新的理论,"弦理论"的出现,它的最新版本
叫做"M 理论"。该理论让我们不仅有可能揭示多元宇宙的性质,还让我们能
"解读上帝的心思",正如爱因斯坦曾经雄辩地指出的那样。如果这一理论被证
明是正确的,这将代表过去 2 000 年自希腊人首先开始探索单一的、一致的和全
面的宇宙理论以来的物理学研究的最高成就。

关于弦理论和 M 理论所发表的论文数量是惊人的,有几万篇。关于这个课题举办了几百次国际会议。世界上每一个主要的大学或者有一个小组在研究弦理论,或者拼命地想认识它。尽管此理论不能用我们今天的薄弱的仪器来检测,但它仍然激发了物理学家、数学家,甚至经验主义者的极大兴趣。他们希望能在将来利用外层空间强大的引力波检测器和巨大的原子对撞机检测此理论的正确性。

最终,这个理论可能回答自大爆炸理论提出以来一直困扰宇宙学家的问题:在大爆炸之前发生了什么?

这要求我们运用物理学知识的全部力量,运用几个世纪以来所积累的每一个物理发现。换句话说,我们需要一个"万物的理论",一个包括驱动宇宙的各种物理力的理论。爱因斯坦花费了他生命的最后 30 年追寻这种理论,但他最终未能成功。

目前,能够解释控制宇宙力多样性的最重要的(和唯一的)理论是弦理论,或者它的最近的化身 M 理论。(M 代表"膜",也包含"神秘"、"魔法"甚至"母亲"的意思。尽管弦理论和 M 理论基本上是相同的,但 M 理论是一个更神秘的、更完善的、统一各种弦理论的框架。)

自古希腊以来,哲学家就已推测:最终组成大块物质的可能是微小的叫做原子的粒子。今天,用我们强大的原子对撞机和粒子加速器,我们已经能够将原子分裂为电子和原子核,原子核又可分裂为更小的亚原子粒子。但是我们找不到一个优雅的、简单的框架,从加速器发现的是几百个亚原子粒子,名字也很奇怪,如:中微子、夸克、介子、轻子、强子、胶子、W 玻色子,等等。很难相信,大自然在它最基本的层次上会产生这么多令人糊涂的奇异的亚原子粒子群。

弦理论和 M 理论是根据一个简单的和美妙的思想,即构成宇宙的让人困惑的各种亚原子粒子类似于可以在小提琴琴弦上演奏的音调,或在鼓膜上演奏的鼓点。("弦"和"膜"不是普通的弦和膜,它们存在于第 10 维和第 11 维超空间。)

传统上,物理学家把电子看做是无限小的点粒子。这意味着物理学家不得不为他们发现的几百种亚原子的每一个都引进不同的点粒子,结果造成十分混乱的局面。但是根据弦理论,如果我们有一个超级显微镜能够探测到一个电子的心脏,我们将会看到它根本不是点粒子,而是一个很小的振动的弦。只是因为我们的仪器太粗糙,它才看上去是一个点粒子。

这些很小的弦依次以不同的频率振动和共鸣。如果我们拨动这个振动的弦,那么它就会改变模式,变成另一个亚原子粒子,如夸克粒子。再把它拨动,它又将转变成中微子。用这种方式,我们可以将众多的亚原子粒子解释为不是别的,而是弦的不同的音调。我们现在可以将实验室看到的几百个亚原子用一个单一的弦这个物体来代替。

用这个新的词汇,经过几千年的试验仔细构造的物理学定律不是别的,只是人们为弦和膜书写的协调规律。化学定律是人们可以在这些弦上演奏的悦耳音调。宇宙是弦的交响曲。爱因斯坦意味深长地所谱写的有关"上帝的心思"是整个超空间的宇宙音乐共鸣。(这又产生了另一个问题:如果宇宙是弦的交响曲,那么有作曲家吗? 我在后面的第 12 章讨论这个问题。)

音乐类比	弦的对照物
音乐符号	数学
小提琴弦	超弦
音调	亚原子粒子
协调规律	物理
悦耳的音调	化学
宇宙	弦的交响曲
"上帝的心思"	整个超空间的音乐共鸣
作曲家	?

平行
宇宙 **宇宙的终结**

WMAP 卫星不仅让我们更精确地看到早期的宇宙,它也给出我们的宇宙将如何死亡的最详细的图片。正如神秘的反引力在创世之初将星系推开一样,这同一个反引力正将宇宙推向它的最终命运。以前,天文学家认为宇宙的膨胀正逐渐减慢。现在,我们认识到,宇宙的膨胀是加速的,星系正以不断增加的速度飞快地离开我们。构成宇宙物质和能量 73% 的同一个暗能量正在加速宇宙的膨胀,以日益增加的速度将星系推开。空间望远镜研究所的亚当·里斯(Adam

Riess)说:"宇宙就像一个见到红灯减慢速度的驾驶员,当红灯变成绿灯时踩油门加速前进。"

除非有什么意外的事情发生使这个膨胀过程逆转,在 1 500 亿年内我们的银河系将变成一个孤岛,在银河系附近99.999 99%的星系将跑到可见宇宙的边缘之外。夜晚天空中熟悉的星系将跑到离开我们如此遥远的地方,以致它们的光线永远也不能到达我们。这些星系本身不会消失,但它们离得太远,我们的望远镜不能再看到它们。尽管可见宇宙包含大约 1 000 亿个星系,但在 1 500 亿年后仅能见到局部超星系团中的几千个星系。在更加遥远的将来,只有由 36 个星系组成的我们的本地星群构成整个可见的宇宙,几十亿个星系将漂出地平线的边缘之外。(这是因为本地星群的引力足以克服膨胀力。反过来说,当遥远的星系离开视野,生活在这个黑暗世纪的任何天文学家可能根本检测不到宇宙的膨胀,因为本地星系群内部不膨胀。在遥远的未来,第一次分析夜晚天空的天文学家可能认识不到有任何膨胀,于是得出结论说:宇宙是静态的,仅由 36 个星系构成。)

如果这个反引力继续下去,宇宙将最终死亡,形成大冻结。由于深层空间的温度趋于绝对零度,分子本身都很难运动,宇宙中的所有智能生命将最终被冻死。在几万亿的几万亿年之后,恒星将不再发光,它们的核火因燃料耗尽而熄灭,夜晚的天空将永远是漆黑一片。宇宙膨胀留下来的仅仅是由矮星、中子星和黑洞构成的寒冷的、死亡的宇宙。更远更远的将来,黑洞本身也将蒸发掉它们的能量,留下一个毫无生气的由漂浮基本粒子颗粒构成的寒冷的薄雾。在这样一个荒凉的寒冷的宇宙中,任何可以想象的生命形式实际上都是不可能的。在这样一个冻结的环境中,热力学的铁律不允许有任何信息传递,所有的生命必然灭绝。

在 18 世纪就有人开始认识到宇宙最终将可能冰冻而死。查尔斯·达尔文(Charles Darwin)在评论物理学定律似乎注定了所有智能生命必将灭亡这一令人沮丧的结局时写道:"我相信在遥远将来的人类比起现在将是更加完善的生物,一想到人类和所有其他有知觉的生物在这个长期持续的缓慢过程中注定要完全灭绝,让人不能忍受。"不幸的是,从 WMAP 卫星得到的最新数据似乎证实了达尔文的担忧。

逃往超空间

物理学定律决定了宇宙间的智能生命将注定面临死亡。但是也有进化定律,当环境改变时生命可以适应环境而生存下去,或者死亡。因为生命不可能适应因冻结而死亡的宇宙,因此为了避免死亡唯一的选择是离开我们这个宇宙。当宇宙面临最终死亡的时候,几万亿年后的文明是不是有可能具备了必要的技术,乘坐空间"生命之船"离开我们的宇宙,漂向另一个更年轻、更温暖的宇宙呢?或者是不是他们能够利用超级技术构建"时间弯曲",返回到过去他们自己的那个更温暖的年代呢?

另一个极端的构思是:有些物理学家提出了一些似乎可信的计划,利用可利用的最先进的物理学,提供最现实的空间入口或通往另一个宇宙的通路。当物理学家计算是不是人们可能利用"外来的能量"和黑洞找到通往另一个宇宙的通道时,全世界物理实验室的黑板上充满了抽象的方程。几百万年到几十亿年以后的文明是不是能在技术上开发出已知的进入另一个宇宙的物理定律呢?

剑桥大学的宇宙学家斯蒂芬·霍金(Stephen Hawkin)曾俏皮地说:"虫洞,如果存在的话,会是快速空间旅行的理想通道。你可以穿过虫洞到星系的另一侧,然后赶回来吃午餐。"

如果"虫洞"和"空间入口"尺寸太小,无法让大批的人离开我们的宇宙,那么还有另一个选择:将高级智能文明的总信息量浓缩到分子级别,把它们送到通道的入口,然后在另一端重新自我装配。用这种方式,整个文明可以将它的种子通过空间通道,然后重建它的光辉。超空间不是理论物理学家手中的玩物,在宇宙面临死亡时,它是拯救智能生命的最终途径。

但是要完全理解这些内容的含义,我们必须首先了解宇宙学家和物理学家是怎样经过千辛万苦才得到这些令人吃惊的结论的。在《平行宇宙》这本书中,我们将审阅宇宙学的历史,几个世纪以来在这个领域所产生的矛盾,最后阐述与所有实验数据相符合的膨胀理论,以及我们不得不接受的多元宇宙的概念。

第2章 荒谬的宇宙

如果在创世时我在的话,我会给出一些有用的暗示,让宇宙的秩序变得更好。

——智者阿方斯(Alphonse the Wise)

该诅咒的太阳系。这里的光线太坏、行星太遥远、彗星令人烦恼、发明才能太弱,我能创造一个更好的宇宙。

——杰弗里勋爵(Lord Jeffrey)

莎士比亚在戏剧《皆大欢喜》(*As You Like It*)中写下一段不朽的话:

整个世界是一个舞台,
所有的男人和女人只是演员,
他们都将进场和退场。

在中世纪,世界的确是一个舞台,但它是一个小的静态的舞台,是由一个小的扁平的地球构成的,在它周围有天体以其完美的天体的轨道神秘地绕它运动。彗星被看做是预示国王死亡的预兆。当1066年的大彗星掠过英国的上空时,它吓坏了哈罗德(Harold)国王的撒克逊(Saxon)士兵,他们很快输给了征服者威廉(Willian)的进攻得胜的军队,奠定了现代英国形成的舞台。

同一颗彗星1682年又一次掠过英国的上空,又一次在整个欧洲引起恐慌。似乎每一个人,从农民到国王都被这颗扫过天空的意想不到的天上游客所迷惑。这颗彗星从何处来? 到何处去? 它意味着什么?

埃德蒙·哈雷(Edmund Halley)是一个富有的绅士,一个业余天文学家,他对这颗彗星十分着迷,于是他去征求他那个时代最伟大的科学家之一,艾萨克·牛顿的意见。当他问牛顿是什么力可能控制这颗彗星的运动时,牛顿平静地回答:这颗彗星沿椭圆轨道运动,这是由与距离平方成反比的力决定的。(即作用在这颗彗星上的力随着离开太阳距离增加按平方关系而减小。)牛顿说,他已经用他发明的望远镜,即今天全世界天文学家所用的反射望远镜跟踪这颗彗星,它的轨道遵循他在 20 年前建立的引力定律。

哈雷感到震惊,有些不大相信,他说:"你怎么知道的?"牛顿回答道:"什么?我计算出来的。"哈雷做梦也没有想到自人类开始凝视天空就一直使他们迷惑的天体的秘密能够用新的引力定律来解释。

哈雷认识到这一突破的巨大意义,他慷慨地提供经费出版这一新的理论。1687 年,在哈雷的鼓励和资助下,牛顿发表了他的巨著《自然哲学的数学原理》(*Philosophiae Naturalis Principia Mathematica/Mathematical Principles of Natural Philosophy*)。这部著作受到热烈欢迎,被看做是从未发表过的最重要的著作。一瞬间,不知道太阳系规律的科学家突然能够极其精确地预计天体的运动了。

《原理》(*Principia*)一书在欧洲的沙龙和宫廷的影响是如此巨大,以至诗人亚历山大·蒲伯(Alexander Pope)写道:

> 自然和自然规律埋藏在黑暗之中,
> 上帝说:让牛顿去发现它! 让一切大放光明。

(哈雷认识到:如果这颗彗星的轨道是一个椭圆,人们也许能够计算什么时候它会再次掠过英国上空。寻找历史记录,他发现 1531、1607 和 1682 年的彗星的确是同一颗彗星。就是这颗彗星曾经在 1066 年创建现代英国时起了关键的作用,在整个有记录的历史上人们都曾看到这颗彗星,包括朱利叶斯·恺撒〔Julius Caesar〕。哈雷预计这颗彗星将在 1758 年回来。这时牛顿和哈雷都早已去世。当这颗彗星精确地按照日程表在这一年的圣诞节返回时,人们把这颗彗星命名为哈雷彗星。)

牛顿早在 20 年前发现了万有引力定律,那时鼠疫迫使剑桥大学关闭,牛顿被迫回到他在伍尔斯索普(Woolsthorpe)的乡村庄园。他深情地回忆到:他在庄园周围散步时看到一个苹果掉下来。这时他问了自己一个最终改变人类历史进程的问题。他问道:如果苹果掉下来了,月亮也会掉下来吗? 在天才的一闪念间,牛顿认识到苹果、月亮和行星全都服从同一个引力规律,即在与距离平方成反比的引力作用下它们全都会下落。当牛顿发现 17 世纪的数学太原始不能解这个引力定律时,他发明了数学的新分支——微积分,用来确定下落苹果和月球的运动。

《原理》一书也包含牛顿写下的力学定律，即确定地面物体和天体抛物线轨道的运动定律。这些定律奠定了设计机械、利用蒸汽能、制造机车的基础，这些进步为工业革命和现代文明铺平了道路。今天，每一座摩天大楼、每一座桥梁和每一枚火箭都是按照牛顿的运动定律建造的。

牛顿不仅给了我们永恒的运动定律，他也改变了我们的世界观，给了我们全新的宇宙描绘，在这个宇宙中，控制天体的神秘定律是与控制地面物体的定律相同的。生活的舞台不再被可怕的天上的征兆所包围，应用到演员的定律也能应用到布景上。

宇宙平行 本特利悖论

因为《原理》是这样一部雄心勃勃的巨著，所以它在宇宙构造问题上引起了一个令人烦恼的矛盾。如果世界是一个舞台，它有多大呢？它是无限的还是有限的呢？这是一个古老的问题，甚至罗马哲学家卢克莱修（Lucretius）也对这个问题着迷，他写道："宇宙在任何方向都是没有边界的。如果它有的话，在某个地方必定有一个界限。但是显然除非在一件东西的外面有其他东西包围，否则这件东西不可能有界限……整个宇宙在所有的尺度，在这一侧或那一侧，向上或向下都没有端点。"

但是牛顿的理论也揭示出任何有限和无限宇宙理论所固有的矛盾。最简单的问题也会使你陷入矛盾的泥潭。即便是牛顿沐浴在由于发表了《原理》一书所给他带来的荣誉之中，他发现他的引力理论存在一些矛盾。1692年，一个名叫列夫·理查德·本特利（Rev. Richard Bentley）的牧师写了一封措辞谨慎的、坦率的，但是令人烦恼的信给牛顿。本特利（Bentley）写道：因为引力总是吸引的，绝不是排斥的，这就意味着任何恒星的集合将会自然地聚集到一起。如果宇宙是有限的，那么夜晚的天空不会是永恒的和静态的，当恒星彼此相撞聚合成一个燃烧的超级恒星时，我们看到的将是一幅难以置信的惨不忍睹的大屠杀情景。但是本特利也指出：如果宇宙是无限的，作用在任何物体上的力，向左的和向右的，也是无限的，因此恒星将被撕成碎片。恒星将出现火灾，并被撕裂开来。

最初，本特利（Bentley）似乎把牛顿将死了。宇宙要么是有限的（将聚集成一个火球），要么是无限的（所有的恒星将爆炸而撕开）。不管哪种可能性，对牛顿提出的年轻的理论来说都是一场灾难。这个问题在历史上第一次揭示出将引力理论应用到整个宇宙时所产生的矛盾。

在仔细思考之后,牛顿回了信,他在争论中找到一个论点。牛顿倾向于宇宙是无限的,但它是完全均匀的。因此,如果一颗恒星被无限数量的星星拉向右,它就会被另一方向的另一个无限系列的星星拉向左,从而抵消了前者的作用。在每一个方向所有的力是平衡的,产生一个静态的宇宙。因此,如果引力总是吸引的,对本特利(Bentley)悖论的唯一解答是宇宙必须是均匀的、无限的。

牛顿在与本特利(Bentley)的争论中找到了一个论点。但是牛顿聪明地认识到他的回答是软弱无力的。他在一封信中承认:尽管他的回答在技术上是正确的,但内在是不稳定的。牛顿的均匀的、无限的宇宙就像一座用纸牌搭成的房屋,稍有风吹草动就会使它坍塌。人们可以计算得出:只要有一颗恒星晃动一点,马上就会引起连锁反应,星团就会立刻开始崩溃。牛顿的软弱无力的回答只能乞求"神的力量"防止这个纸牌建造的房屋不致倒塌。他写道:"需要一个持续不断的奇迹来防止太阳和恒星在引力作用下跑到一块儿。"

对牛顿来说,宇宙就像一个在创世之初由上帝拧紧了发条的巨大的钟表,从此以后根据他的运动三定律滴答滴答地走动,不再有神的干预。但是,有的时候神也不得不偶尔干预一下,将宇宙再拧一下使它不致崩溃。(换句话说,上帝不得不偶尔干预一下,以防止生活舞台的布景不至崩溃落到演员的头上。)

平行宇宙 奥尔贝斯悖论

除了本特利悖论外,在任何无限的宇宙中有一个更深层次的内在矛盾,叫做奥尔贝斯(Olbers)悖论,这个悖论是从夜晚天空的背景为什么是黑色产生的。早至约翰尼斯·开普勒(Johannes Kepler)时代的天文学家就认识到:如果宇宙是均匀的和无限的,那么不管你向哪看,你都会看到从无数个恒星发出的光。凝视夜晚天空的任一点,我们的视线将最终穿过不计其数的星星,接收到无限数量的星光。因此,夜晚的天空应该是一片火海!但事实是,夜晚的天空是黑的,不是白的,几个世纪以来这成了一个微妙的,但是意义深远的宇宙矛盾。

这个悖论像本特利(Bentley)悖论一样,看上去简单,却使很多代的哲学家和天文学家苦恼。本特利(Bentley)悖论和奥尔贝斯(Olbers)悖论都与观察有关,在一个无限的宇宙中,引力和光线可以产生无限多个没有意义的结果。几个世纪以来,人们提出了很多不正确的回答。开普勒(Kepler)被这个悖论困惑得走投无路,只得推测宇宙是有限的,被一个外壳所包围,因此只有有限数量的星光能够到达我们的眼球。

对这个悖论的回答是如此混乱,以至在 1987 年的一项研究表明:70% 的天文学教科书都给出不正确的回答。

起初,人们说星光被尘埃云吸收了,想由此解答奥尔贝斯(Olbers)悖论。1823 年海因里希·威廉·奥尔贝斯(Heinrich Wilhelm Olbers)第一次清楚地叙述这个悖论时,他本人就是这样回答的。奥尔贝斯(Olbers)写道:"地球是多么幸运啊,不是天穹每一点的星光都能到达地球!要不然亮度和热度将不可想象,比我们经受的要高 90 000 倍,只有全能的上帝才能设计出能在这种极端环境条件下生存的生物体。"奥尔贝斯(Olbers)提出:为了地球不沐浴在像太阳光盘那样明亮的背景中,尘埃云必须吸收大量的热,地球上的生命才能够生存。例如,我们所在的银河系的火焰中心,在夜晚的天空中本应特别耀眼,但实际上它藏在了尘埃云的背后。因此当我们遥望银河系中心所在的人马星座(Sagittarius)的方向时,我们看到的不是闪烁的火球,而是一片黑暗。

但是尘埃云不能真正解释奥尔贝斯(Olbers)悖论。经过一个无限长的时间周期,尘埃云吸收来自无数恒星的阳光,最终将和恒星表面一样发光。因此,尘埃云在夜晚的天空应发光。

同样,人们可以假定:恒星离得越远就越暗淡。这是对的,但不能回答这个悖论。如果我们观察夜晚天空的一部分,非常遥远的恒星的确很暗,但是你看得越远,你看到的星星就越多。在均匀的宇宙中这两者的效果互相抵消,夜晚的天空仍然应该是白的。(这是由于星光的强度随距离的平方减小,恒星的数量随距离的平方增加,两者抵消。)

非常奇怪的是,历史上第一个解决这个悖论的人是一位美国的神秘作家埃德加·爱伦·坡(Edgar Allen Poe),他是一位天文学的长期业余爱好者。就在他临死之前,他在一篇叫做《欧雷卡》(*Eureka:A Prose Poem*)的充满哲理的散文诗中发表了他的很多观察。其中有非常精彩的一段话:

> 如果恒星的系列是没有止境的,展现在我们面前的天空的背景应是均匀照明的,像银河系所显示的那样。因为在整个背景中绝不可能找到一个地方没有星星。因此,在这种情况下为什么我们的望远镜在数不清的方向上什么也看不见的原因是:不可见的背景距离是如此遥远,以至根本没有光

线能到达我们这儿。

他最后说:"到目前为止这个想法太美妙了,还无法证实。"

这是正确回答问题的关键。宇宙不是无限的老。它有起源。到达我们眼球的光线有一个有限的截止点。从最遥远恒星来的光线还来不及到达我们。宇宙学家爱德华·哈里森(Edward Harrison)首先发现爱伦·坡解决了奥尔贝斯(Olbers)悖论。他写道:"当我第一次读到爱伦·坡的诗时,我惊呆了。一个诗人,最多是一位业余科学家,怎么能在140年前就认识到正确的答案,而在我们的学院里却一直讲解着错误的结论?"

1901年,苏格兰的物理学家开尔文男爵(Lord Kelvin)也发现了正确的答案。他认识到:当你遥望夜晚的天空时,你看到的是它过去的样子,而不是现在的情况。因为光的速度尽管按照地球的标准是非常之快(每秒186 282英里〔每秒300 000千米〕),但仍然是有限的,光从遥远的恒星到达地球需要时间。开尔文男爵(Lord Kelvin)计算得出:要想夜晚天空是白的,宇宙的范围必须扩大到几百万亿光年。但是因为宇宙的年龄没有万亿年,所以夜晚天空一定是黑的。(还有第二个对夜晚天空为什么是黑的理由,恒星的寿命是有限的,以几十亿年计。)

近来,利用哈勃空间望远镜已经有可能用实验来验证爱伦·坡解答的正确性。这些强大的望远镜又使我们能够回答甚至是孩子也能提出的问题。最远的星星在哪里?在最远的星星之外有什么?为了回答这些问题,天文学家为哈勃空间望远镜编制了程序以执行一项历史性的任务:拍摄宇宙最远之处的快照。为了捕捉最深层空间角落的极其微弱的辐射,哈勃望远镜必须完成一项前所未有的任务:在总共几百小时的时间内精确地瞄准猎户星座(Orion)附近天空的同一点,这要求该望远镜在围绕地球运转400圈的时间内要完全对准。此项目是如此之困难,不得不花费4个月的时间才完成。

2004年,全世界的报纸以头版头条新闻发布了一张极有吸引力的照片。这张照片展示从大爆炸之初的混沌中凝缩出来的10 000个幼稚的星系。空间望远镜科学研究所的安东·柯克莫尔(Anton Koekemoer)宣称:"我们可能已经看到创世的终结。"此照片显示离开地球130亿光年的一团暗淡的星系,也就是说光要花费130亿年的时间才能到达地球。因为宇宙本身的年龄只有137亿年,这意味着这些星系是在创世后大约5亿年的时间形成的,这时第一批恒星和星系正从大爆炸留下的气体"汤"中冷凝出来。该研究所的天文学家马西莫·斯蒂瓦韦里(Massimo Stivavelli)说:"哈勃空间望远镜把我们带到离开大爆炸本身只有一箭之遥。"

但是又有问题产生了:在最远的星系外面有什么呢?当你凝视这张非凡的照片时,很明显在这些星系之间只有黑色。它是一个来自遥远恒星光线的一个最终的截止点。然而,这些"黑色"实际上又是微波背景辐射。因此,对夜晚天空为什么是黑色的最终回答是:夜晚天空实际上根本不是黑的。(如果我们的眼睛能够或多或少看到微波辐射,不只是可见光,我们就会看到来自大爆炸的辐射充满夜空。在某种意义上,来自大爆炸的辐射出现在每晚的夜空。如果我们的眼睛能够看到微波,我们就会看到位于最远的恒星之外的创世主。)

宇宙平行 爱因斯坦的反叛

牛顿定律是如此地成功,以至科学花费了200多年的时间才进入下一个决定性的步骤,开始了阿尔伯特·爱因斯坦(Albert Einstein)的工作。

爱因斯坦开始他的事业时,似乎没有什么可能令他成为这样一次革命的候选人。他1900年毕业于瑞士苏黎世(Zurich)理工学院,获得学士学位。毕业后他发现自己没有什么希望被雇佣。他的生涯被他的教授们破坏了,他们不喜欢这个常常旷课、不懂礼貌、过于自信的学生。他的恳求的、压抑的信可以说明他的痛苦程度。他把自己看成是一个失败者和他双亲的一个痛苦的经济负担。他在一封令人痛苦的信中承认他甚至想结束自己的生命,他沮丧地写道:"我可怜的父母命运很惨,这么多年来没有一刻快乐过,这像一块沉重的石头压在我的心上……我只是我双亲的负担……也许我死了会更好一些。"

在绝望中,他想到转变职业,加入了保险公司。他甚至担任了教孩子这样的低级的工作,但是由于与老板的争吵被解雇了。当他的女朋友米列娃·马里克(Mileva Maric)意想不到地怀孕之后,他悲痛地认识到,由于他没有财力娶她,他们的孩子生下来就将是私生子。(到现在也没有人知道他的私生女莉泽劳尔〔Lieseral〕后来怎样了。)当他父亲突然去世时,他感到深深地悲痛,从此留下的感情的伤疤永远也没有完全恢复。他的父亲临死时还在想他的儿子是一个失败者。

尽管1901年到1902年大概是爱因斯坦一生中最差的时期,他的同班同学马塞尔·格罗斯曼(Marcel Grossman)通过拉关系,为他在伯尔尼(Bern)的瑞士专利局找到一个可靠的低级职员的工作,挽救了他的生涯。

宇平行宙 相对论的矛盾

从表面上看,专利局不大可能成为启动自牛顿以来物理学最伟大革命的地方。但是专利局有它的优点。在迅速处理完堆在桌上的专利申请之后,爱因斯坦会靠在座椅的靠背上,回到他童年时的梦想中。他年轻的时候读了一本亚伦·伯恩斯坦(Aaron Bernstein)的书,《关于自然科学名人的书》(*People's Book on Natural Science*)。他回忆道:"这本书我一口气将它读完。"伯恩斯坦(Bernstein)要读者想象,当电流跑过电报线时你在电流的旁边和它一起跑。爱因斯坦16岁时问自己一个简单的问题:如果你能赶上光线它会是什么样子?爱因斯坦回忆道:"这样一个从矛盾中得出的原理在我16岁时就偶然发现了:如果我以速度 c(光在真空中的速度)追赶一束光线,我应当看到这束光线作为空间振荡的电磁场是静止的。然而,不管是根据经验还是根据麦克斯韦(Maxwell)方程,似乎不会有这样的事情发生。"爱因斯坦想:如果你能和光线一起跑,它看起来应是冻结的,像一个不运动的波。然而,以前没有人看到过冻结的光线,因此一定是有什么事情大错特错了。

在19世纪末20世纪初,物理学有两大支柱:牛顿力学与万有引力理论,以及麦克斯韦(Maxwell)的光的理论,万物都依赖这两个支柱。在19世纪60年代,苏格兰物理学家詹姆斯·克拉克·麦克斯韦(James Clerk Maxwell)证明光是由彼此不断改变的振动的电场和磁场构成的。使爱因斯坦震惊的是,他发现这两个支柱是互相矛盾的,二者之一必须否定。

在麦克斯韦(Maxwell)方程的框架范围内,爱因斯坦找到了困扰他10年的难题的解答。爱因斯坦发现了麦克斯韦(Maxwell)本人忽略的一些地方,麦克斯韦(Maxwell)方程指出,无论你试图以多快的速度追赶光线,光线都以固定的速度传播。光速 c 在所有惯性坐标框架(即匀速运动的框架)中都是相同的。不管你是站着不动、或是坐在火车上、或在飞速掠过的彗星上,你都会看到光线以同样的速度向你驶来。不管你跑得有多快,你绝不会超过光线的速度。

这立刻会产生一堆矛盾。你想象一下一个太空人追赶飞速行进的光线。太空人在他的火箭船中点火起飞,直到他与这束光线并肩前进。对于在地面上观看这个假想追赶的旁观者来说,他会说太空人和这束光线是肩并肩移动的。然而,太空人的说法则完全不同,他说这束光线飞速地离他而去,就好像他的火箭船静止不动一样。

爱因斯坦面临的问题是:同一件事,为什么两个人的说法完全不同呢? 按照牛顿的理论,人们总有可能追上光线;而在爱因斯坦的世界中,这是不可能的。他忽然认识到,在物理学最基础的地方有一个基本的缺陷。在 1905 年的春天,爱因斯坦回忆道:"在我的大脑中刮起了一场暴风雪。"爱因斯坦在一闪念之间找到了答案:时间跳动的速率是不同的,取决于你运动得多快。事实上,你运动得越快,时间进展得越慢。时间不是像牛顿所想的那样是绝对的。根据牛顿,在整个宇宙中时间的节拍是均匀的,因此在地球上过了 1 秒,在木星和火星上也过了 1 秒,在整个宇宙中时钟的节拍是绝对同步的。然而,对爱因斯坦来说,在整个宇宙中时钟的节拍是不同的。

爱因斯坦认识到:如果时间的节拍可以依赖你的速度而改变[1],那么其他量,如长度、质量和能量也会改变。运动得越快,距离收缩得越多(有时叫做洛伦兹-菲茨杰拉德〔Lorentz-FitzGerald〕收缩)。类似地,你运动得越快,你的重量变得越重。(事实上,当你接近光速时,时间将减慢到停止,距离收缩到零,你的质量变得无限大,看起来荒谬可笑。这就是为什么不能突破光障的原因,光速是宇宙中的速度极限。)

一位诗人是这样描述这个奇怪的空间-时间扭曲的:

> 有一个叫菲斯克(Fisk)的年轻小伙子
> 他的剑术非常轻灵。
> 他舞剑的速度是如此之快,
> 由于菲茨杰拉德(FitzGerald)收缩
> 他细长的剑缩成了一个盘。

与牛顿的突破统一了地面上的物理学和天体物理学一样,爱因斯坦统一了空间和时间。他还指出物质和能量也是统一的,因此可以彼此转换。如果一个物体运动得越快,它变得越重,这意味着运动的能量转换成了物质。反过来也是对的,物质也可以转换成能量。爱因斯坦计算出物质能转换成多少能量,他得出的计算公式是 $E = mc^2$,即一小点质量当它转换成能量时要乘一个巨大的数字 c^2(光速的平方)。这样,照亮宇宙的恒星的能源之谜被揭示出来了,它是物质通过这个方程转换成能量的结果。恒星的秘密可以从以下简单的陈述中得出:在所有惯性框架内光速是相同的。

像他之前的牛顿一样,爱因斯坦改变了我们生活舞台的世界观。在牛顿的世界中,所有的演员都精确地知道现在是什么时间和距离怎样测量。时间的节拍和舞台的尺度绝不会改变。但是相对论给我们一种奇异的方式来理解空间和时间。在爱因斯坦的宇宙中,所有的演员都有自己的手表,显示的时间不同。这意味着不可能同步舞台上所有的表。规定在中午排练对不同的演员意味着不同的时间。运动越快,手表的节拍越慢,演员变得越重越胖。

经过了好多年,爱因斯坦的见识才被科学界的大部分人所承认。但是爱因斯坦没有停步,他想把他的新的相对论应用到引力上。爱因斯坦认识到这会是多么困难,他将挑战他那个时代最成功的理论。量子理论的奠基人马克斯·普朗克(Max Planck)提醒他:"作为一个老朋友,我必须再次劝告你,首先你不会成功,即便你成功了也没有人会相信你。"

爱因斯坦认识到:他的新的相对论违背了牛顿的引力理论。按照牛顿,引力在一瞬间传遍整个宇宙。但是这提出了一个甚至孩子有时也会问的问题:"如果太阳消失会发生什么?"对牛顿来说,整个宇宙会同时在瞬间看到太阳消失。但是根据狭义相对论,这是不可能的,因为恒星的消失是受光速限制的。根据相对论,太阳忽然消失应会发出球面引力冲击波,以光的速度向外传播。在冲击波的外面,观察者会说太阳还在发光,因为引力还来不及到达他们。但是在冲击波之内,观察者会说太阳消失了。为了解决这个问题,爱因斯坦引进了面貌全非的空间和时间描绘。

平行宇宙 **空间弯曲的力**

牛顿把空间和时间看做一个巨大的、空空的舞台。在这个舞台上,一切事件按照他的运动定律发生。这个舞台充满奇迹和神秘,但基本上是惰性的和静止的,是一个被动的自然界活动的见证人。然而,爱因斯坦把这个想法掉了一个过儿。对爱因斯坦来说,舞台本身也成了生活的重要部分。在爱因斯坦的宇宙中,空间和时间不是牛顿所假定的静止的舞台,而是动态的,以奇怪的方式弯曲和曲线的。假定生活的舞台用一个蹦床来代替,演员在他的重量作用下会慢慢沉下去。在这样一个舞台上,我们看到舞台变得和演员一样重要。

想象一个放在床上的保龄球在床垫上慢慢沉下去。现在沿床垫的扭曲面弹一个弹子球。弹子球将沿着围绕保龄球的曲线路径行进。对牛顿学说来说，从远距离观察弹子球绕保龄球运动的人可能会得出结论：保龄球作用在弹子球上有一个神秘的"力"。信仰牛顿力学的人可以说：保龄球对弹子球施加了一个瞬间的"拉力"，迫使弹子球向心运动。

对相对论者来说，他可以从近距离观察床上弹子球的运动。显然根本没有力作用。只有床的弯曲迫使弹子球沿曲线运动。对相对论者来说，这里没有"拉力"，只有曲线床作用在弹子球上的"推力"。用地球代替弹子球，太阳代替保龄球，真空的空间-时间代替床，我们看到地球绕太阳运动不是因为引力的拉力，而是因为太阳使地球周围的空间弯曲，产生推力迫使地球绕太阳运动。

这使爱因斯坦相信引力更像一块布，而不是在瞬间作用在整个宇宙中的看不见的力。如果人们快速抖动这块布，就会在它的表面上形成以有限速度传播的波。这就可以解决太阳消失的矛盾。如果引力是时空结构弯曲所产生的副产品，那么太阳的消失可以和从床上突然拿起保龄球相比。当床弹回到它原来的形状时，在床单上形成以有限速度传播的波。这样，通过将引力化简为空间和时间的弯曲，爱因斯坦将引力和相对论统一起来。

想象一个蚂蚁试图走过一张褶皱的纸片。当蚂蚁试图走过有褶皱的地形时，它将像一位喝醉酒的水手，左右摇晃。蚂蚁可能会抗议说，它没有喝醉，而是有一个神秘的力拽着它，一会儿把它拉向左边，一会儿又拉向右边。对蚂蚁来说，真空的空间充满了神秘的力，使它不能沿直线路径行走。然而，从近距离看蚂蚁，我们看到根本没有力在拉它，是褶皱纸片的褶皱在推它。作用在蚂蚁上的力是空间本身弯曲引起的幻觉。"拉力"实际上是它在纸片的褶皱上行走时产生的"推力"。换句话说，不是引力在拉，而是空间在推。

1915 年，爱因斯坦最终完成他所谓的广义相对论，从此广义相对论成为所有宇宙论的基石。在这个令人吃惊的新的描述中，引力不是充满宇宙的独立的力，而是空间-时间这块布弯曲的表观效果。他的理论是如此地强大，以至他可以把它凝集在大约 1 英寸(2.54 厘米)长的方程式里。在这个灿烂的新理论中，空间和时间弯曲的量由它所包含的物质和能量的量决定。想象往一个池塘扔一块石头，产生一系列发源于冲击点的波纹。石头越大，池塘表面的弯曲越大。类似地，恒星越大，围绕恒星的空间-时间的弯曲也越大。

宇平 宇宙学的诞生
宙行

　　爱因斯坦试图用这个图片作为一个整体来描述宇宙。他不知道他不得不面对几个世纪以前本特利(Bentley)提出的悖论。20世纪20年代大多数的天文学家认为宇宙是均匀的和静态的。因此,爱因斯坦的出发点是假定宇宙均匀地充满了尘埃和星星。用一个模型打比方,宇宙好比一个大气球或气泡。我们住在气泡的表皮上,我们所看到的围绕我们的恒星和星系可以比做涂在气球表面上的斑点。

　　使他奇怪的是,每当他试图解他的方程时,他发现宇宙变成动态的。爱因斯坦面对200多年前本特利(Bentley)提出的同一个问题。因为引力总是吸引的,不是排斥的,一个有限集合的星群将最终聚集到一起,形成大坍缩。然而,这与20世纪早年流行的宇宙是均匀的和静态的看法相矛盾。

　　作为像牛顿这样的革命者,他不能相信宇宙会在运动。像牛顿和很多其他人一样,爱因斯坦相信静态的宇宙。1917年,爱因斯坦在他的方程式中被迫引进一个新名词,"虚构系数";在他的理论中引进一个将恒星推开的新的力,"反引力"。爱因斯坦把它叫做"宇宙常数",一个似乎是补充爱因斯坦理论的丑小鸭。然后,爱因斯坦专横地用这个反引力恰好抵消引力的吸引,产生一个静态的宇宙。换句话说,由于引力所产生的宇宙向内收缩和暗能量产生的向外的力相互抵消,宇宙成为静态的。(在70年间,这个"反引力"被认为有些像一个孤儿而没有人认领,直到最近几年有了新的发现情况才有所改变。)

　　1917年,荷兰物理学家威廉·德西特尔(Willem de Sitter)给出爱因斯坦理论的另一个解。在他的解中,宇宙是无限的,但是完全没有物质。事实上宇宙仅由真空中所包含的能量,即宇宙常数构成。这个纯粹的反引力足以驱动宇宙快速地、以指数规律膨胀。即便没有物质,这个暗能量也能创造一个膨胀的宇宙。

　　物理学家现在面临进退两难的局面。爱因斯坦的宇宙有物质,但没有运动。德西特尔(de Sitter)的宇宙有运动,但没有物质。在爱因斯坦的宇宙中,宇宙常数是必不可少的,它抵消引力的吸引创造一个静态的宇宙。在德西特尔(de Sitter)的宇宙中,只要有宇宙常数就足以创造一个膨胀的宇宙。

　　最后,在1919年,那时欧洲正试图从第一次世界大战的废墟中走出来,有两队天文学家被派到世界各地检测爱因斯坦的新理论。爱因斯坦早就提出太阳所产生的空间-时间弯曲足以使通过它附近的星光弯曲。星光应该以精确的可计算的方式围绕太阳弯曲,就像玻璃片使光线弯曲一样。但是因为太阳光线的亮度遮盖了白天的任何恒星,科学家不得不等待日食进行精确的测量。

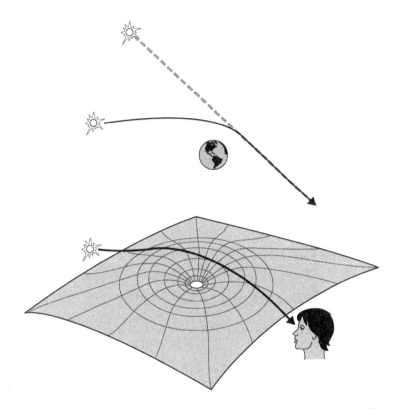

图3　在1919年,两队测试组证实爱因斯坦预计从遥远恒星来的光线
　　通过太阳附近时会弯曲。这样,在太阳出现的时候,恒星的位置
　　看起来要偏离它的正常位置。这是因为太阳约束了它周围的空
　　间-时间。因此不是引力在"拉",而是空间在"推"。

英国天体物理学家亚瑟·爱丁顿(Arthur Eddington)带领的一队航行到西非海岸几内亚湾的普林西比岛,记录在下一个日食期间星光绕太阳的弯曲。安德鲁·克罗姆林(Andrew Crommelin)带领的另一队航行到巴西北部的索布拉尔(Sobral)。他们得到的数据说明星光的平均偏离为 1. 79 弧秒(1″ ≈〔1/3 600〕°),证实了爱因斯坦预计的1. 74弧秒(在误差范围内)。换句话说,光线确实在太阳附近弯曲了。爱丁顿后来声称验证爱因斯坦的理论是他一生中最伟大的时刻。

1919年11月6日,在伦敦召开了皇家学会和皇家天文学会的联合会议。皇家学会主席和诺贝尔奖获得者 J. J. 汤姆孙(J. J. Thompson)庄严地宣告:"这是人类思想史中最伟大的成就之一。它不是发现了一个孤岛,而是发现了整个新科学思想的大陆。它是自牛顿阐明他的原理以来与万有引力相关的最伟大的发现。"

(根据传说,后来一位记者问爱丁顿:"有谣传说整个世界只有三个人懂得爱因斯坦的理论。你必定是其中之一。"爱丁顿默默站着没有说话。于是这位记者说:"别谦虚了,爱丁顿先生。"爱丁顿耸耸肩膀说:"根本不是。我是在想谁可能是第三个人。")

第二天,伦敦《泰晤士报》以显眼的大字标题登载道:"科学革命——宇宙新理论——牛顿的理论被推翻"。这个标题标志着一个重要时刻,它标志着爱因斯坦成为世界知名的人物,成为一位从恒星来的使者。

此宣告是如此之伟大,爱因斯坦背离牛顿是如此之激进,于是引起了对抗性的反应,一些杰出的物理学家和天文学家公开指责这个理论。在哥伦比亚大学,查理·莱恩·普尔(Charles Lane Poor),一位天体力学教授领导了对相对论的批评,他说:"我感到我好像在和爱丽丝(Alice)一起梦游仙境,又好像在和'疯帽子'(Mad Hatter)一起喝茶。"

为什么相对论违背我们的常识,这不是因为相对论是错的,而是因为我们的常识不代表真实。我们是宇宙的怪儿。我们居住在宇宙中的一个不寻常的庄园里,在这里的温度、密度和速度都很适中。然而,在"真实的宇宙"里,在恒星的中心的温度可能是极其酷热,在外层空间又可以冷得使人麻木,亚原子粒子以接近于光速有规律地穿过太空。换句话说,我们的常识是在宇宙非常不寻常的地球的环境中孕育出来的,因此我们的常识不能领会真正的宇宙是不奇怪的。问题不在于相对论,而在于我们以为我们的常识代表真实。

宇宙的未来

尽管爱因斯坦的理论成功地解释了天文现象,如星光绕过太阳的弯曲和水星轨道的轻微晃动,但它的宇宙学预测仍然是模糊不清的。俄罗斯的物理学家亚历山大·弗里德曼(Aleksandr Friendmann)很好地澄清了问题,他发现了爱因斯坦方程的最全面和最真实的解。一直到今天,在广义相对论的每一个研究生教程都还在讲解这些内容。(弗里德曼是在 1922 年发现这些解的,但他死于 1925 年,所以他的工作大部分被遗忘,多年后才又被发现。)

通常,爱因斯坦理论包括一系列极其困难的方程,要用计算机才能解。然而,弗里德曼假定宇宙是动态的,并作了两个被称为宇宙学原则的简化假定:宇宙是各向同性的(即从给定点无论向哪个方向看都是相同的),和宇宙是均匀的(即在宇宙中无论你走到哪儿都是均匀的)。

在这两个简化假定之下,这些方程被解出来了。(事实上,爱因斯坦和德西特尔的解都是弗里德曼通解的特解。)最显著的是弗里德曼的解只取决于三个参数:

1. H,决定宇宙膨胀的速率。(今天,这个参数叫做哈勃常数〔Hubble's constant〕,以实际测量宇宙膨胀的天文学家哈勃命名。)

2. Ω(欧米伽值,Omega),宇宙物质的平均密度。

3. Λ(拉姆达值,Lambda),与真空的空间有关的能量或暗能量。

很多宇宙学家花费毕生精力试图确定这三个参数的精确数值。这三个常数之间的微妙关系确定了整个宇宙将来的演化。例如,因为引力吸引,宇宙密度欧米伽值(Ω)起到刹车的作用以减慢宇宙膨胀,逆转大爆炸膨胀速率的某些影响。想象将一块石块扔向天空。通常,引力很强,足以逆转石块的运动方向,使它跌回到地面。然而,如果将石块扔出的速度特别快,它就能逃出地球的引力,永远遨游到外层空间。像这块石块一样,宇宙最初因为大爆炸而膨胀,但是物质,或欧米伽值,其作用类似刹车,减慢宇宙的膨胀,就好像地球引力对石块的刹车作用一样。

我们暂且假定与真空的空间有关的能量拉姆达值(Λ)等于零。让宇宙密度欧米伽值被宇宙临界密度除。(宇宙的临界密度大约为每立方米 10 个氢原子,相当于平均在 3 个篮球大的体积里发现 1 个氢原子,可想宇宙有多么真空。)

如果欧米伽值(Ω)小于 1,科学家得出结论:宇宙中没有足够的物质逆转大爆炸产生的原始膨胀。(好比将石块扔到空中,如果地球的质量不够大,石块将最终离开地球。)结果宇宙将永远膨胀,陷入大冻结状态,直到温度接近绝对零度。(这个原理和电冰箱或空调制冷一样,当气体膨胀时变冷。比如,在你的空调中,在管中循环的气体膨胀将使管和房间冷却。)[2]

如果欧米伽值大于1,宇宙物质充分,宇宙引力最终将逆转宇宙膨胀。结果,宇宙膨胀将停止,然后收缩。(好比扔向天空的石块,如果地球的质量太大,石块将最终达到一个最大高度,然后跌落到地面。)当恒星和星系跑到一起时温度开始上升。(给自行车胎打过气的人都知道气体压缩产生热。压缩空气所做的机械功转化成热能。同样,宇宙压缩将引力能转化成热能。)最终,温度将变得如此之高,一切生命都将灭绝,因为宇宙陷入了一片火海。(天文学家肯·克罗斯韦尔〔Ken Croswell〕把这个过程说成是"从创世到火葬"。)

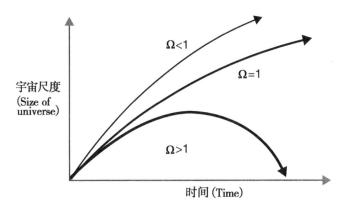

图4 宇宙的演变有三种可能的历史。如果欧米伽值小于1(和拉姆达值是
0),宇宙将永远膨胀,形成大冻结。如果欧米伽值大于1,宇宙将收缩,
形成一片火海。如果欧米伽值等于1,宇宙将永远膨胀。(WMAP 卫星
数据显示欧米伽值+拉姆达值等于1,这意味着宇宙是平的。这和膨胀
理论是一致的)。

第三种可能是欧米伽值精确地停留在1。换句话说,宇宙密度等于临界密度。在这种情况下,宇宙盘旋在两个极端之间,但仍将永远膨胀。(我们将看到,膨胀的图片支持这种情景。)

最后,有这种可能,宇宙在变成一片火海之后又重新出现新的大爆炸。这个理论叫做振荡宇宙理论。

弗里德曼指出每一种情景又确定了空间-时间的曲率。如果欧米伽值小于1,宇宙将永远膨胀。他指出宇宙不仅时间是无限的,空间也是无限的。宇宙被说成是"开放"的,即空间和时间都是无限的。当他计算这个宇宙的曲率时他发现是负的。(好像一个马鞍或喇叭的表面。如果一个小虫停留在这个表面上,它会发现平行线决不相交,三角形内角和小于 180 度。) 见图 5。

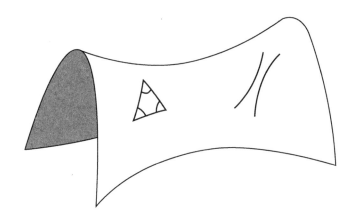

图 5 如果欧米伽值小于 1 (和拉姆达值是 0),宇宙是开放的,曲率为负,像一个马鞍面;平行线决不相交,三角形内角和小于 180 度。

如果欧米伽值大于 1,宇宙将最终收缩形成一片火海。时间和空间是有限的。弗里德曼发现这个宇宙的曲率是正的,像一个球面。最后,如果欧米伽值等于 1,则空间是平的,时间和空间是无界的。见图 6。

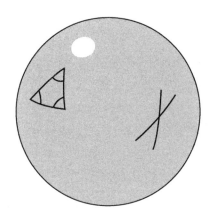

图 6 如果欧米伽值大于 1,宇宙将封闭,曲率为正,像一个球面;平行线总会相交,三角形内角和大于 180 度。

弗里德曼不仅提供了了解爱因斯坦宇宙方程的第一个综合处理的方法,他还给出有关世界末日,即宇宙最终命运的最现实的推测。宇宙要么死于大冻结,要么在一片火海中火葬,要么永远振荡。答案取决于关键参数:宇宙的密度和真空的能量。

但是弗里德曼的描述留下了缺陷。如果宇宙是膨胀的,这意味着它曾经有开始。爱因斯坦的理论没有涉及这个开始的时刻。大爆炸创世开始的那个时刻被忽略了。后来有三位科学家最终给了我们有关大爆炸的最引人注目的描述。

第3章　大爆炸

宇宙不仅比我们猜想的要奇怪，它比我们能够猜想的还要奇怪得多。

——J. B. S. 霍尔丹(J. B. S. Haldane)

人类在创世故事中所要寻找的是展现在我们面前的超然的宇宙是怎么产生的，在宇宙间我们自己又是怎样形成的。这就是我们想知道的。这就是我们所要寻求的。

——约瑟夫·坎贝尔(Joseph Campbell)

1995 年 3 月 6 日《时代》周刊的封面刊登了大螺旋星系 M100 的照片，并声称："宇宙学处在混沌中。"宇宙学陷入了泥潭，因为从哈勃空间望远镜得到的最新数据似乎说明：宇宙比它最老的恒星还要年轻，在科学上这是不可能的。数据表明宇宙的年龄在 80 亿到 120 亿年之间，而有人相信最老的恒星的年龄为 140 亿年。亚利桑那大学的克里斯托弗·英庇(Christopher Impey)嘲弄地说："你不可能比你妈妈还老。"

但是一旦你看过这张精美的照片后，你就会认识到大爆炸的理论是完全有根据的。反驳大爆炸的证据只是根据对单个星系 M100 的观测，由此就得出结论在科学上是不可靠的。正如文章所承认的，问题是"驱动恒星飞船进取号通过的瞭望孔太大了"，根据哈勃空间望远镜的粗略数据所计算的宇宙年龄的精度不会超过 10% ~ 20%。

我的看法是，大爆炸理论不是根据思索，而是根据几百个从不同来源得出的数据，这些数据会聚到一起，全都支持这个单一的、自圆其说的理论。(在科学上，不是所有产生的理论都是同等的。尽管任何人都可以不受限制地提出他自己的有关宇宙起源的观点，但是要求它能够解释我们收集的与大爆炸理论一致的几百个数据。)

大爆炸理论的三个重要"证据"是根据三位传奇科学家的工作得出的，他们在各自的领域里都是领军人物,他们是:埃德温·哈勃、乔治·伽莫夫和弗雷德·霍伊尔。

宇宙平行 埃德温·哈勃,贵族天文学家

当爱因斯坦奠定宇宙学的理论基础时,现代观测宇宙学几乎是由现代天文学最伟大的人物一手创造的,他是埃德温·哈勃,20世纪最重要的天文学家。

哈勃1889年生于密苏里州马什菲尔德(Marshfield)偏僻的森林地带。他是一个谦虚的有着远大志向的乡村小男孩。他的父亲是一位律师和保险代理人,要他学法律。然而,哈勃被儒勒·凡尔纳的书迷住了,被星星迷惑了。他狼吞虎咽地阅读科幻经典,如《海底两万里》(*Twenty Thousand Leagues Under the Sea*)和《从地球到月球》(*From the Earth to the Moon*)。他也是一名熟练的拳击手,他的教练要他成为职业拳击手挑战世界重量级拳王杰克·约翰逊(Jack Johnson)。

他获得声望很高的罗德(Rhode)奖学金到牛津大学学法律。在这里他学会了英国上流社会的生活方式。(他的举止开始像一位牛津先生,穿斜纹软呢服、抽烟斗、说话时带很重的英国口音、谈论他的因决斗留下的伤疤,据谣传这个伤疤是他自己造成的。)

然而,哈勃是不愉快的。真正吸引他的不是民事侵权行为和诉讼,抓住他的想象的是从童年就开始的对星星的着迷。他勇敢地转换了学历,前往芝加哥和威尔逊山天文台,它有当时世界上最大的望远镜,镜面直径100英寸(2.54米)。由于他开始学习天文学太晚,他不得不抓紧努力。为了弥补失去的时间,哈勃迅速地从回答天文学中最深远的、一直没有解答的问题开始。

20世纪20年代,大学是一个舒适的地方。人们都认为整个宇宙仅由银河系构成,它的细长的模糊的光像泼出的牛奶划过夜晚的天空。(事实上,银河〔galaxy〕这个词就是从希腊语"牛奶"来的。)1920年在哈佛大学天文学家哈洛·沙普莱(Harlow Shapley)和利克(Lick)天文台的希伯·柯蒂斯(Heber Curtis)之间爆发了一场著名的"大争论",题目是"宇宙的尺度",涉及银河系的大小和宇宙自身问题。沙普利(Shapley)认为银河系构成整个可见宇宙。柯蒂斯(Curtis)认为在银河系之外有"螺旋星系",看上去虽然奇怪,但是确实有一片美丽的成卷的螺旋薄雾。(早在18世纪,哲学家伊曼纽尔·康德〔Immanuel Kant〕就推测这些螺旋薄雾是"宇宙岛"。)

　　这个争论引起哈勃的极大兴趣。关键问题是:确定到恒星的距离是天文学众多任务中最困难的一个(目前仍然是)。一颗很亮但距离很远的星看起来和一颗很暗但距离很近的星一样亮。这个混乱是天文学中许多争执和辩论之源。哈勃需要一根"标准的烛光",一个在宇宙任何地方都发出同样光量的客体来解决这个问题。(实际上,一直到今天,宇宙学家的大部分努力在于试图找到和标定这样一个标准的烛光。许多伟大的辩论围绕着在天文中心这些标准烛光有多么可靠。)如果人们有了在宇宙各处以同样强度的均匀燃烧的标准蜡烛,那么一颗恒星离开地球的距离为原来的 2 倍,它的亮度就会只有原来的 1/4。

　　一天晚上,哈勃分析螺旋星系仙女座(Andromeda)的照片,他忽然发现自己"找到了答案"。他在仙女座(Andromeda)星系中发现一颗变星,叫做造父变星(Cepheid),亨丽埃塔·莱维特(Henrietta Levitt)曾对它进行了仔细的分类。已经知道,这颗星随着时间规则地变亮和变暗,一个完整周期的时间与它的亮度有关。恒星越亮,脉动的周期越长。因此只要测量周期的长度,就可以标定它的亮度,从而确定它的距离。哈勃发现它的周期是 31.4 天,使他惊奇的是,转换成距离后为 100 万光年,远远超出银河系之外。(银河系的范围只有 10 万光年。后来的计算表明哈勃实际低估了到仙女座〔Andromeda〕的距离,实际距离接近 200 万光年之遥。)

　　当他对其他螺旋星系进行类似观测时,他发现它们也远远超出银河系范围。换句话说,对他来说这些螺旋星系是一个完全有自身头衔的宇宙岛。银河系只是太空星系中的一个星系。

　　宇宙的尺度一下子变得非常之大。宇宙突然从一个单一的星系,成为住有几百万个星系,或许几十亿姐妹星系的地方。宇宙从只有 10 万光年之遥,突然拥抱了几百万个星系,范围有几十亿光年之遥。

　　这一个发现就足以保证哈勃在天文学的殿堂上占有一席之地。但是哈勃超越了这一发现。哈勃不仅决心发现到星系的距离,他还想计算这些星系移动的速度。

宇宙平行　多普勒效应和膨胀的宇宙

　　哈勃知道计算远处物体速度的最简单方法是分析它们发出的声音或光线的变化,或者叫做多普勒效应(Doppler effect)。汽车在高速公路上行驶时发出声音。警察利用多普勒效应计算汽车的速度。警察将一束激光打在汽车上,激光束返回到警察的汽车上。分析激光频率的移动就可以计算这辆汽车的速度。

例如,一颗恒星向你靠近,它发出的光波将像手风琴一样压缩。结果它的波长变短。一颗黄色的星看上去有些发蓝(因为蓝光比黄光波长短)。同样,如果一颗恒星离你而去,它的光波将伸展,波长变长,黄色的星看上去有些发红。恒星的速度越快,变化就越大。因此,如果知道星光频率的移动,就能确定它的速度。

1912年,天文学家维斯托·斯里弗(Vesto Slipher)发现这些星系以极大的速度离地球而去。不仅宇宙比原来想的要大得多,而且还以极大的速度在膨胀。除去一些小的波动,他发现这些星系呈现红色频移,而不是蓝色频移,这是由星系离我们而去引起的。斯里弗的发现说明宇宙的确是动态的,不是像牛顿和爱因斯坦假定的静态的。

在所有的世纪以来,科学家研究了本特利(Bentley)和奥尔贝斯(Olbers)的悖论,但没有一个人认真考虑过宇宙膨胀的可能性。1928年,哈勃作了一次重要的旅行,去荷兰会见威廉·德西特尔(Willem de Sitter)。吸引哈勃的是,德西特尔(de Sitter)预计恒星离得越远,它应当移动得越快。想象一个膨胀的气球在它的表面标上星系。当气球膨胀时,彼此靠近的星系将缓慢地分开。但是在气球上离得较远的星系分开得更快。

德西特尔(de Sitter)催促哈勃在他的数据中寻找这个效应,这个效应可以通过分析星系的红色频移来证实。星系的红移越大,它离得越快,因此离得也越远。(根据爱因斯坦的理论,星系的红移从技术上讲不是由星系飞速地离开地球而去引起的,而是由星系与地球之间的空间膨胀引起的。红色频移的起因是:从遥远星系发出的光被空间的膨胀伸展或加长了,因此看上去变红。)

宇宙平行 哈勃定律

哈勃回到加利福尼亚后,他听从德西特尔(de Sitter)的建议开始寻找这个效应的证据。他分析了24个星系,发现星系越远,它离开地球的速度越快,正如爱因斯坦方程预计的那样。距离除以速度之比大约为一个常数。这个常数很快被叫做哈勃常数,或 H。这个常数大概是宇宙学中最重要的常数,因为哈勃常数(Hubble's constant)告诉我们宇宙膨胀的速率。

科学家在想，如果宇宙在膨胀，那么也许它也有一个开始。事实上，哈勃常数的倒数给出宇宙年龄的粗略估计。想象一个记录爆炸的录像带。在录像带中我们看到爆炸现场留下的残骸，并能计算爆炸的速度。但是这也意味着我们可以倒退磁带，直到所有残骸集中到一个点。因为我们知道爆炸的速度，我们可以反过来工作，计算爆炸发生的时间。

（哈勃的原始估计将宇宙的年龄确定为大约18亿年，这使几代宇宙学家感到头疼，因为它比公认的地球和恒星的年龄年轻。多年后，天文学家认识到是测量从仙女座〔Andromeda〕的造父变星〔Cepheid〕来的光线时的误差，造成哈勃常数计算不正确。事实上，在过去70年间，有关哈勃常数精确值的"哈勃之战"一直在进行。最权威的数字今天从WMAP卫星得出。）

1931年，爱因斯坦扬扬得意地访问了威尔逊山天文台，第一次会见了哈勃。爱因斯坦认识到宇宙的确在膨胀，他将宇宙常数称为他的"最大的错误"。（然而，正如我们在后面章节讨论WMAP卫星数据时将看到的，即使是爱因斯坦的一个小错也足以动摇宇宙学的基础。）当爱因斯坦的夫人在巨大的天文台周围炫耀自己时，有人告诉她，这个巨大的望远镜正在确定宇宙的最终形状，爱因斯坦夫人不屑一顾地说："我丈夫在一个旧信封的背面已经确定了宇宙的形状。"

宇宙平行宙 **大爆炸**

一位名叫乔治·勒迈特（Georges Lemaître）的比利时牧师学习了爱因斯坦的理论后，被爱因斯坦理论逻辑上会导致宇宙膨胀，因此宇宙有一个开始的想法迷住了。因为气体压缩时会变热，他认识到宇宙在开始时一定是非常的热。在1927年，他说：宇宙一定是起始于一个温度和密度都不可想象的"超原子"，它突然向外爆炸产生了哈勃的膨胀宇宙。他写道："世界的演化可以与刚刚放完的烟火相比：留下少许红丝、灰尘和烟雾。我们站在已冷却的灰烬上看着太阳在慢慢衰退，我们设法回想已消失的原始世界的光辉。"

（第一个提出在创世之初"超原子"想法的人也是埃德加·爱伦·坡〔Edgar Allen Poe〕。他说因为一种物质吸引其他形式的物质，所以在创世之初一定有宇宙原子浓缩发生。）

也许勒迈特（Lemaître）愿意参加物理学会议，纠缠其他科学家要他们接受他的想法。也许这些科学家会心情愉快地听他讲话，但随后将默默地从心中摒弃他的想法。亚瑟·爱丁顿(Arthur Eddington)是他那个时代最重要的物理学家,他说:"我作为一位科学家,我完全不能相信目前万物的秩序是从大爆炸开始的……大自然目前的状况和秩序是突然开始的想法是我不能接受的。"

但是,多年之后,他(勒迈特)坚持不懈地克服了物理学里的阻力。一位科学家要想成为大爆炸理论的最重要的代言人和推广者,就必须最终提供该理论的最令人信服的证据。

乔治·伽莫夫,宇宙小丑

尽管哈勃是一位天文学的老于世故的大科学家,然而还有另一位传奇式人物乔治·伽莫夫(George Gamow)继续了他的工作。伽莫夫在很多方面与哈勃相反:一个爱讲笑话的人、一位漫画家、以恶作剧著称和20本有关科学图书的作者,很多书是为年轻的成年人写的。他的有趣的、见识广博的、有关物理和宇宙的书孕育了几代科学家(包括我在内)。在相对论和量子论使科学和社会发生变革时,他的书独树一帜:这些书是十几岁的孩子能够得到的可靠的有关尖端科学的书。

虽然缺乏思想,只满足于处理成堆数据的科学家为数不多,但伽莫夫则是他那个时代创造性的天才,一位博学多才能迅速迸发出思想的火花,能改变核物理学、宇宙学,甚至DNA研究进程的人。

詹姆斯·沃森(James Watson)的自传的书名叫做《基因、伽莫夫和女孩》(*Genes*,*Gamow*,*and Girls*)大概不是偶然的。沃森(Watson)和弗朗西斯·克里克(Francis Crick)一起揭示了DNA分子的秘密。正如他的同事爱德华·特勒(Edward Teller)回忆的:"伽莫夫的理论百分之九十是错的,他也容易承认它们是错的。但他并不在意。他是那些不为自己的任何发明而感到特别骄傲的人之一。他会抛出他的最新思想,然后把它当成一个笑话。"但是他剩下的百分之十的思想则会改变整个科学的面貌。

伽莫夫1904年生于俄罗斯的敖德萨(Odessa),那时俄罗斯处在早期的社会剧变中。他回忆道:"当敖德萨(Odessa)被某个敌人军舰轰炸时,当希腊、法国或英国远征军插上刺刀沿着城市主要街道进攻传统的白色、红色甚或绿色俄罗斯军队时,或当不同颜色的俄罗斯军队互相残杀的时候,学校常常停课。"

有一次他去教堂,做完礼拜后偷偷拿回家一些教堂的面包。他在显微镜下

观看,他看不到代表耶稣基督肉体的教堂面包和普通面包有什么区别。他说:
"我想,是这个实验使我后来成为科学家。"这一次去教堂成了他早期生活的转
折点。

他就读于列宁格勒大学,在物理学家亚历山大·弗里德曼指导下学习。后
来,在哥本哈根大学他遇见了很多物理学的巨人,如尼尔斯·玻尔。(1932 年,
伽莫夫和他的妻子试图乘从克里米亚到土耳其的木筏逃离苏联,但没有成功。
后来,他在布鲁塞尔参加物理学会议,成功地逃离,这为他挣得了苏联的死刑
判决。)

伽莫夫以给他的朋友发出五行打油诗著称。大多数是不刊印的,但是有一
篇五行打油诗抓住了宇宙学家在面对巨大的天文数字和无限的星星时所感到的
忧虑:

> 有一位从特里尼蒂(Trinity)来的年轻小伙子
> 他取无穷大的平方根
> 但位数之大
> 使他害怕;
> 他丢下数学去从事神学。

20 世纪 20 年代,他在俄罗斯解决了为什么可能发生放射性衰变的秘密,从
而首次获得巨大成功。由于居里夫人和其他人的工作,科学家知道了铀原子是
不稳定的,以阿尔法射线(氦原子的核子)的形式发出辐射。但是根据牛顿力
学,将核子聚在一起的神秘的核力应该是阻止这种泄露的障碍。那是怎么发生
的呢?

伽莫夫,还有 R. W. 格尼(R. W. Gurney)和 E. U. 康登(E. U. Condon)认识
到放射性衰变是可能的,因为量子理论的测不准原理意味着绝不能精确地知道
一个粒子的精确位置和速度,因此有微小的可能性,这些粒子会穿过"隧道"或
穿透障碍。(今天,这个隧穿思想是所有物理学的中心,用来解释电子设备、黑
洞和大爆炸本身的性质,宇宙本身也许是通过隧穿产生的。)

通过类比,伽莫夫想象一个囚犯被囚禁在巨大的监狱墙壁的包围之中。按
常理,在经典的牛顿世界里逃跑是没有可能的。但是在量子理论的奇异世界里,
你不能精确地知道他的位置和速度。如果囚犯不停地撞墙,你可以计算出有一
天他会穿过墙壁,直接违背了常识和牛顿力学。计算得出囚犯有跑到监狱墙壁

之外的一个有限的可能性,你有可能在监狱大门之外发现他。对于囚犯这样的大物体,你等待的时间比宇宙的寿命还要长,奇迹才能发生。但是对于阿尔法粒子和亚原子粒子,这种情况就会经常发生,因为这些粒子以巨大的能量反复地冲击核子的墙壁。很多人感到:应该给这个极其重要的工作颁发诺贝尔奖。

20 世纪 40 年代,伽莫夫的兴趣从相对论转向宇宙学,他把它看成是富有的未被发现的国度。在那个时候,人们所知道的有关宇宙的一切是:天空是黑的,宇宙在膨胀。伽莫夫被一个单一的想法所指引:找到任何证据或"化石"证明几十亿年前发生了大爆炸。这是一个非常棘手的问题,因为宇宙学在真正的意义上不是一门"实验科学"。人们不可能对大爆炸进行任何实验。宇宙学更像一个侦探故事,一门观察科学,你在犯罪现场寻找"蛛丝马迹"或证据,而不是一门能够进行精确试验的实验科学。

平行宇宙 宇宙的核厨房

伽莫夫对科学的第二个伟大贡献,是他发现了我们在宇宙中看到的产生最轻元素的核反应。他喜欢把它叫做"史前的宇宙厨房",原来宇宙的所有元素都是在大爆炸的高温下烹饪出来的。今天,这个过程叫做"核合成",即计算宇宙中元素的相对富裕程度。他的想法是:有一个完整的链,从氢原子开始,然后只要不断向氢原子加入更多的粒子,就能产生链中的其他元素。他相信:整个门捷列夫周期表中的化学元素都能从大爆炸的高温中创造出来。

伽莫夫和他的学生分析,在创世之初,宇宙是一个非常高温的中子和质子的集合,然后大概熔合发生了,氢原子熔合在一起形成氦原子。正如一枚氢弹或一颗恒星,温度是如此之高,结果氢原子的质子互相碰撞直至熔合,产生氦核。然后氢与氦发生碰撞,按照同样的过程产生下一组元素,包括锂和铍。伽莫夫认为,将更多更多的亚原子粒子加入到核中可以产生更重的元素。换句话说,所有构成可见宇宙的 100 多种元素都可以在原始火球的高温中"烹调"出来。

按照通常的方式,伽莫夫制订这个雄心勃勃的计划的总体框架,让他的博士生拉尔夫·阿尔弗(Ralph Alpher)补充细节。当这篇文章完成时,他禁不住开了一个玩笑。他未经物理学家汉斯·贝蒂(Hans Bethe)的许可,就把他(贝蒂)的名字写上,于是这篇文章就成了著名的"阿尔法–贝塔–伽马"论文(alpha-beta-gamma paper)。

伽莫夫发现的是,大爆炸的温度的确很高,足以产生氦,它构成宇宙质量的25%,数量巨大。反过来工作,我们看到今天很多的恒星和星系是由大约75%的氢、25%的氦和少量的微量元素构成的,这可以作为大爆炸的一个"证据"。(按照普林斯顿大学的天体物理学家大卫·施佩格尔〔David Spergel〕的说法:"每当你买一个气球,你就得到大爆炸头几分钟产生的其中一些原子。")

然而,伽莫夫通过计算也发现了问题。他的理论对非常轻的元素工作很好。但是,有5个和8个质子和中子的元素极不稳定,因此不能作为"桥梁"产生有更多中子和质子的元素。因为我们的宇宙是由重元素构成的,它们的中子和质子数比5和8要多得多,这就成了一个宇宙之谜。伽莫夫不能将他的理论扩大到超出5个粒子和8个粒子的范围成了一个多年来的棘手的问题,这就注定了他的宇宙中的所有元素都是在大爆炸时产生的说法不能成立。

微波背景辐射

在同一时间,另外一个想法吸引了他。如果大爆炸的温度是难以置信的高,也许今天它辐射的热仍在宇宙中回旋。如果是这样,它就给出大爆炸本身的"化石记录"。也许大爆炸是如此之巨大,以至它的余震仍然以均匀的辐射状雾霾充满宇宙。

伽莫夫在1946年提出一个假定:大爆炸有一个超热的中子核。这是一个合理的假定,因为除了电子、质子和中子以外,关于亚原子粒子我们知道的很少。如果他能估计这个中子球的温度,他就能计算它发出的辐射的量和性质。两年后,伽莫夫指出这个超热核心发出的辐射的作用好像"黑体辐射"(black body radiation)。这是由高温物体发出的非常特殊类型的辐射。它吸收所有碰到它的光,以特有的方式发出辐射。例如,太阳、熔岩、火中的热煤、烤炉中的热陶瓷,都发出黄-红的辉光和发射黑体辐射。(黑体辐射是1792年由著名的陶瓷制造家托马斯·韦奇伍德〔Thomas Wedgwood〕首先发现的。他注意到炉中烘焙的原材料,当温度升高时颜色从红变成黄,再变成白。)

这是非常重要的,因为一旦知道了热体的颜色,就可以大约知道它的温度,反过来也一样。马克斯·普朗克(Max Planck)在1900年首次得出联系热体温度和它发出的辐射之间的精确公式,这导致了量子理论的诞生。(事实上,这是科学家确定太阳温度的方法。太阳主要辐射黄色光,相应于大约6 000 K的黑体温度。这样我们就知道了太阳外层大气的温度。类似地,猎户星座中的一等星红巨星参宿四〔Betelgeuse〕的表面温度为 3 000 K,此黑体温度相当于红色,一块烧红的煤也发出这种颜色的光。)

伽莫夫在 1948 年发表的文章首次提出大爆炸的辐射也许有特殊的特性,即黑体辐射。黑体辐射最重要的特点是它的温度。下一步,伽莫夫必须计算这一黑体辐射的当前温度。

伽莫夫的博士生拉尔夫·阿尔弗(Ralph Alpher)和另一名学生罗伯特·赫尔曼(Robert Herman)试图完成伽莫夫的温度计算工作。伽莫夫写道:"从宇宙早期推算到现在,我们发现在过去的无数年代中,宇宙已经冷却到了大约绝对零度以上 5 度(K)。"

1948 年,阿尔弗(Alpher)和赫尔曼(Herman)发表了一篇文章,给出大爆炸余晖今天的温度在绝对零度以上 5 度的详细讨论(他们的估计显著地接近现在所知道的正确温度,绝对零度以上 2.7 度)。他们确定这种辐射在微波范围内,它今天应当仍然在环绕宇宙回旋,以均匀的余晖充满宇宙。

(分析如下:在大爆炸以后的年代里,宇宙的温度是如此之高,每当一个原子形成时,它就会被强大的、随机的与其他亚原子粒子的碰撞撕开,因此有许多自由电子散身光。这样,宇宙是不透明的,混浊的。在这个超热宇宙中传播的光线在跑过一段短距离后就被吸收。因此宇宙看上去是一片云雾。然而,在 380 000 年之后,温度降到 3 000 度〔K〕。低于这个温度,原子不再被碰撞撕开。结果稳定的原子可以形成,光线可以传播若干光年而不被吸收。这样,真空的空间第一次开始变得透明了。这个辐射不再在它产生以后就被吸收,而是今天仍在环绕宇宙回旋。)

当阿尔弗(Alpher)和赫尔曼(Herman)向伽莫夫说明他们最终计算出的宇宙的温度时,伽莫夫失望了。这个温度太低了,测量这个温度将会极其困难。经过一年的时间,伽莫夫才最终同意他们计算的细节是正确的。但是他对能够测量这样微弱的辐射场感到绝望。回到 20 世纪 40 年代,没有可用的仪器测量这样微弱的回响。(在后来的计算中,伽莫夫利用不正确的假定将辐射的温度提高到 50 度〔K〕。)

他们举办一系列讲座宣传他们的工作。但不幸的是,他们的预言结果被忽略了。阿尔弗(Alpher)说:"我们花费了许多精力讲解我们的工作。没有人在意,没有人说它可能测量,从 1948 年到 1955 年一直这样,我们最后放弃了。"

伽莫夫大无畏地出版他的书、发表演讲,成为第一位推出大爆炸理论的人。

但是他也碰到了他的对手的激烈反对。当伽莫夫用他顽皮的笑话和妙语迷住他的听众时,他的对手弗雷德·霍伊尔则用自己的绝对智慧和敢做敢为的勇气吸引听众。

宇平宙行 弗雷德·霍伊尔,反对者

微波背景辐射给了我们大爆炸的"第二个证据"。但是弗雷德·霍伊尔(Fred Hoyle)坚决反对通过核合成提供的大爆炸的第三个重要证据。他几乎用了他毕生的精力试图驳斥大爆炸理论。

霍伊尔(Hoyle)是一位学术怪人的化身,一位才华横溢的反对派,好斗风格,敢于挑战常规的至理名言。哈勃喜欢效仿牛津先生的怪癖,显得雍容华贵;伽莫夫则喜欢讲笑话、博学,能够用他的妙语、五行打油诗和恶作剧让他的听众眼花缭乱;而霍伊尔则看上去很奇怪,在剑桥大学古老的大厅里显得不合时宜,纯粹是一个艾萨克·牛顿的鬼魂。

霍伊尔(Hoyle)1915年生于英国北部一个以羊毛工业为主的地区,是一个小纺织商的儿子。霍伊尔小时候喜欢科学,那时候收音机刚刚进村。他回忆到:20到30个人急切地在他们的房间里装上无线电接收机。后来,他的父母作为礼物给了他一架望远镜,这成了他生活的转折点。

霍伊尔的好斗性格从童年就开始了。在3岁时他就掌握了乘法表,然后他的老师要他学罗马数字。他轻蔑地回忆道:"有哪个孩子会这么愚蠢地不写8,而写 Ⅷ 呢?"当有人告诉他法律要求他进学校时,他写道:"我很不愉快地得出结论,我生来就要进入一个叫做'法律'的怪物主宰的世界,它既强大又愚蠢。"

有一次,他和另一位教师发生的争执就更加强了他对权威的蔑视。一位女教师在班上对学生说:一种特别的花有5个花瓣。为了证明教师错了,他将有6个花瓣的花带进教室。对这种放肆无礼的反抗行为,这位女老师狠狠地在他的左耳处打了一个耳光。(霍伊尔的左耳后来变聋了。)

宇平宙行 稳恒态理论

在20世纪40年代,霍伊尔不迷恋大爆炸理论。这个理论的一个过失是哈勃在测量光线从遥远的星系来时的误差,因此错误计算宇宙的年龄为18亿年。地质学者声称地球和太阳系的年龄大约为几十亿年。宇宙的年龄怎么能比它的行星年轻呢?

霍伊尔与他的同事托马斯·戈尔德(Thomas Gold)和赫尔曼·邦迪(Hermann Bondi)一起开始建立与此相反的理论。据说他们的稳恒态理论(steady state theory)是受到1945年由迈克尔·雷德格雷夫(Michael Redgrave)主演的叫做《夜晚的死者》(Dead of Night)这部鬼片所启发的。这部影片由一系列鬼的故事组成,但是在影片的结尾有一个难忘的转折:影片的结尾就像开始一样。因此这部影片是循环的,无止无尽。这部影片启发他们三人提出一个宇宙也是无始无终的理论。(戈尔德[Gold]后来澄清了这个传说。他回忆道:"我想我们几个月前看了那部影片,后来我提出稳恒态理论,我对他们说:'是不是有点像《夜晚的死者》呀?'")

在这个模型中,宇宙的各个部分事实上在膨胀,但是新的物质不断地从无产生,因此宇宙的密度保持不变。尽管这个模型不能给出物质怎样神秘地从无到有的详细描述,然而,这个理论立刻吸引了一群反对大爆炸理论的忠实支持者。对霍伊尔来说,在某个地方发生火灾,从而将星系以飞快的速度送往各个方向的说法是不合逻辑的。他倾向于物质是从无中慢慢地创造出来的。换句话说,宇宙是永恒的,是无始无终的。

(稳恒态理论和大爆炸理论之争,就像地质学和其他科学之争一样。在地质学中,有持久的均变论和灾变论之争。[均变论认为地球是在过去逐渐变化中形成的,灾变论认为变化是通过剧烈的事件发生的。]尽管均变论解释了很多地球地质的和生态的特点,但没有人否定彗星和流星曾经对生物的大量灭绝产生过影响,以及由于构造漂移所产生的大陆破碎和移动的影响。)

平行宇宙 BBC 讲演

霍伊尔绝不回避论战。1949年,BBC(英国广播公司)邀请霍伊尔和伽莫夫就宇宙起源问题进行辩论。在BBC广播期间他猛烈攻击对方的理论,做了影响历史进程的大事。他击中要害地说:"这些理论(指伽莫夫的理论)是根据假设宇宙的所有物质都是在遥远过去一个特定的时间在一次大爆炸中产生出来的。"这个理论现在被它的最大的反对者正式命名为"大爆炸"。(霍伊尔后来声称,他不打算贬低它。他承认说:"我找不到办法创造一个短语来贬低它,我创造这个短语是为了吸引人。")

(多年以来,大爆炸的支持者极力想改变这个名字。他们不满意这个名字,嫌这个名字太普通,含义粗俗,而且是由它的最大的反对者杜撰的。纯化论者尤其不满意,因为事实上它是不正确的。第一,大爆炸不大,它是从比一个原子小得多的某种类型的微小奇点中产生的。第二,没有爆炸声,因为在外层空间没有空气。1993 年 8 月,《天空和望远镜》杂志发起一次重新命名大爆炸理论的竞赛。此竞赛得到 13 000 个题目,但是裁判找不到比原来更好的叫法。)

确定霍伊尔在整整一代人中的名望的,是他的著名的有关科学的 BBC 系列讲座。20 世纪 50 年代,BBC 计划在每星期六晚举办科学讲座。原来邀请的客人取消了讲座,BBC 制作人被迫找人代替。他们与霍伊尔联系,他同意上场。然后,他们校核他的文件,看到一张便条上说:**"不要用这个人。"**

幸亏他们没有理睬前一制作人的可怕的警告,他向世界作了 5 次迷人的讲座。这些经典的 BBC 广播令国人着迷,特别启发了下一代天文学家。天文学家华莱士·萨金特(Wallace Sargent)回忆这些广播对他产生的影响:"当我 15 岁的时候,我听了弗雷德·霍伊尔在 BBC 举办的题目为'宇宙的本性'的讲座[3]。我们能知道太阳中心的温度和密度这个想法着实让我吃惊。在 15 岁的年纪,这些事情似乎是超出了知识的范围。不只是数字惊人,我们能知道它也让人不可思议。"

宇宙平行 恒星中的核合成

霍伊尔不愿意坐在扶手椅上空想,开始行动测试他的稳恒定状态理论。他认为宇宙的元素不是像伽莫夫所相信的那样是在大爆炸中烹调出来的,而是在恒星的中心产生的。如果 100 多种化学元素是由恒星的高温产生的,那么就根本没有大爆炸的必要。

霍伊尔和他的同事在 20 世纪 40 年代和 50 年代发表了一系列的文章,详细地展示了在恒星核心内部的核反应,而不是大爆炸,能够将更多更多的质子和中子加入到氢和氦的核子中,直至产生所有的重元素,至少到铁为止。(霍伊尔和他的同事解决了难住伽莫夫的怎样产生超过原子质量数为 5 的元素的秘密。在天才的一闪念之间,霍伊尔认识到如果有一个原来没有注意的从 3 个氦核子产生的不稳定形式的碳,它持续的时间刚好够长,就可以成为产生较重元素的"桥梁"。在恒星的核心,这个新的不稳定形式的碳持续的时间也许刚好够长,通过不断增加更多的中子和质子,就可以产生出超过原子质量数5和8的元素。当这个不稳定形式的碳被实际发现时,就会辉煌地证明核合成可以在恒星内部发生,而不是通过大爆炸发生。霍伊尔甚至编制了大型计算程序,从这些原理出发确定我们在自然界看到的元素的相对富裕程度。)

但是,即便是恒星的高温也不足以"烹调"超出铁的元素,如铜、镍、锌、铀等。(由于各种原因,通过熔合超出铁的元素来吸取能量是极其困难的,包括原子核中质子相互排斥和缺乏结合能。)对于这些重元素,需要一个更大的熔炉,即大质量恒星或超新星的爆炸。当超巨星剧烈地坍塌时,在它最终死亡的剧痛中可以得到几亿度的高温,就有足够的能量"烹饪"超出铁的元素。这意味着超出铁的元素只能从爆炸的恒星或超新星的大气中抛出来。

1957年,霍伊尔、玛格丽特(Margaret)、杰弗里·伯比奇(Geoffrey Burbidge)和威廉·福勒(William Fowler)发表了仿照伽莫夫一贯有之的典型方式,甚至杜撰出下面一段用圣经风格写出的话。一篇大概是最有权威性的著作,详细描述了建造宇宙元素和预计它们的已知富裕程度所需要的精确步骤。他们论据的精确性是如此之强大和令人信服,甚至伽莫夫也不得不承认霍伊尔给出了核合成最引人注目的描述。

当上帝创造元素的时侯,在计算的激动中他忘了需要质量数为5的元素,因此重元素不能形成。上帝非常失望,想先与宇宙联系,全都重新开始。但这样做就太简单了。于是,全能的上帝决定以最不可能的方式纠正他的错误。上帝说:"让霍伊尔出来吧。"霍伊尔就出来了。上帝看着霍伊尔……让他用他喜欢的方式制造重元素。霍伊尔决定在恒星中制造重元素,并通过超新星爆炸把它们散布到四周。

宇宙平行 反对稳恒态理论的证据

然而,在过去十年间,不利于稳恒态宇宙的证据越来越多。霍伊尔发现在辩论中不能取胜。在他的理论中,因为宇宙不演变,只是不断创造新的物质,所以早期的宇宙看上去应当很像今天的宇宙。今天看到的星系应当很像几十亿年前的星系。如果有迹象表明在几十亿年的进程中有巨大的演变性变化，稳恒态理论就会遭到驳斥。

20 世纪 60 年代，在外层空间发现一个叫做"类星体"的极其强大的神秘的源，或叫做准恒星天体。（这个名字是这样容易让人记住，因此一种电视机以它命名。）类星体产生巨大的能量，有着显著的红色频移，这意味着它们在可见宇宙的边缘，在宇宙很年轻时它照亮天空。（今天，天文学家相信这些是靠巨大黑洞能量驱动的巨大的年轻星系。）然而，我们今天看不到任何类星体的迹象。但是根据稳恒态理论今天也应该有类星体存在。但是经过几十亿年它们消失了。

霍伊尔理论还有另一个问题。科学家认识到，宇宙中有太多的氦与霍伊尔的稳恒态宇宙预计的不符。氦是一种熟悉的、在小孩子的气球和小型飞船中可以发现的气体，实际上它在地球上是很稀少的，而在宇宙中它是仅次于氢的第二个最丰富的元素。事实上，因为它在地球上是如此之少，所以它是首先在太阳上发现的，而不是在地球上发现的。（1868 年，科学家分析了从太阳发出的透过棱镜的光线。被检测的太阳光分解成通常的彩虹和谱线，但是科学家也检测到由以前不知道的神秘元素引起的微弱的谱线。科学家错误地认为它是金属，他们将这个神秘的金属命名为"氦"，希腊单词的意思是"太阳"。最后于 1895 年在地球的铀矿中发现了氦，科学家尴尬地发现它是气体，不是金属。因此，首次在太阳上发现的氦在取名时用词不当。）

如果原始的氦是像霍伊尔相信的那样主要在恒星中产生的，那么它应该很少，并且应该在恒星的内核附近发现它。但是所有天文学数据说明，实际上氦是很丰富的，构成宇宙原子质量的 25％。而且发现，它在宇宙间是均匀分布的，如伽莫夫相信的那样。

今天，我们知道有关核合成，伽莫夫和霍伊尔都有对的地方。伽莫夫原来想所有元素是大爆炸的原子尘埃或灰烬。但是这个理论在处理 5 个粒子和 8 个粒子时失败了。霍伊尔想抛开大爆炸理论，证明是恒星制造了所有的元素，根本不需要乞求大爆炸。但是这个理论不能解释我们现在知道的在宇宙中存在大量的氦。

伽莫夫和霍伊尔从本质上给了我们值得称赞的核合成的描述。质量数为 5 和 8 之前的非常轻的元素的确是大爆炸创造的，像伽莫夫相信的那样。今天，作为物理学的发现结果，我们知道大爆炸确实产生了大多数的我们在自然界看到的氦，氦-3、氦-4 和氦-7。但是铁之前的重元素是在恒星的核心烹调出来的，像霍伊尔想象的那样。如果我们再加上由超新星极高温度中抛出的铁之后的元素(如铜、锌和金),我们就有了解释宇宙中所有元素相对含量的完整的描述。(任何现代宇宙学的各种理论都有一个艰难的任务:解释宇宙中100多种元素和它们的种种同位素的相对含量。)

宇宙平行 恒星的诞生

这个关于核合成的激烈争论带来一个副产品,它给了我们恒星生命周期的相当完整的描述。一个典型的恒星,如我们的太阳的生命是从一个叫做"原恒星"的大的弥散氢气球开始的,在引力的作用下逐渐收缩。当它开始收缩时,它开始迅速旋转(通常导致双星系统的形成,两颗恒星在圆形的轨道上互相追赶,或在恒星的旋转平面形成行星)。恒星核心的温度急剧上升,达到将近1 000万度(K)或以上,这时氢熔合成氦。

在恒星点燃之后,它被叫做"主序列星",可以燃烧大约100亿年,它的内核缓慢地从氢变成氦。我们的太阳当前处在这个过程的中途。在氢燃烧完后,恒星开始燃烧氦,并且它的尺寸膨胀得很大达到火星的轨道,变成"红巨星"。在内核中的氦燃料耗尽之后,恒星的外层消散,留下内核本身,成为地球大小的"白矮星"。在白矮星中,可以产生元素周期表上铁以前的较轻元素。像我们太阳这样较小的恒星将在空间中死亡,成为矮星中的熄灭了的大块核材料。

但是,如果恒星的质量比我们的太阳大10倍到40倍,熔合过程将进行得更加迅速。当恒星变成超红巨星时,它的内核迅速熔合较轻的元素,成为一颗混合星,在红巨星的内部是一颗白矮星。在这颗白矮星,产生出在元素周期表上比铁轻的元素。当熔合进程达到产生铁元素的阶段,从熔合过程中再也提取不出能量。结果经过几十亿年后核炉将最终关闭。在这时,恒星将突然坍塌,产生巨大的压力将电子压向原子核。(密度可以超过水的密度的4 000亿倍。)使温度上升到万亿度。将它压缩成这样小的物体的引力能向外爆炸形成超新星。这个过程所产生的巨大热量再一次引起熔合,合成在元素周期表上超出铁的元素。

例如,可以很容易在猎户星座看到的超红巨星是不稳定的,随时可能爆炸成为超新星,放出大量的伽马射线和X射线到周围的空间。当这种情况发生时,就可以在白天看到这颗超新星,在夜晚它的亮度将超过月亮。(曾经有人设想,超新星释放的巨大能量毁灭了6 500万年前的恐龙。事实上,如果一颗超新星离开我们的距离为50光年,它一旦爆炸将结束地球上的所有生命。幸运的是,角宿星座的一颗巨星角宿〔Spica〕和猎户星座的一颗巨星参宿四〔Betelgeuse〕分别离开我们 260 光年和 430 光年。因为离得太远,当它们爆炸时不会对地球引起严重的损伤。但有些科学家相信:200 万年前一小部分海洋生物的灭绝,是由离开我们 120 光年的一颗恒星的超新星的爆炸引起的。)

这也意味着我们的太阳不是地球真正的"母亲"。尽管地球上很多人把太阳崇拜为神,说它诞生了地球,这只是部分正确的。尽管地球原来是从太阳产生的(作为 45 亿年前在黄道平面上围绕太阳旋转的碎片和尘埃的一部分),但我们的太阳的热量不够大,只够将氢熔合成为氦。这意味着我们真正的太阳"母亲"实际上是一颗不知名的恒星或恒星集,它是一颗在几十亿年前就死亡了的超新星,在它的周围播下了有着构成地球的超出铁的重元素的星云。精确地讲,我们的地球是几十亿年前消亡的恒星的星尘构成的。

超新星爆炸的结果形成一个很小的叫做中子星的残骸,由压缩成曼哈顿岛那样大小,尺寸只有 20 英里(32.19 千米)的固体核物质组成。(中子星是瑞士天文学家弗里茨·兹维基〔Fritz Zwicky〕于 1933 年首先预测到的,因为看起来太神奇了,被科学家忽略了几十年。)因为中子星不规则地释放出放射物,并且快速地旋转,它像一个旋转的灯塔,在旋转中喷出放射物。从地球上看去,中子星在脉动,因此叫做脉冲星。

大约比 40 个太阳质量还大的极大的恒星,最终经历超新星爆炸后可能留下一个比太阳质量大 3 倍的中子星。这颗中子星的引力是如此之大,以至能够抵消中子之间的排斥力,这颗星将最终坍塌形成大概是宇宙中最奇异的物体,即黑洞,我们在第 5 章将讨论它。

宇宙平行 鸟屎和大爆炸

阿尔诺·彭齐亚斯(Arno Penzias)和罗伯特·威尔逊(Robert Wilson)在 1965 年发现了稳恒态理论最关键的问题。他们在新泽西州装备有霍尔姆德尔·霍恩(Holmdell Horn)射电望远镜的 20 英尺(6.1 米)高的贝尔实验室工作,在他们从天空寻找无线电信号时,他们检测到不想要的静电噪音。他们想这可能是一个异常,因为这些噪音均匀地来自各个方向,而不是来自一颗恒星或一个星系。他们想这些静电噪音可能是尘土和碎片造成的,于是他们仔细清除罩在射电望远镜开口处的一层白色涂层,彭齐亚斯(Penzias)把它称做"一层介质材料的白色涂层"(通常叫做鸟屎),结果静电噪音似乎更强了。尽管他们还没有认识到,他们偶然发现了1948年伽莫夫小组预计的微波背景辐射。

现在宇宙学的历史读起来有点像"基斯通警察"的无声喜剧片,有三个小组在探索答案,而彼此不知道别人在做什么。一方面,伽莫夫、阿尔弗(Alpher)和赫尔曼(Herman)于1948年奠定了理论,预计了微波背景辐射的存在,他们预计微波背景辐射的温度在绝对零度以上5度,因为那时的仪器的灵敏度不能检测到它,他们放弃了测量空间背景辐射的希望。在1965年,彭齐亚斯(Penzias)和威尔逊(Wilson)发现了这个黑体辐射,但却不知道它是黑体辐射。同时,由普林斯顿大学罗伯特·迪克(Robert Dicke)领导的第三组独立地重新发现了伽莫夫的理论并积极寻找背景辐射,但是他们的仪器太原始了,所以没有找到。

天文学家伯纳德·伯克(Bernard Burke)是他们的共同朋友,当他告诉彭齐亚斯(Penzias)有关罗伯特·迪克(Robert Dicke)的工作时,这个可笑的情形结束了。两个小组后来互相联系,显然彭齐亚斯(Penzias)和威尔逊(Wilson)已检测到大爆炸本身发出的信号。由于这一重大的发现,彭齐亚斯(Penzias)和威尔逊(Wilson)1978年得了诺贝尔奖。

事后才知道,霍伊尔和伽莫夫这两位持相反观点的最著名的对手,曾于1956年在一辆凯迪拉克轿车中,有过一次也许能改变宇宙学命运的至关重要的会见。霍伊尔回忆道:"我记得乔治(George)开一辆白色凯迪拉克带我在四周转。"伽莫夫向霍伊尔重复他的信念,大爆炸留下的余晖甚至到今天还能看到。然而,伽莫夫的最新数字将余晖的温度确定为绝对温度50度。然后,霍伊尔令人吃惊地向伽莫夫指出,他知道安德鲁·麦凯勒(Andrew McKellar)在1941年写的一篇晦涩的文章,该文指出外层空间的温度不可能超过绝对温度3度。超过这个温度就会发生新的化学反应,在外层空间就会产生更多的碳氢基(CH)和氰基(CN)。通过测量这些化合物的存在,就可以确定外层空间的温度。事实上,他发现他检测到的空间氰基(CN)分子的密度,说明外层空间温度大约为绝对温度2.3度。换句话说,伽莫夫不知道绝对温度为2.7度的背景辐射在1941年已经间接地测量到了。

霍伊尔回忆说:"不管是因为凯迪拉克轿车太舒适了,还是因为乔治(George)想要绝对温度高于3度(K),而我想要的温度为绝对零度,我们错过了9年之后由阿尔诺·彭齐亚斯(Arno Penzias)和罗布·威尔逊(Rob Wilson)所做出的发现的机会。"如果伽莫夫小组的数值没有计算错而得出的是较低的温度,或者如果霍伊尔对大爆炸理论不是这么敌对,也许历史就要改写了。

宇宙平行 大爆炸的余震

　　彭齐亚斯(Penzias)和威尔逊(Wilson)检测到微波背景辐射的这一发现,对伽莫夫和霍伊尔的生涯产生了决定性的影响。对霍伊尔来说,彭齐亚斯(Penzias)和威尔逊(Wilson)的工作是一个至关重要的实验。最后,霍伊尔在1965年的《自然》杂志上正式承认失败,引用微波背景辐射和在太空中富含氦作为放弃他的稳恒态理论的理由。但是真正扰乱他的是稳恒态理论失去了它的预测能力,他说:"人们广泛相信微波背景辐射扼杀了'稳恒态'宇宙学,但是真正扼杀稳恒态理论的是心理影响……在微波背景辐射中有一个重要的现象没有预计到……很多年来,它使我感到无能为力。"(霍伊尔后来试图修改他的稳恒态宇宙理论,但每次修改后的理论变得越来越似是而非。)

　　不幸的是,有关优先权的问题(是谁首先发现微波背景辐射?)使伽莫夫尝到了苦果。从字里行间我们可以看到伽莫夫一点也不高兴他的工作和阿尔弗(Alpher)及赫尔曼(Herman)的工作很少被人提起。他一直对人很有礼貌,他把这些不快深深埋藏在心里,但是在他写给别人的私人信件中,他说物理学家和历史学家完全忽略了他们的工作是不公正的。

　　尽管彭齐亚斯(Penzias)和威尔逊(Wilson)的工作对稳恒态理论是一个巨大的冲击,并帮助将大爆炸理论放在了坚实的实验基础上,但是在我们理解膨胀宇宙的结构问题上仍有巨大的缺口。例如,在弗里德曼(Friedmann)的宇宙中,要理解宇宙的演变,我们必须知道宇宙物质平均分布的欧米伽值。然而,当我们认识到宇宙的大部分不是由熟悉的原子和分子,而是由质量比普通物质大10倍的叫做"暗物质"的奇怪的新物质组成时,欧米伽值的确定就成了一个大问题。在这个领域的领袖人物也没有被天文学界的其他人认真对待。

宇宙平行 欧米伽和暗物质

　　暗物质的故事大概是宇宙学中最奇怪的一章。回到20世纪30年代,加利福尼亚理工学院的瑞士天文学家弗里茨·兹维基(Fritz Zwicky)注意到,后发座星系团(Coma cluster of galaxies)的星系运动不遵照牛顿引力定律。他发现,这些星系运动得太快,根据牛顿运动定律它们应当飞散开来,星系团应当解散。他想,能让后发星座星系团聚在一起而不是飞散的唯一办法,是星系团的质量要比望远镜看到的大几百倍。要么是牛顿定律在极大的距离时多少有些不正确,要么是在后发星座星系团中有巨大的看不见的物质将它们聚集在一起。

这是在历史上第一次指出,关于宇宙中物质的分布的有些事情是完全错了。不幸的是,由于以下几个理由,天文学家一致拒绝或忽略了兹维基(Zwicky)的先驱工作。

第一,天文学家不愿意相信几个世纪以来在物理学占统治地位的牛顿引力理论会可能出错。在天文学中有过这样的处理危机的先例。19世纪,在分析天王星的轨道时发现它有些摆动,即它少许偏离了牛顿方程的预计。这样要么是牛顿错了,要么有一颗新的行星的引力在吸引天王星。后者的说明是正确的,1846年按照牛顿定律预计的位置在第一次尝试后发现了海王星。

第二,有一个兹维基(Zwicky)的个性和一个天文学家如何对待"外人"的问题。兹维基(Zwicky)是一位空想家,在他的一生中常常被嘲笑或忽视。1933年,他和沃尔特·巴德(Walter Baade)一起杜撰了"超新星"这个词,并正确地预计到直径大约14英里(22.53千米)的小中子星将是一颗爆炸恒星的最终的残迹。这个想法太怪了,以至在1934年1月19日《洛杉矶时报》的漫画中受到嘲笑。有一小组顽固的天文学家使他非常愤怒,他认为他们排斥他、不承认他、偷窃他的思想,用直径100到200英寸(2.54~5.08米)的望远镜来放大诋毁他。(在他1974年去世前不久,他自己出版了一个星系的目录。目录开头的标题是:"提醒美国天文学的主教和献媚者。"这篇论文尖锐地批评那些所谓的天文学精英的排外做法,将像他这样的持不同意见者排斥在外。他写道:"今天的献媚者和彻头彻尾的小偷,特别是在美国的天文学界,似乎是肆无忌惮地盗窃持不同意见者和非遵逢者的发现和发明。"他把这些人叫做"天体私生子",因为"无论你怎么看,他们都是私生子"。当为中子星的发现而颁发的诺贝尔奖忽略了他而授予别人时,他感到非常愤怒。)[4]

1962年,天文学家维拉·鲁宾(Vera Rubin)再次发现这个奇怪的银河运动的问题。她研究了银河系的旋转,发现了同样的问题。她也受到类似的天文学界的轻视。通常,行星离太阳越远它跑得越慢,离得越近它跑得越快。这就是为什么水星以速度之神命名的原因,它离开太阳最近跑得最快。为什么冥王星的速度只有水星的十分之一呢?因为它离开太阳最远。然而,当维拉·鲁宾(Vera Rubin)分析我们星系中的蓝星时,她发现这些恒星以同样的速率绕星系旋转,不管它们离开星系中心有多远(叫做平直的旋转曲线),因此违背了牛顿力学的概念。事实上,她发现银河系旋转得如此之快,按理应该飞散出去。但是大约100亿年来,这个星系十分稳定。为什么旋转曲线是平的成了一个秘密。为保持这个星系不分解,它必须比当前科学家想象的重10倍。显然,银河系90%的质量丢失了!

维拉·鲁宾(Vera Rubin)被忽视了,部分原因是她是一位妇女。她有些痛苦地回忆到,当她申请去斯沃斯莫尔(Swarthmore)学院读科学专业,并礼貌地告诉招生负责人她喜欢绘画时,会见者说:"你有没有考虑过绘制天体美景这个职业呢?"她回忆说:"这句话成了我们家的一句时髦用语,不管什么事情、什么人错了,我们都会说你有没有考虑过绘制天体美景这个职业呢?"

当她告诉她的高中物理老师她被接受去瓦瑟(Vassar)读书时,他回答:"只要你不沾科学的边,就不会有什么问题。"(她后来回忆道:"对待这样的事情,需要自尊才不至于被压垮。")

毕业后,她申请并被接受去哈佛大学,但她没有去,因为她和一位化学家结婚了,跟她丈夫去了科内尔(Cornell)。(她得到哈佛大学的一封回信,信底有一行手写的话:"该死的妇女!每当我得到一位好的学生,一切都准备好后,她又跑了、结婚了。")近来,她参加了在日本召开的一次天文学会议,她是与会的唯一妇女。她承认:"很长一段时间以来,我一讲这些故事就不得不哭,因为在一整代人中,可怕的命运没有改变。"

然而,在她的仔细工作和其他人的工作的影响下,天文学界开始相信丢失质量问题。到1978年为止,鲁宾(Rubin)和她的同事考察了11个螺旋星系。这些星系都旋转得太快,根据牛顿定律不能聚在一起。同一年,荷兰射电天文学家艾伯特·博斯马(Albert Bosma)发表了迄今为止最完整的几十个螺旋星系的分析。几乎所有这些星系呈现同样的反常行为。这似乎最终使天文学界信服暗物质的确存在。

对这个令人烦恼的问题的最简单的解释方法,是假定这些星系被不可见的光环包围,光环所包含的物质比恒星本身大10倍。自那时以来,已开发出更完善的测量这些不可见物质存在的手段。给人印象最深的办法是测量星光通过这些不可见物质发生的扭曲。像你的眼睛的镜片一样,暗物质也能使光线弯曲。(因为它的巨大质量和由此产生的巨大引力。)近来,通过用计算机仔细分析哈勃空间望远镜的照片,科学家能够构造整个宇宙暗物质分布图。

科学家一直在热烈地探讨暗物质是由什么构成的。有些科学家认为暗物质也许是由普通物质构成的,不同的是它非常暗淡(即由几乎不可见的褐色矮星、中子星、黑洞组成)。这样的物体由"重子物质"集合在一起,即由熟悉的重子(如中子和质子)构成。这些物体全都叫做 MACHOs(大质量致密晕轮天体的缩写,Massive Compact Halo Objects)。

另一些人认为,可能暗物质是由非常热的非重子物质,如中微子(叫做热的暗物质)构成。然而,中微子运动太快,不能解释在自然界看见的大量暗物质和星系。还有一些人认为,暗物质是由完全新型的叫做"冷暗物质",或弱相互作用重粒子(WIMPS,weakly interacting massive particles)构成的,它们是解释大多数暗物质的主要候选人。

平行宇宙 COBE 卫星

利用自伽利略以来天文学广泛应用的普通望远镜,我们不可能解决暗物质的秘密。天文学已经进展到可以利用标准的固定在地面上的光学仪器。然而,在 20 世纪 90 年代,出现了新一代利用卫星技术、激光和计算机的天文仪器,完全改变了宇宙学的面貌。

这些收获的第一批成果之一是 1989 年 11 月发射的 COBE(宇宙背景探测者,Cosmic Background Explorer)卫星。彭齐亚斯(Penzias)和威尔逊(Wilson)的原始工作证实了有不少数据与大爆炸理论一致,而 COBE 卫星则能够测量大量的数据,它们精确地符合伽莫夫和他的同事在 1948 年所做的黑体辐射的预测。

1990 年,在美国天文学会的一次会议上,当代表们看到视图上显示的 COBE 卫星结果时,在场的 1 500 名科学家突然爆发出雷鸣般的经久不息的掌声,几乎是全体一致地同意温度为 2. 728 度(K)的微波背景辐射确实存在。

普林斯顿大学的天文学家耶利米・P. 奥斯特里克(Jeremiah P. Ostriker)评论说:"当在岩石中发现化石时,它使生物物种的起源一目了然。很好,COBE 发现了(宇宙的)化石。"

然而,从 COBE 卫星得出的视图十分模糊。例如,科学家想要分析"热点",或宇宙背景辐射的波动,此波动在整个天空中应该大约为 1 度(K)。但是 COBE 卫星的仪器检测的波动为 7 度或比 7 度还多,因此其灵敏度不能检测这些小的波动。科学家被迫等待预计将于世纪之交过后发射的 WMAP 卫星的结果,他们希望这颗卫星能够解决诸多这样的问题和秘密。

第4章　膨胀和平行宇宙

从无不能生无。

　　　　　　　　　　　　　　　　——卢克莱修（Lucretius）

我假定我们的宇宙是在大约 10^{10} 年前从无产生的……我提出一个谨慎的建议，我们的宇宙只是有时发生的那些事件之一。

　　　　　　　　　　　　　——爱德华·特赖恩（Edward Tryon）

宇宙是一顿最终的免费午餐。

　　　　　　　　　　　　　　　　——艾伦·古思（Alan Guth）

在波尔·安德森（Poul Anderson）写的一部经典科幻小说《τ-零度》（*Tau Zero*，又译《T-零》）中，一艘叫做利奥诺拉·克里斯廷（Leonora Christine）的星际飞船升空，使命是飞往附近的恒星。它乘载有 50 人，当它驶往一个新的星系时，它达到的速度接近光速。更重要的是，这艘飞船用了狭义相对论原理，当它飞得更快时飞船里面的时间减慢。因此，从地球上看上去，飞往附近的恒星需要几十年，但是对宇航员来说仅需飞行几年。对一位在地球上用望远镜瞭望宇航员的观察者看来，似乎飞船里宇航员的时间冻结了，因此他们好像处在一幅暂停的动画中。但是对飞船里的宇航员来说，时间的进程照常。当这艘飞船减速登上一个新的世界时，他们发现他们仅在几年中就驶过了 30 光年。

这艘飞船的发动机是一个奇迹，它是一台冲压式喷气核聚变发动机，从深层空间提取氢，然后在这台发动机中燃烧产生无限的能量。它飞行得如此之快，以至宇航员甚至可以看到光线的多普勒频移，在飞船前面的恒星看上去是蓝色的，而飞船后面的恒星看上去是红色的。

然后灾难发生了。离开地球大约 10 光年后，当它穿过一片星际尘埃云时，飞船经受了动荡，它的减速机械装置永久地失灵了。惊恐的宇航员发现他们被困在飞跑的星船上,速度越来越快,接近了光速。他们绝望地看到失去控制的飞船在大约几分钟的时间内飞过了整个星系。在一年之内,这艘飞船穿过半个银河系。当它加速失去控制时,它在大约几个月的时间飞速通过星系,这时地球已过了几百万年。很快,飞行的速度接近光速,τ-零度显现,他们看到了戏剧性的场面,宇宙在他们的面前开始变老。

最后,他们看到了宇宙的原始膨胀在逆转,宇宙开始收缩,温度开始急剧升高,他们认识到他们正走向大火海。宇航员们默默地祈祷,这时温度像火箭一样上升,星系开始熔合,在他们面前形成了一个宇宙的原始原子。看上去被火葬已不可避免。

他们唯一的希望是宇宙物质将坍缩到一个有限密度的有限区域,以巨大速度飞行的飞船也许能迅速地滑过这片区域。奇迹发生了,当他们飞过原始原子的时候,他们的屏蔽系统保护了他们。他们看到了一个新宇宙的诞生。当宇宙重新膨胀时,他们敬畏地看到新的恒星和星系在他们的眼前产生。他们修好了飞船,仔细地绘制航线,飞往一个足够老的、由较重元素构成的、使生命有可能存在的星系。最终,他们在一颗能够孕育生命的行星上着陆,在这个行星上开辟一块殖民地,重新开始人类的生活。

这个故事写在 1967 年,这时天文学家就宇宙的最终命运正展开激烈的争论:宇宙将死于大火海或大冻结,将无限地振荡或永远生活在稳定状态。自那以后,争论似乎解决了,出现了叫做膨胀的新理论。

宇宙平行 **膨胀的诞生**

1979 年,艾伦·古思(Alan Guth)在他日记里写道:"**壮观的实现**。"他认识到他可能偶然发现了宇宙学最伟大的思想之一,因此感到很高兴。古思通过基本的观察,对 50 年来的大爆炸理论做了首次重大的修改。他想:如果他假定在宇宙诞生的时候经历了涡轮增压式的比大多数物理学家所相信的要快得多的超级膨胀,他就能解决宇宙学的一些深奥的谜。他发现用这个超级膨胀就能够毫不费力地解决许多深层的宇宙学问题。这是一个能够变革宇宙学的思想。(最近的宇宙学数据,包括 WMAP 卫星的探测结果和他的预计是一致的。)它不仅是宇宙学理论,也是迄今为止最简单和最可靠的理论。

这个理论的显著特点是,如此简单的思想能够解决很多棘手的宇宙学问题。

膨胀理论所巧妙地解决了的几个问题之一是"平坦性问题"。天文学数据已表明宇宙的曲率十分接近于零,事实上比标准大爆炸理论预计的要更接近于零。如果宇宙像一个迅速膨胀的气球,在膨胀过程中变平,这样问题就可以得到解释。我们像一个蚂蚁在气球表面行走,因为我们太小了看不到气球的微小弯曲。膨胀使空间-时间极大地伸展,使它看上去是平的。

古思的发现具有的历史意义还在于,它将分析自然界发现的微小粒子的基本粒子物理学应用到天文学,应用到宇宙的整体研究,包括它的起源中。我们现在认识到没有极小粒子的物理学:没有量子理论和基本粒子物理学,宇宙的最深奥的秘密就不能揭示。

寻找统一

古思 1947 年生于新泽西州的新不伦瑞克(New Brunswick)。与爱因斯坦、伽莫夫或霍伊尔不同,没有仪器也没有契机推动他进入物理学世界。他的父母都不是从大学毕业的,对科学的兴趣也不大。但是他自己总是着迷于数学和自然规律之间的关系。

20 世纪 60 年代他在麻省理工学院学习,他认真地考虑选择基本粒子物理学作为他的专业。他特别着迷于物理学的新革命所产生的激动,想寻找所有基本力的统一。多年来,物理学的泰斗一直在寻找统一的理论,能够以最简单的、最一致的方式解释宇宙的复杂性。自古希腊以来,科学家在想我们今天看到的宇宙代表一个更大的、更简单物体的碎片残骸,我们的目标是揭示这个统一性。

经过 2 000 年对物质和能量性质的研究,物理学家确定了四种驱动宇宙的力。(科学家在试图寻找是否有第五种力,到目前为止结果是否定的,或没有结论。)

第一种力是引力,它将太阳聚拢在一起,并引导行星在太阳系的天体轨道上运动。如果引力突然"关闭",天空的恒星将爆炸,地球将解体,我们都会以每小时 1 000 英里(1 609 千米)的速度被抛到外层空间。

第二种力是电磁力,这个力点亮我们的城市,使我们的世界充满电视机、电话、收音机、激光束和因特网。如果电磁力突然关小,文明将立刻倒退一两个世纪,回到过去的黑暗和寂寞之中。2003 年的灯火管制使美国整个东北部瘫痪,就形象地说明了这一点。如果我们从微观考察电磁力,我们将看到它实际上是由很小粒子,或叫做"光子"的量子造成的。

第三种力是弱核力,它是形成放射性衰变的原因。因为这个弱力不足以将原子核聚在一起而引起核子破裂或衰变。医院的核医学主要依靠弱核力,给我们身体内部和大脑的清晰图像。弱力也使地球中心通过放射性材料加热,产生巨大的火山喷发能。弱力的产生是由于电子和"中微子"的相互作用。(中微子是像鬼一样的粒子,几乎没有质量,能通过万亿英里的固体导线而不和任何物质发生相互作用。)这些电子和中微子通过交换,与其他叫做 W 玻色子和 Z 玻色子的粒子发生相互作用。

第四种力是强核力,它将原子核聚在一起。没有强核力,原子核将全部破裂,原子将崩溃。强核力是我们看到的充满宇宙的 100 多种元素能够存在的原因。由于有弱核力和强核力,恒星才能按照爱因斯坦方程 $E = mc^2$ 发出光。没有核力,整个宇宙将变得黑暗,地球的温度将降低,海洋将冻结成冰。

这四种力的令人吃惊的特点是它们彼此全不相同,具有不同的强度和性质。例如,到目前为止,引力是四种力中最弱的力,只有电磁力的 10^{36} 分之一。地球的重量为 60 万亿亿吨,然而它的强大的重量和引力可以轻而易举地被电磁力抵消。例如,你的梳子可以通过静电将小纸片吸起,从而抵消整个地球的引力。此外,引力完全是吸引的。而电磁力可以是吸引的,也可以是排斥的,由粒子的电荷决定。

宇宙平行 大爆炸理论的统一

物理学家面临的基本问题之一是:为什么宇宙是由四种截然不同的力支配的? 为什么这四种力看上去相差这么多,强度、相互作用和物理行为都不同?

爱因斯坦是第一位着手将这些力统一成单一的、综合的理论的人,他从统一引力和电磁力开始。他没有成功,因为他走在他那个时代太前面了,有关强力知道得太少了,无法建立一个真正的统一的场论。但是爱因斯坦的先驱工作打开了物理学世界的视野,有可能建立一个"包容一切的理论"。

在 20 世纪 50 年代,统一场论的目标似乎完全没有希望达到,特别是那时基本粒子物理学处在一片混乱之中,想用原子对撞机破碎原子核找到物质的基本成分,结果从实验中发现几百个乃至更多的粒子流。"基本粒子物理学"从术语上就是矛盾的,成了一个宇宙的笑话。古希腊人想,只要我们将物质破碎到它的基本的建筑砖块,事情就变得简单了。相反的事情发生了:物理学家不得不尽力从希腊字母表中找出更多的字母来标志这些粒子。美国原子物理学家 J. 罗伯特·奥本海默(J. Robert Oppenheimer)开玩笑说,诺贝尔物理学奖应当授予在那一年没有发现新粒子的物理学家。诺贝尔奖获得者史蒂文·温伯格(Steven Weinberg)开始怀疑人类的智慧是不是能够解开核力的秘密。

然而,在 20 世纪 60 年代早期,这个混乱的情景多少有了一些条理,那时加利福尼亚理工学院的默里·盖尔曼(Murray Gell-mann)和乔治·茨威格(George Zweig)提出"夸克"的想法,夸克是构成质子和中子的成分。根据夸克理论,3 个夸克构成 1 个质子或 1 个中子,1 个夸克和反夸克构成 1 个介子(一个将核子聚拢在一起的粒子)。这仅仅解决了一部分问题(因为今天各种类型的夸克比比皆是),但是它确实将新的能量注入到曾经是隐匿的领域中。

1967 年,物理学家史蒂文·温伯格(Steven Weinberg)和阿卜杜勒·萨拉姆(Abdus Salam)做出了惊人的突破,他们指出有可能将引力和电磁力统一。他们创造了一个新的理论,电子和中微子(叫做"轻子")通过交换形成叫做 W 玻色子和 Z 玻色子的新粒子并和光子彼此发生相互作用。通过在完全相同的立足点上处理 W 玻色子和 Z 玻色子,他们创造了统一两种力的理论。1979 年,史蒂文·温伯格(Steven Weinberg)、谢尔登·格拉肖(Sheldon Glashow)和阿卜杜勒·萨拉姆(Abdus Salam),因为他们的共同努力统一了四种力中的两种,即电磁力和弱力,并洞察到强核力的存在,所以被授予诺贝尔奖。

在 20 世纪 70 年代,物理学家分析了从斯坦福线性加速器中心(SLAC)的粒子加速器得出的数据。为了深入地探测质子的内部,物理学家用加速器将强大的电子束打到靶上。他们发现可以引进叫做"胶子"的新粒子来解释将质子内部的夸克聚在一起的强大的核力。胶子是强核力的量子。将质子聚合在一起的约束力可以由在组成它的夸克之间交换胶子来解释。于是得出一个叫做量子色动力学的强核力的新理论。

这样,到了 20 世纪 70 年代中期,有可能将四种力中的三种力结合在一起(除去引力),得到一个"标准模型":一个夸克、电子和中微子的理论,它们通过交换胶子、W 玻色子和 Z 玻色子与光子彼此相互作用。这个理论是粒子物理学几十年艰苦的、漫长的研究所达到的顶峰。到目前,标准模型满足所有的有关粒子物理学的实验数据,无一例外。

尽管标准模型是所有时代最成功的物理学理论,但它看上去十分别扭。很难相信自然界在基础的水平上是根据这个东拼西凑、修修补补的理论进行运作的。例如,该理论中有 19 个任意的参数是人为放进去的,没有任何意义和原因(即各种质量和相互作用强度不是理论确定的,而是不得不由实验确定。理想地,一个真正统一的理论的这些常数应由理论本身确定,而不依赖于外部实验)。

此外,基本粒子有 3 个精确的副本,叫做"代"。很难相信自然界在它最基本的水平上会包括亚原子粒子的 3 个精确副本。除这些粒子的质量外,这些"代"彼此互相复制。(例如,电子的副本包括 μ 介子,它的重量比电子重 200倍,还有 τ 粒子,它比电子重 3 500 多倍。)最后,标准模型没有提到引力,尽管引力是宇宙中最广为人知的一种力。

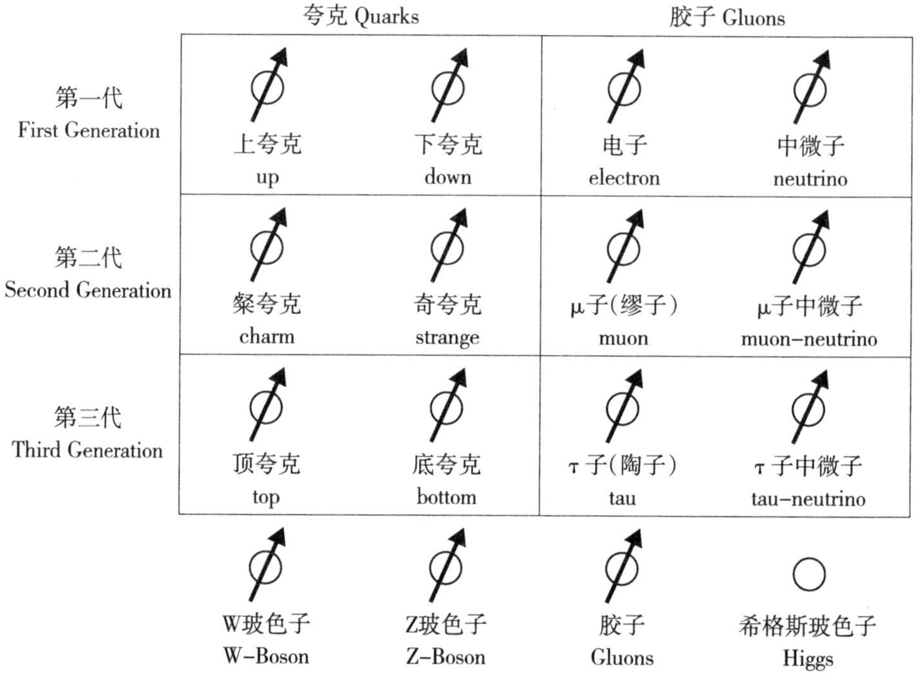

夸克 Quarks		胶子 Gluons	

第一代
First Generation

上夸克 up	下夸克 down	电子 electron	中微子 neutrino

第二代
Second Generation

粲夸克 charm	奇夸克 strange	μ子(缪子) muon	μ子中微子 muon-neutrino

第三代
Third Generation

顶夸克 top	底夸克 bottom	τ子(陶子) tau	τ子中微子 tau-neutrino

W玻色子 W-Boson	Z玻色子 Z-Boson	胶子 Gluons	希格斯玻色子 Higgs

图 7　这些是标准模型中包含的亚原子粒子,它是最成功的基本粒子理论。基本粒子是由构成质子、中子的"夸克"以及电子和中微子这些"轻子"和很多其他粒子组成的。注意该模型导致的 3 个相同的亚原子粒子副本。因为标准模型不能说明引力(并且看上去太笨拙),理论物理学家认为它不是最终的理论。

因为标准模型虽然实验很成功,但看上去人为因素太多了,因此物理学家试图建立另一个理论,或叫做大统一理论(GUT),将夸克和轻子放在同一立足点上。它也把胶子、W 玻色子、Z 玻色子和光子放在同一级别上。(然而,因为引力仍然明显地遗留在外,这可能不是"最后的理论"。我们将看到,融合其他的力被认为是非常困难的工作。)

统一化的程序又将一个新的设想引进宇宙学。这个思想简单又优雅:在大爆炸时,所有四种基本力统一成单一的、一致的力,一种神秘的"超力"。所有四种力有同样的强度,是一个较大的、一致的、总体力的一部分。宇宙开始时处于尽善尽美的状态。然而,当宇宙开始膨胀和迅速冷却时,原始的超力开始"破裂",不同的力一个一个地分解出去。

根据这个理论,宇宙在大爆炸后的冷却与水的冻结相似。当水是液体形态时,它是十分均匀的和光滑的。然而,当它冻结时,在它的内部形成几百万个小冰晶。当液体水完全冻结后,它原来的均匀性彻底消失了,成为含有裂纹、气泡和结晶的冰。

换句话说,今天我们看到的宇宙是可怕地破裂了。它根本不是均匀的和对称的,而是由犬牙交错的山脉、火山、飓风、小行星和爆炸的恒星组成,没有任何一致性,此外,四种基本力互相也没有任何关系。但是,宇宙如此破裂的原因是因为它太老了、太冷了。

尽管宇宙是从完美统一的状态开始的,今天它已经过了很多"相变"或状态的变化,当它冷却时,宇宙力一个一个地分裂出去。物理学家的工作是向回寻找,重新构建宇宙原来开始的步骤,研究它是怎样从完美的状态变成我们今天看到的破碎的宇宙。

因此,关键是要恰当地理解宇宙开始时这些相变是怎样发生的。物理学家将这些转变叫做"自发性破缺"。不管是冰的融解、水的沸腾、雨云的产生或大爆炸的冷却,相变可以将完全不同相的物质联系起来。(为了说明这些相变有多么强大,艺术家鲍勃·米勒〔Bob Miller〕出了一个谜:"你怎样将 500 000 磅〔226 800 千克〕的水悬在空中,且没有可见的支撑?答案是:造一片云。")

宇宙平行｜假真空

一个力从其他的力中破裂出来的过程,可以与一个大坝的破裂相比。河水从山上流下来,因为水往能量低的方向,即海平面的方向流动。最低的能量状态叫做"真空"。然而,有一个不寻常的状态叫做"假真空"(false vacuum)。例如,一个大坝挡住河水,这个大坝看上去是稳定的,但它实际上承受着巨大的压力。

如果大坝出现一个小裂口,这个压力可能突然使大坝崩溃,从虚假的真空(被大坝挡住的洪水)释放出大量的能量,引起特大洪水流向真真空(海平面)。如果听任让大坝自发地破裂,并突然转变成真正的真空,整个村庄会被淹没。

类似地,在大统一理论(GUT)中,宇宙原来是从假真空开始的,三种力统一成一种单一的力。然而,这个状态是不稳定的,宇宙自发地破裂,从假真空向真真空(true vacuum)转变,从假真空统一的力向真真空分裂的力转变。

在古思开始分析 GUT 理论之前,这些情况已经知道了。但古思注意到某些其他人忽略的地方。在假真空状态,宇宙按照德西特尔(de Sitter)在 1917 年预计的以指数方式膨胀。假真空的能量是一个宇宙常数,它驱动宇宙以如此巨大的速率膨胀。古思问了自己一个非常重要的问题:这个指数方式的德西特尔(de Sitter)膨胀能解决宇宙学的一些问题吗?

宇宙平行 磁单极子问题

很多大统一理论(GUT)的一个预计是在创世之初有大量的"磁单极子"产生。一个磁单极子是一个单一的北极或南极。在自然界,这些磁极总是成对发现的。例如一块磁铁,你看到它的北极和南极总是绑在一起的。如果你用一个榔头把这块磁铁敲成两半,你发现的不是两个磁单极子,而是两块较小的磁铁,每一块有它们自己的北极和南极。

然而问题是,经过几个世纪的实验,科学家没有发现磁单极子的确实证据。因为以前没有人看到过磁单极子,古思感到困惑,为什么大统一理论(GUT)会预计有这么多的磁单极子存在呢。古思评论说:"磁单极子像独角兽一样一直使我们着迷,尽管还没有确实看到它。"

然后,忽然灵机一动,所有零零碎碎的想法在一闪念间拼在了一起。古思认识到,如果宇宙开始时是处在假真空状态,它可能以几十年前德西特尔(de Sitter)提出的指数方式膨胀。在这个虚假的真空状态,宇宙突然膨胀的量可以是难以想象的大,因此稀释了磁单极子的密度。如果科学家以前从未见过一个磁单极子,仅仅是因为磁单极子散布到了比以前所想象的要大得多的宇宙中。

对古思来说,这个发现是惊愕和快乐之源。这样一个简单的想法能够在一瞬间解释磁单极子问题。但古思认识到,这个预计有着超出他原来想象的宇宙意义。

宇平宙行 平坦性问题

古思认识到他的理论解决了另一个问题,即早些时候讨论的"平坦性问题"。标准的大爆炸描述不能解释为什么宇宙是非常平的问题。在 20 世纪 70 年代,人们相信描述宇宙物质密度的欧米伽值大约为 0.1。而事实是,在大爆炸几十亿年后,这个数值仍然相当接近临界密度 1.0。这个问题令人困惑。随着宇宙膨胀,欧米伽值(Ω)应当随着时间改变。这个数值接近 1.0,让人感到不自在,因为它描述的是一个完全平坦的空间。

不管创世时欧米伽值是怎样一个适当的值,爱因斯坦方程显示它今天应当几乎为零。在大爆炸几十亿年后欧米伽值是如此接近于 1,除非有奇迹才行。在宇宙学中这个问题叫做"微调问题"。上帝或某个造物主必须极其精确地"选择"欧米伽值,才能使它今天大约为 0.1。为了使欧米伽值今天在 0.1 和 10 之间,在大爆炸后的第 1 秒钟时,欧米伽值必须为 1.000 000 000 000 00。换句话说,在创世开始时,欧米伽值必须选择等于 1,精度范围要在几百万亿分之一,这是很难理解的。

想象试图将一支铅笔竖直地立在它的笔尖上。无论你怎样平衡这支铅笔,它都会倒下来。要想让它平衡 1 秒钟都十分困难,更不要说几年。为了使欧米伽值今天等于 0.1,必须进行大量的微调。在微调欧米伽值时一丁点儿错误都会使欧米伽值极大地偏离 1。因此,为什么今天欧米伽值是如此接近于 1 呢?按理它应该极大地偏离于 1 才对。

对古思来说回答是明显的。宇宙膨胀的程度是如此巨大,因而使宇宙变平了。好比一个人,他看不到地平线的尽头,因此说地球是平的。天文学家得出结论说欧米伽值大约等于 1,因为膨胀使宇宙变平。

宇平宙行 地平线问题

膨胀不仅解释了支持平坦宇宙的数据,也解决了"地平线问题"。这是根据这样一个事实:夜晚的天空无论你向哪儿看都似乎是相当均匀的。如果你转 180 度,你看到宇宙是均匀的,即便你看到的是相距几百亿光年的宇宙的不同部分。强大的望远镜扫描天空也发现宇宙是均匀的,偏离很小。我们的空间卫星也显示宇宙微波辐射是极其均匀的。无论你看空间的何处,背景辐射的温度的偏离不超过千分之一度。

但是这是一个问题,因为光速是宇宙中的速度极限。在宇宙的一生中,光线或信息没有办法从夜晚天空的一侧跑到另一侧。例如,我们在一个方向看微波辐射,自大爆炸后它已行进了130亿年。如果我们转过来看相反方向,我们看到微波辐射是相同的,它也行进了130亿年。因为它们的温度都相同,在创世之初它们一定是融合在一起的。但是,自大爆炸后这些辐射没有办法从夜晚天空的一侧跑到另一侧(相距超过260亿光年)。

如果我们观察大爆炸后380 000年后的天空情况就更糟了,这时背景辐射刚刚形成。如果我们看天空相反方向的两点,我们看到背景辐射几乎是均匀的。但是根据大爆炸理论计算,这相反的两点相距9 000万光年(因为爆炸后空间的膨胀)。但是光不可能在380 000年中行进9 000万光年。辐射比光线跑得还要快,这是不可能的。

按理,宇宙应当看上去是多块状的,宇宙的一部分离开另一个遥远的部分的距离太远,难以接触。光线没有足够的时间混合,没有时间将辐射从遥远的一侧传播到遥远的另一侧,那么为什么宇宙看上去这样均匀呢?(普林斯顿大学的物理学家罗伯特·迪克〔Robert Dicke〕将这个问题叫做地平线问题,因为地平线是你能看到的最远的点,光线能够传播的最远的点。)

但古思认识到膨胀也是解释这个问题的关键。他分析到,我们可见的宇宙大概是原始火球的一小片。这一小片本身的密度和温度是均匀的。但是膨胀突然将这一小片均匀物质扩大了10^{50}倍,比光速还要快,所以今天的可见宇宙相当地均匀。结果,夜晚天空和微波辐射是如此均匀的原因是:可见宇宙曾经是原始火球的均匀的一小片,突然膨胀变成了宇宙。

平行宇宙 对膨胀的反作用

尽管古思确信膨胀的想法是正确的,但当他第一次登台演讲时还是有些紧张。当古思1980年提出他的理论时,他承认:"我仍然担心理论的某些结果会有错误。也害怕我会暴露我是一位缺乏经验的宇宙学家。"但是他的理论是这样地优雅和强大,以至全世界的物理学家都立刻看到它的重要性。诺贝尔奖获得者默里·盖尔曼(Murray Gell-mann)惊呼:"你解决了宇宙学最重要的问题!"诺贝尔奖获得者谢尔登·格拉肖(Sheldon Glashow)向古思透露说,史蒂文·温伯格(Steven Weinberg)听到有关膨胀理论时十分激动。古思焦急地问:"史蒂文(Steven)有什么反对意见吗?"格拉肖(Glashow)回答:"没有,他只是遗憾怎么自己没有想到。"科学家们问自己,他们怎么没有想到这个简单的解决方案呢? 古思的理论得到理论物理学家的热烈欢迎,他们惊叹它的见识。

这对古思就业的前景也产生了影响。一天,因为工作市场的职位紧缺,他眼看就要失业了,他承认:"我处在失业的边缘。"忽然,工作的机会从天而降,许多顶尖大学都向他提供职位。(但是,不是来自他的第一选择——麻省理工学院。但这时他读到一段有关人生的格言:"如果你不胆怯,机会就在你的面前。"这给了他勇气打电话去麻省理工学院,要求一份工作。当几天后麻省理工学院打电话给他,答应给他一个教授的职位时,他惊呆了。他读到另一段格言:"不要在冲动时采取行动。"他没有理睬这个劝告,决定接受麻省理工学院的职位。)"无论如何,一句中国格言也不能说明一切。"他对自己说。

然而,在古思的理论中仍然存在严重的问题。天文学家对古思的理论的兴趣不是很大,因为它在一个方面存在很大的缺陷:它给出错误的欧米伽值估计。欧米伽值大约接近于1可以由膨胀来解释。然而,膨胀比预计更大,并预计欧米伽值(或欧米伽值〔Ω〕加上拉姆达〔Λ〕)应精确等于1,才能与平坦宇宙相符。在随后的年代里,收集到的实验数据越来越多,在宇宙中找到大量暗物质。欧米伽值轻微移动,上升到0.3。但这对膨胀理论来说仍可能是致命的。尽管在下一个十年物理学家会写出3 000多篇论文,但对天文学家来说膨胀将仍是一个新鲜的事物。对他们来说,这些数据似乎是排除膨胀理论的。

有些天文学家私下里抱怨,说粒子物理学家被膨胀的美丽外衣所迷惑,甚至可以不管实验数据。(哈佛大学的天文学家罗伯特·P. 基尔希纳〔Robert P. Kirshner〕写道:"膨胀理论被学院里牢固占据教授职位的人所称赞,但这个事实并不能自然而然地说明它是对的。"牛津大学的罗杰·彭罗斯〔Roger Penrose〕将膨胀理论叫做:"高能物理学家了解宇宙的一种时髦方式……甚至土豚也认为它的后代是美丽的。")

古思相信:迟早有数据会说明宇宙是平的。但是使他烦恼的是他的原始的描述有一个小的,但至关重要的缺陷,直到今天还不能完全理解。膨胀在理论上可以用来解释一系列深层的宇宙问题。但问题是他不知道怎样关闭膨胀。

想象一壶水加热到它的沸点。就在水开之前,它是瞬时处在高能状态。它要沸腾,但它还不能沸腾,因为需要一些杂质产生气泡。但是一旦气泡产生了,它很快进入真真空的低能状态,这壶水变得充满了气泡。最终,气泡变得很大,开始结合,直到壶里均匀地充满蒸汽。当所有的气泡合并,从水到蒸汽的相变就完成了。

在古思的原始描述中,每一个气泡代表一片从真空中膨胀出来的我们的宇宙。但是当古思进行计算时,他发现气泡不能适当地结合,使宇宙成为难以相信的多块状的。换句话说,他的理论让壶里充满了蒸汽气泡,却不能完全合并成为一壶均匀的蒸汽。古思的一大桶开水似乎永远不能安定下来,变成今天的宇宙。

1981 年,俄罗斯 P. N. 列别杰夫(P. N. Lebedev)研究所的安德烈·林德(Andre Linde)和宾夕法尼亚大学的保罗·J. 斯坦哈特(Paul J. Steinhardt)、安德烈亚斯·阿尔布雷克特(Andreas Albrecht)发现一个解决这个难题的方法。他们认识到,如果假真空的一个气泡膨胀的时间足够长,它就会最终充满整个壶,并产生一个均匀的宇宙。换句话说,我们的整个世界可以是一个单个气泡的副产品,它膨胀充满宇宙。为了产生均匀的一壶蒸汽不需要大量气泡结合,只要一个气泡就行了,只要它膨胀的时间足够长的话。

再回想一下大坝和假真空的类比。大坝越厚,水就需要越长的时间穿过大坝。如果大坝的墙非常厚,那么穿过的时间就会任意地延长。如果宇宙可以膨胀 10^{50} 倍,那么一个单个的气泡就有足够的时间解决地平线、平坦宇宙和磁单极子的问题。换句话说,如果穿过大坝的时间延长得足够长,宇宙膨胀的时间足够长,就能使宇宙变平和稀释磁单极子。但是仍然留有问题:是什么机制能够延长如此巨大的膨胀呢?

最终,这个棘手的问题成为已知的"见好就收的问题",即怎样让宇宙膨胀得足够长,使得一个单一的气泡能够创造整个宇宙。到目前至少提出了 50 个不同的机制来解决这个适当的退出问题。(这是一个令人迷惑的、困难的问题。我自己也试了几个解决方案来解决这个问题。要想在早期的宇宙中产生适度的膨胀是相当容易的。但是要让宇宙膨胀的倍数大到 10^{50} 是极其困难的。当然,我们也许能够简单地放上一个 10^{50} 系数,但这是人造的和人为的。)换句话说,人们广泛地相信膨胀过程解决了磁单极子、地平线和平坦性问题,但是不能精确地知道是什么驱动膨胀和怎样将它关闭。

宇平宙行 混沌膨胀理论和平行宇宙

物理学家安德烈·林德(Andre Linde)对无人同意有关见好就收的解决方案并不感到忧虑。林德(Linde)承认:"我只是有这样的感觉,对上帝来说这是一个简化他的工作的绝好机会。"

最后,林德(Linde)提出一个新版的膨胀理论,它似乎消除了老版本的一些缺陷。他想象一个宇宙,在随机的空间和时间点上自发地发生破裂,一个短暂膨胀的宇宙产生了。大多数膨胀的时间很短。但是因为这个过程是随机的,最终将有一个气泡膨胀的时间持续得很长,创造了我们的宇宙。它的逻辑结论是:膨胀是持续的和永恒的,大爆炸始终在发生,一些宇宙从其他宇宙"萌生"出来。在这个图景中,宇宙可以萌芽产生其他宇宙,创建"多元宇宙"。

在这个理论中,自发性破缺可以在我们的宇宙内任何地方发生,从我们的宇宙萌发一个完整的宇宙。它也意味着我们的宇宙也许是从早先的宇宙萌发的。在混沌膨胀模式中,多元宇宙是永恒的,即使单个的宇宙不是这样。有些宇宙可能有非常大的欧米伽值,大爆炸后就立即挤压破碎。有些宇宙的欧米伽值可能很小,将永远膨胀。最终,多元宇宙被那些巨量膨胀的宇宙所支配。

回顾宇宙学的历程,我们不得不接受平行宇宙的想法。膨胀理论代表传统宇宙学与粒子物理学进展的汇合。粒子物理学遵循量子理论,它规定有一个有限的可能性使不太可能的事件发生。因此,只要我们承认有可能创造一个宇宙,我们就打开了有可能创造无限多个平行宇宙的大门。例如,想一想在量子理论中是怎样描述电子的。因为不确定性,电子不是存在于任何单一的地点,而是存在于围绕原子核的所有可能的地点。围绕原子核的电子云代表电子可以同时位于很多地方。这是所有化学基础的基础,它允许电子将分子捆绑在一起。分子为什么不散开的原因是:平行的电子围绕它们跳跃并将它们捆绑在一起。同样,宇宙曾经比一个电子还小。当我们将量子理论应用于宇宙时,我们被迫承认宇宙有同时存在于很多状态的可能性。换句话说,一旦我们打开了将量子波动应用到宇宙的大门,我们就几乎被迫地承认平行宇宙。我们没有更多的选择。

宇宙从无到有

起初,人们也许会反对多元宇宙的观念,因为它似乎违背了已知的定律,如物质和能量守恒定律。然而,一个宇宙的物质和能量的含量实际上可以是很小的。宇宙的物质含量,包括所有恒星、行星和星系,是巨大的和正的。然而,引力储藏的能量可以是负的。如果将由于物质产生的正能量和由于引力产生的负能量加在一起,总和可能接近于零!在某种意义上,这样的宇宙是自由的。它们可以毫不费力地从真空中突然冒出来。(如果宇宙是封闭的,宇宙的总能量含量必须精确地等于零。)

(要领会这一点,想象一头驴掉进地面的一个大坑里。为了把驴从坑中拉出来必须增加能量。一旦驴被拉出来又站在地面上后,驴的能量被认为是零。因为需要增加驴的能量使它回到能量为零的状态,所以驴在坑中时能量为负。类似地,需要增加能量使一颗行星脱离太阳系。一旦它到了自由空间,行星的能量为零。因为需要增加能量将行星拽出太阳系使它进入能量为零的状态,当行星在太阳系范围内时,它的引力能为负。)

事实上,要创造像我们这样的一个宇宙,也许只需要非常小的净物质量,也许小到 1 盎司(28.349 5 克)。正如古思喜欢说的:"宇宙可以是一顿免费的午餐。"纽约城市大学亨特学院的物理学家爱德华·特赖恩(Edward Tryon)在 1973 年的《自然》杂志上发表了一篇文章,首先提出了宇宙从无创造的思想。他推测宇宙是由于真空中的量子波动"偶尔"产生的。(尽管创造宇宙所需要的净物质量可以接近零,这个物质必须压缩到难以想象的密度,正如在第 12 章将看到的。)

像盘古开天的神话一样,这是宇宙从无到有的一个例子。尽管宇宙从无到有的理论无法用常规的方法证明,它确实能帮助我们回答有关宇宙的很多实际问题。例如,为什么宇宙不旋转?我们周围的一切都在旋转,从陀螺、飓风、行星、星系到类星体。它看上去是宇宙中物质的普遍特性。但是宇宙本身不旋转。当我们观察天空的星系时,它们的旋转相互抵消,总体为零。(这是非常幸运的,在第 5 章将会看到,如果宇宙的确旋转的话,时间旅行就会成为一个共同的问题,历史就不可能书写。)为什么宇宙不旋转的原因也许是因为我们的宇宙是从无到有产生的。因为真空不旋转,所以在我们的宇宙中就看不到任何净旋转。

事实上,多元宇宙内的所有气泡宇宙(bubble-universes)可能净旋转都为零。

为什么正电荷和负电荷精确地相互抵消呢?通常。当我们思考支配宇宙万物的宇宙力时,我们想得更多的是引力而不是电磁力,尽管与电磁力相比引力是一个无限小的量。原因是正电荷和负电荷完全平衡了。结果宇宙的电荷看上去为零,是引力而不是电磁力支配宇宙。

尽管我们认为这是理所当然的,但是正电荷和负电荷的抵消是十分不寻常的,并且已经得到实验检验,精确到 10^{21} 分之一。(当然,电荷之间的局部不平衡是存在的,这就是为什么我们总会看到闪电。但是即便是雷电,电荷的总数加起来也为零。)如果你身体内净正电荷和负电荷的差别仅为 0.000 01%,你就会立刻被撕成碎片,你身体的碎片就会被电场力作用抛到外层空间。

对这个持久的谜题般的回答也许是因为宇宙是从无到有产生的。因为真空没有净旋转和净电荷,从无到有产生的婴儿宇宙也没有净旋转和净电荷。

物质和反物质是这个规则的一个明显的例外[5]。这个例外是为什么宇宙是由物质组成的,而不是由反物质组成的?因为物质和反物质是相反的(反物质与物质的负荷正好相反),我们可以假定:大爆炸一定产生了同样数量的物质和反物质。然而问题是,物质和反物质在接触时彼此湮灭产生伽马射线爆发。这样我们就不可能存在了。宇宙就会是伽马射线的随机集合,而不是充满普通的物质了。如果大爆炸是完全对称的(或如果它能从无产生),那么就会形成同样数量的物质和反物质。这样为什么我们能存在呢?俄罗斯物理学家安德烈·萨哈罗夫(Andrei Sakharov)提出的解答是:大爆炸根本不是完全对称的,在创世之初,在物质和反物质之间有小量的对称性破缺,物质相对反物质占优势,才使得我们今天所看到的宇宙成为可能。(在大爆炸时被破坏的对称性叫做 CP〔电荷对称-宇称运算乘积〕对称性,此对称性逆转了物质和反物质粒子的负荷和奇偶性。)如果宇宙是从"无"中产生的,大概"无"不是完全空的,而是有少量的对称性破缺(symmetry breaking),使得今天物质比反物质占有一些优势。这个对称性破缺的起源还没有找到。

其他宇宙会是什么样子?

多元宇宙的想法很有吸引力,因为所有要做的假定是自发性破缺随机发生。不需要再做其他的假设。每当一个宇宙萌发出另一个宇宙时,物理常数与原来的不同,创造出新的物理定律。如果这是真的,在每个宇宙之内可以出现完全新的现实。于是出现了一个诱人的问题:这些其他的宇宙是什么样子呢？理解平行宇宙物理学的关键是要理解宇宙是怎样产生的,即精确地理解自发性破缺是怎样发生的。

当宇宙诞生并且自发性破缺发生时,它也破坏了原始理论的"对称性"。对一位物理学家来说,"完美"意味着对称和简单。如果一个理论是完美的,这意味着它有强大的对称性,能够以最紧凑和经济的方式解释大量的数据。更精确地说,当我们在一个方程中交换它的成分时,如果该方程保持相同,这个方程就被认为是完美的。找出自然界隐藏的对称性的一个最大益处是:我们可以指出表面上看上去完全不同的现象实际上是同一件事物的不同表现,它们通过对称性连接在一起。例如,电和磁实际上是同一物体的两个方面,因为有对称性,所以它们可以在麦克斯韦方程中相互交换。同样地,爱因斯坦指出相对论可以将空间变成时间和将时间变成空间,说明它们是空间-时间结构这同一事物的两个部分。

想象一片有着无穷魅力的六重对称性的雪花。它的美丽来源于将它旋转60度它仍然保持相同。这也意味着,我们描述雪花的任何方程也应当反映这个事实,在旋转多个60度时它保持不变。在数学上,我们说雪花有 C_6 对称性。

对称性将自然界隐藏的美丽编成密码。但是在现实中,今天这些对称性被可怕地破坏了。宇宙中四种主要的力彼此根本互不相像。宇宙充满了不规则和缺陷,包围我们的是原始宇宙的片段和碎片,原始对称性被大爆炸破坏了。因此,理解可能的平行宇宙的关键是理解"对称性破缺",即在大爆炸后对称性是怎样破坏的。正如物理学家戴维·格罗斯(David Gross)说的:"自然界的秘密是对称,但是世界结构的很多方面是由于对称性破缺机制决定的。"

想象一个美丽的镜子破碎成几千块碎片。原来的镜子具有很好的对称性,无论镜子转任何角度它都以同样方式反射光;但它破碎后,原始的对称性被破坏了。精确地确定对称性是怎样破坏的,决定了镜子是怎样粉碎的。

平行宇宙 对称性破缺

为了了解对称性破缺,想象一个胚胎的成长。在早期阶段,在怀孕后几天,胚胎由完整的细胞球构成。每个细胞与别的细胞没有什么不同。无论怎么转,看起来都是一样的。物理学家说,这一阶段的胚胎有 O(3) 对称性,即无论沿什么轴旋转都是相同的。

尽管胚胎是美丽的和优雅的,但它没有什么用处。一个完善的胚胎球不能执行任何功能或与环境相互感应。然而,过了一段时间胚胎的对称性破坏了,长出一个小头和一个像保龄球腿的螺旋形柱。尽管原来的球形对称现在破坏了,胚胎仍然有残余的对称性,如果沿着它的轴转动它,它仍然是相同的。这样,它就具有了圆柱对称性。数学上,我们说原来的球形 O(3) 对称性变为圆柱体的 O(2) 对称性。

然而,O(3) 对称性的破坏可以以不同的方式进行。例如海星没有圆柱对称性或双侧对称性,当球形对称破坏时,它有 C_5 对称性(即旋转 72 度保持相同),使它具有五角星的形状。因此,O(3) 对称性破缺的方式决定了生物体诞生的形状。

类似地,科学家相信宇宙开始时是处于完全对称的状态,所有的力统一成单一的力。宇宙是完美的、对称的,但也是没有用的。我们所知的生命不可能生存在这种完美的状态下。为了使生命有可能存在,宇宙在冷却时它的对称性不得不破坏。

宇宙平行　对称性和标准模型

同样,要想理解平行宇宙会是什么样子,我们必须首先了解强核力、弱核力和电磁力相互作用的对称性。例如强核力依赖于 3 个夸克,科学家将它们标上假想的"颜色"(例如,红、白、蓝)。交换这 3 种颜色的夸克,如果方程保持不变,我们说这个方程有 SU(3) 对称性,即重新组合这 3 个夸克,方程保持相同。科学家相信,有 SU(3) 对称性的方程能最精确描述强相互作用(叫做量子色动力学)。如果我们有巨大的超级计算机,仅仅从夸克的质量和它们相互作用的强度出发,就能在理论上计算质子和中子的所有性质,以及核物理学的所有特性。

类似地,我们看电子和中微子这两个轻子的情况。如果在方程中交换它们,方程保持不变,我们说该方程有 SU(2) 对称性。再看光的情况,它有 U(1) 对称性。(这个对称组合将光的各个分量或偏振重新组合。)因此,弱核力和电磁力相互作用的对称组合为 SU(2) × U(1)。

如果将这三个理论简单地黏合在一起,就会毫不奇怪地有 SU(3) × SU(2) ×

U(1)对称性。换句话说,即它是分别混合3个夸克和混合2个轻子(但夸克和轻子不相互混合)的对称性。得出的理论是标准模型理论,正如前面我们看到的,它大概是所有年代中最成功的理论。正如密歇根大学的戈登·凯恩(Gordon Kane)所说:"我们世界发生的一切(除去引力的影响)都是从标准模型粒子相互作用产生的……"标准模型理论的某些预计已在实验室进行了测试,证明是成立的,精度在一亿分之一。(事实上,总共20个诺贝尔奖授予了研究标准模型各个部分的物理学家。)

最后,人们也许能够构造一个将强力、弱力和电磁力相互作用联合在一起的单一的对称性理论。最简单的大统一理论(GUT)能够做到这一点,它能同时彼此交换所有5个粒子(3个夸克和2个轻子)。与标准模型的对称性不同,大统一理论(GUT)对称性能将夸克和轻子混合在一起(这意味着质子可以衰退成电子)。换句话说,GUT理论包含SU(5)对称性(组合所有5个粒子,即3个夸克和2个轻子)。很多年来,人们也分析了很多其他的对称组合,但是SU(5)大概是能够拟合数据的最小组合。

当自发性破缺发生时,原来的大统一理论(GUT)对称性可以以各种方式破坏。一种方式是,大统一理论(GUT)对称性破缺成SU(3)×SU(2)×U(1),正好需要19个自由参数描述我们的世界,产生我们已知的世界。然而,GUT对称性的破缺可以有很多方式。其他的宇宙很可能有完全不同的残余对称性。最低限度,这些平行宇宙可能会有不同数值的这19个参数。换句话说,在不同的宇宙中各种力的强度可能是不同的,使宇宙的结构产生巨大的变化。例如,核力强度减弱将阻止恒星的形成,使宇宙留在永久的黑暗中,让生命不可能存在。如果核力太强,恒星燃烧它的核燃料就会太快,没有足够的时间形成生命。

对称性组合也可能改变,产生完全不同的宇宙粒子。在这些宇宙中质子可能是不稳定的,并会迅速衰变成反电子。这样的宇宙不可能有我们所知道的生命,但会迅速地分解成没有生命的电子和中微子的薄雾。其他的宇宙还可以以另外的方式破坏GUT的对称性,产生更稳定的粒子,如质子。在这样的宇宙中,可能存在大量奇怪的新的化学元素。在这些宇宙中的生命比我们要更复杂,因为有更多的化学元素可能创造类似DNA的化学物质。

原始的大统一理论(GUT)对称性也可以以另一种方式破坏,产生多于一个的U(1)对称性,即多于一种形式的光线。这的确将是一个奇怪的宇宙,在这个宇宙中,生物不只是用一种类型的力,而是用几种类型的力来观察。在这样的宇宙中,生物可能有各种接收器检测各种形式的类似于光的辐射。

毫不奇怪,可能有几百种,甚至无限多种方式破坏这些对称性。每一种可能的解决方案会产生相应的完全不同的宇宙。

宇宙平行　可验证的预测

不幸的是,在目前多元宇宙理论中,有着不同物理定律的多个宇宙存在的可能性无法检测。人们不得不跑得比光还要快才能到达其他的宇宙。但是膨胀理论的一个优势是,它预计了我们宇宙的性质,这个宇宙是可以检测的。

膨胀理论是一个量子理论,它基于量子理论的奠基石——海森堡测不准原理。(测不准原理说,不可能无限精确地测量电子的速度和位置。不管仪器多么灵敏,测量中总有不确定性。如果知道电子的速度,就不能知道它的精确位置;如果知道它的位置,就不能知道它的精确速度。)

将测不准原理应用到开始大爆炸的原始火球,这意味着原始的宇宙爆炸不可能是无限"光滑的"。(如果它是完全均匀的,那么我们就能精确知道从大爆炸发出的亚原子粒子的轨迹,这就违背了测不准原理。)量子理论让我们能够计算在原始火球中这些涟波或波动的大小。如果我们再膨胀这些微小的量子波动,就可以计算我们看到的大爆炸后 380 000 年的微波背景辐射。(如果我们将这些波动膨胀到今天,就应该发现星系群的当前分布。我们的星系应该包含在这些微小波动的一个波动中。)

开始时,科学家从表面上查看从 COBE 卫星得到的数据,没有发现微波背景辐射的偏离或波动。这在物理学家中间引起一些忧虑,因为完全光滑的微波背景辐射不仅背离膨胀理论,也背离整个量子理论,背离测不准原理。它将动摇物理学最核心的内容。20 世纪量子理论的整个基础也许不得不抛弃。

经过艰苦细致的分析后科学家才松了一口气,从计算机增强的 COBE 卫星数据中找到了模糊的波动,温度的变化为十万分之一,这是量子理论能容忍的最小的偏离量。这些无穷小的波动是与膨胀理论一致的。古思承认:"我完全被宇宙背景辐射迷住了。信号是如此之弱,在 1965 年以前一直没有检测到,现在背景辐射波动的测量精度竟达到十万分之一。"

尽管收集到的实验证据慢慢地支持膨胀理论,但科学家仍然不得不解决恼人的欧米伽值问题,即事实上欧米伽值为 0.3,而不是 1.0。

宇平宙行 超新星——回到拉姆达

最后得出膨胀理论与科学家搜集的 COBE 卫星数据是一致的，但是在 20 世纪 90 年代，天文学家仍在抱怨膨胀理论得出的欧米伽值明显背离实验数据。第一次高潮是在 1998 年，它是从完全意外的方向得到的数据引起的。天文学家试图重新计算在遥远的过去宇宙的膨胀速率。他们不是分析哈勃在 20 世纪 20 年代分析的造父变星，而是考察过去的几十亿光年的遥远星系中的超新星。他们特别考察了 I a 型超新星，它理想地适合用做标准烛光。

天文学家知道这种类型的超新星几乎有同样的亮度。（I a 型超新星的亮度被知道得非常清楚，甚至它们的亮度的微小偏离也能标定：超新星越亮，亮度的衰退越慢。）这样的超新星是在双星系统中的白矮星慢慢吸收它的伴星的质量中产生的。这颗白矮星吸收它的伴星的质量，逐渐达到太阳质量的 1.4 倍，这是白矮星能够达到的最大质量。当它们超过这个极限时就会坍塌和爆炸形成 I a 型超新星。这个触发点就是 I a 型超新星的亮度为什么非常均匀的原因，它是白矮星达到精确质量后在引力作用下坍塌的自然结果。（正如苏布拉马尼扬·钱德拉塞卡尔〔Subrahmanyan Chandrasekhar〕在 1935 年指出的，在白矮星中使这颗恒星破碎的引力和电子之间的叫做"电子简并压力"（electron degeneracy pressure）的排斥力相平衡。如果白矮星的重量超过太阳质量的 1.4 倍[6]，那么引力超过电子简并压力，恒星被压碎形成超新星。）因为遥远的超新星是在早期宇宙发生的，分析它们就能计算几十亿年前宇宙的膨胀速率。

两个独立的天文学家小组（以超新星宇宙项目的索尔·珀尔马特〔Saul Perlmutter〕和高红移超新星搜索小组的布赖恩·P. 施密特〔Brian P. Schmidt〕为首）希望发现：宇宙尽管仍在膨胀，但是在逐渐减慢。对于几代天文学家，这是一种信念，每天在天文学的课堂上都是这样教的，即原始的膨胀在逐渐减慢。

在分析了十几个超新星之后，他们发现早期宇宙的膨胀不是像原来想象的那么快（即超新星的红移和它们的速度比原来想象的小）。比较早期宇宙与现在宇宙的膨胀率，他们得出结论：今天的膨胀率比较大。使他们吃惊的是，这两组得出同样令人惊骇的结论，即宇宙膨胀在加速，以指数形式在加速膨胀。

令他们灰心的是，他们发现无论用任何欧米伽值（Ω）都不能拟合数据。拟合数据的唯一办法是在理论中重新引入拉姆达值（Λ），即爱因斯坦首先引入的真空能。此外,他们发现在宇宙以德西特尔(de Sitter)类型的指数方式加速膨胀中,拉姆达(Λ)的数值要大大超过欧米伽值。两组独立地得出这个令人吃惊的事实,但是犹豫不决地没有立刻发表他们的发现,因为强烈的历史偏见认为拉姆达值为零。正如基特山(Kitt's Peak)天文台的乔治·雅各比(George Jacoby)所说:"拉姆达值始终是一个公认的概念,谁要说它不等于零,就会被认为是疯了,是胡言乱语。"

施密特(Schmidt)回忆道:"我仍然在摇头,但是我们校核了一切……我是非常勉强地告诉人们这个结果的,因为我相信我们将会遭到谴责。"然而,当两个小组在1998年同时公布他们的结果时,他们收集到的堆积如山的数据难以被驳倒。拉姆达值,在现代天文学中几乎被完全遗忘的爱因斯坦的这个"最大的错误",在藏匿了90年后现在又令人注目地再度走红。

物理学家哑口无言。普林斯顿大学高等学术研究所的爱德华·威滕(Edward Witten)说:"它是自我从事物理学研究以来最奇怪的实验发现。"当欧米伽值0.3加上拉姆达值0.7时,总和等于膨胀理论预计值1.0(在实验误差范围内)。像一块七巧板在我们的眼前拼凑在一起,宇宙学家看到了丢失的膨胀部分,它来自真空本身。

WMAP卫星惊人地重新证实了这个结果,它证明和拉姆达值有关的能量,或暗能量,占宇宙所有物质和能量的73%,成为七巧板主要的一块。

宇宙的相

WMAP卫星的最重要贡献,大概是它使科学家相信他们正朝着宇宙的"标准模型"前进。尽管还存在巨大的差距,天体物理学家开始看到从这些数据得出的标准理论的轮廓。根据现在拼凑在一起的图片,当宇宙冷却时宇宙的演变经过了截然不同的相变。从一个相过渡到另一个相代表一个对称性破缺和自然力的分解。今天我们知道宇宙演变经过以下阶段和里程碑:

1. 10^{-43}秒前——普朗克时期

在这个时期几乎什么都没有,它叫做"普朗克时期"。在这个时期,能量达10^{20}亿电子伏特,引力和其他量子力一样强。结果,宇宙的四种力或许统一成一个单一的"超力"。宇宙大概存在于一个"虚无"的完美的状态,或真空的高维空间中。神秘的对称性将所有四种力混合,使方程保持相同,此对称性为"超对称性"(关于超对称性的讨论见第 7 章)。由于不知道什么原因,这个统一所有四种力的神秘的对称性破缺了,形成了一个小气泡,即我们的胚胎宇宙。这也许是随机的量子波动的结果。这个气泡的尺寸为"普朗克长度",即 10^{-33} 厘米。

2. 10^{-43} 秒——大统一理论(GUT)时期

对称性破缺发生,使气泡快速膨胀。当气泡膨胀时,四种基本力彼此迅速分开。引力是第一个从其他三种力中分出去的,在整个宇宙中释放出冲击波。超力的原始对称性破缺为较小的对称性,也许包含 GUT 对称性 SU(5)。剩余的强核力、弱核力和电磁力相互作用仍然被这个大统一理论(GUT)对称性统一在一起。在这个阶段宇宙以 10^{50} 的巨大系数迅速膨胀,由于不能理解的原因,空间的膨胀速度比光速还要快。温度为 10^{32} 度(K)。

3. 10^{-34} 秒——膨胀结束

温度降到 10^{27} 度(K),这时强核力与其他两种力分离。(GUT 对称性降到 SU(3) × SU(2) × U(1)。)膨胀期结束,宇宙进入滑行式的标准弗里德曼扩充期。宇宙由无拘束的夸克、胶子和轻子的热等离子体"汤"组成。自由的夸克浓缩成今天的质子和中子。我们的宇宙仍然很小,只有目前太阳系的大小。物质和反物质互相湮灭,物质微微超过反物质(十亿分之一),超过的量形成我们今天看到的周围物质。(这个能量范围是我们希望在今后几年由粒子加速器,即大型强子对撞机能够复制出的能量范围。)

4. 3 分钟——核子形成

温度降到足够低,核子形成而不会由于强烈的高温而撕开。氢熔合成氦(产生今天我们看到的 75% 的氢和 25% 的氦的比例)。微量元素锂形成,但是更高位元素的熔合停止,因为有 5 个粒子的核子太不稳定。宇宙是模糊一片,光一产生就被吸收。这标志着原始火球结束。

5. 380 000 年——原子诞生

温度降到 3 000 度(K)。电子固定在核的周围,不被高温撕开,原子形成。这时光子可以自由传播而不被吸收。这就是 COBE 和 WMAP 卫星测量到的辐射。曾经是模糊一片充满等离子体的宇宙现在变得透明。天空不再是白的,变成黑的。

6. 10 亿年——恒星浓缩

温度降到 18 度(K)。类星体、星系和银河系星团开始浓缩,大部分是原始火球微小量子波动的副产品。恒星开始"烹调"轻元素,如碳、氧和氮。爆炸的恒星将铁以后的重元素喷向天空。这是哈勃空间望远镜能够探测到的最远的时期。

7. 65亿年——德西特尔膨胀

弗里德曼扩张逐渐结束，宇宙开始加速膨胀，进入叫做德西特尔(de Sitter)膨胀的加速阶段，它是被神秘的还不能理解的反引力驱动的。

8. 137亿年——今天

现在。温度降到2.7度(K)。我们看到当前的由星系、恒星和行星构成的宇宙。宇宙在继续以一种四散开来的模式加速膨胀。

宇宙平行　**将来**

尽管膨胀理论今天有能力解释广泛的有关宇宙的秘密，但是还不能证明它是正确的。(此外，在第7章我们将看到，近来也提出了相反的理论。)超新星的结果要检查再检查，要考虑在超新星产生时的尘埃和异常现象等因素。大爆炸瞬间产生的"引力波"是"重要证据"，它将最终证实或驳斥膨胀理论。这些引力波像微波背景辐射一样仍然在宇宙中回荡，也许会被引力波探测器实际探测到，正如我们将在第9章看到的。膨胀理论做出了有关这些引力波性质的预计，这些引力波探测器应该能够发现它们。

但是我们不能直接检验膨胀理论最引人入胜的预计之一，这就是在多元宇宙中存在"婴儿宇宙"，每个子宇宙的物理定律多少有些不同。要理解多元宇宙的意义，重要的是要首先理解膨胀理论充分利用了爱因斯坦方程和量子理论的奇异的结果。在爱因斯坦理论中，有多元宇宙存在的可能性，在量子理论中，有贯通多元宇宙的可能方法。在一个新的叫做"M理论"的框架内，我们可能找到最终能解决所有这些有关平行宇宙和时间旅行的问题。

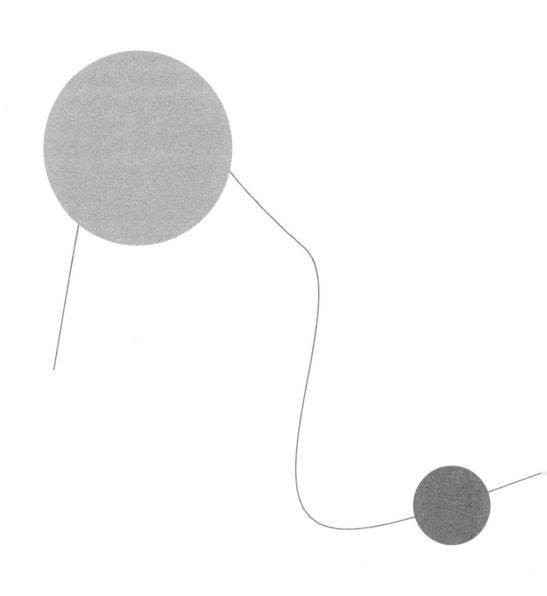

PART TWO
THE MULTIVERSE

第二部分

多元宇宙

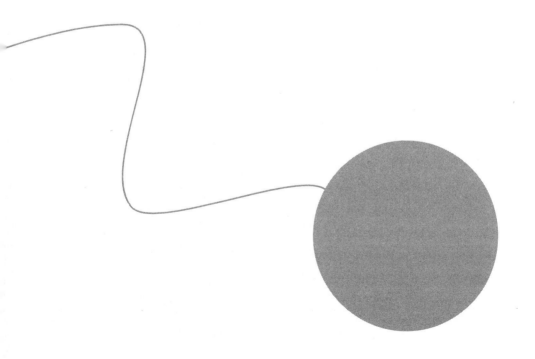

第 5 章 空间入口和时间旅行

在每个黑洞的内部发生的坍缩可能播下新的膨胀宇宙的种子。

——马丁·里斯爵士(Sir Martin Rees)

黑洞可能是通往其他宇宙的孔。根据推测,如果我们跳进一个黑洞,我们会重新出现在宇宙的不同部分和另一个新纪元中……黑洞可能是通往仙境的入口。但是有爱丽丝和白兔吗?

——卡尔·萨根(Carl Sagan)

广义相对论像一匹特洛伊木马。表面上这个理论很宏伟,只要几个简单的假定就能得到宇宙的一般特点,包括星光弯曲和大爆炸本身,所有这些都已进行测量,精度令人吃惊。如果在早期宇宙中人为插进一个宇宙常数,甚至膨胀问题也能得到解释。这些解答给我们有关宇宙诞生和死亡的最令人信服的预测。

但是我们发现各种魔鬼和妖精潜伏在木马的内部,包括黑洞、白洞、虫洞,甚至意义完全不同的时间机器。这些奇异之物被认为是这样地奇怪,甚至爱因斯坦本人都认为它们绝不能在自然界中找到。他奋战了很多年,想排除这些解答。今天,我们知道这些奇异之物不可能被轻易地排除。它们是广义相对论的一个完整部分。在面临大冻结时,它们甚至能提供解救智能生命的途径。

在这些奇异之物中,大概最奇怪的是平行宇宙的可能性和连接平行宇宙的通道。按照莎士比亚所做的比喻,整个世界是一个舞台,那么广义相对论允许有地板门存在的可能。然而,这些地板门不是引导我们进入地下室,而是进入和原来舞台一样的平行的舞台。想象生活的舞台是由多层舞台构成的,一个舞台在另一个舞台的头顶。在每个舞台上,演员念着他们的台词,在舞台上走来走去,以为他们的舞台是唯一的舞台,不知道还有其他舞台存在的可能性。然而,如果有一天一位演员落入地板门,他将发现他掉进了一个全新的舞台,在这个舞台上有新的法律、新的规则和新的剧本。

但是如果存在无限多个宇宙的话,在这些具有不同的物理规律的其他宇宙中,是不是可能存在有生命呢？这是艾萨克·阿西莫夫(Isaac Asimov)在他的经典科幻小说《诸神自身》(*The Gods Themselves*)中提出的问题。他创造了一个核力不同于我们宇宙的平行宇宙。当通常的物理定律被废除、新的定律被引进时,迷人的新的可能性出现了。

故事开始于2070年,一位名叫弗雷德里克·哈勒姆(Frederick Hallam)的科学家注意到:普通的钨-186奇怪地转变为神秘的钚-186,它的质子太多,应该是不稳定的。哈勒姆(Hallam)认为这个奇怪的钚-186来自一个平行宇宙,在这个宇宙中核力很强,克服了质子相互间的排斥。因为这个奇怪的钚-186发出大量电子形式的能量,可以产生惊人的自由能。这就使他有可能制造出著名的哈勒姆电子泵(hallam electron pump),解决地球的能源危机,使他成为一个富人。但这需要付出代价。如果足量的外来钚-186进入我们的宇宙,那么核力的强度通常会增加。这就意味着从熔合过程中将释放出更多的能量,太阳将更加明亮并最终爆炸,毁灭整个太阳系！

然而,平行宇宙中的外星人却有不同的看法,他们的宇宙正在死亡。在他们的宇宙中核力太强,这意味着他们的恒星以巨大的速率消耗氢,并将很快死亡。因此他们开始将没用的钚-186发送到我们的宇宙以交换有价值的钨-186,使他们能制造正电子泵,以拯救他们的正在死亡的宇宙。尽管他们认识到在我们的宇宙中核力的增强将使我们的恒星爆炸,但他们毫不在乎。

地球似乎在走向灾难。人类热衷于哈勒姆(Hallam)的自由能,不相信太阳将很快爆炸。另一位科学家对这个难题提出了一个有独创性的解决方案。他相信一定存在另一个平行宇宙。他成功地改造了一架强大的原子对撞机,在空间产生了一个将我们的宇宙和很多其他宇宙连接的洞。他搜寻这些宇宙,最终发现一个平行宇宙。这个宇宙只有一个含有无限能量的"宇宙蛋",其余是空的,核力也很弱。

通过从这个宇宙蛋吸收能量,他能够创造一个新的能源泵,并同时减弱我们宇宙的核力,防止太阳爆炸。然而,这也要付出代价,这个新的平行宇宙的核力将增加,引起它爆炸。但是他分析这个爆炸将只是引起这个宇宙蛋"孵化",产生一次新的大爆炸。他认识到他实际上成了新膨胀宇宙的助产士。

阿西莫夫(Asimov)的科幻小说是少数几个实际利用核物理的规律来编造一个贪婪、阴谋和拯救人类的故事。阿西莫夫正确地假定:在我们的宇宙中力强度的改变将会引起灾难,如果核力增强,我们宇宙中的恒星会变得更亮,然后爆炸。这就引起一个不可避免的问题:平行宇宙的理论与物理定律一致吗? 如果是这样,要进入一个平行宇宙需要些什么呢?

要理解这些问题,我们必须首先理解虫洞、负能量,当然还有叫做黑洞的那些神秘物体的性质。

平行宇宙 黑洞

1783 年,英国天文学家约翰·米歇尔(John Michell)第一个想到:如果一颗恒星变得如此之大,以至光线也不能逃离,将会发生什么。我们知道任何物体有一个"逃逸速度",即克服它的引力的速度。(例如,对于地球来说,逃逸速度是每小时 25 000 英里〔40 233.6 千米〕,为了挣脱地球的引力,任何火箭必须达到这个速度。)

米歇尔(Michell)想:如果一颗恒星的质量变得非常大,以至它的逃逸速度等于光速会发生什么。如果引力是如此巨大,什么也跑不出去,连光也跑不出去,因此这个物体从外部世界看是黑的。因为它是看不见的,所以要想在空间中找到这样一个物体从某种意义来说是不可能的。

米歇尔(Michell)的"黑星"(dark stars)问题被遗忘了一个半世纪。但是在 1916 年它又重新浮上水面,一位在德国军队服务、在俄罗斯前线作战的德国物理学家,卡尔·史瓦西(Karl Schwarzschild)发现了爱因斯坦方程大质量恒星的精确解。爱因斯坦非常吃惊史瓦西(Schwarzschild)能够在枪林弹雨中找到他的复杂张量方程的解。他同样吃惊史瓦西的解有奇特的性质。

从远处看,史瓦西(Schwarzschild)的解代表一个普通恒星的引力,并且爱因斯坦很快地利用这个解计算围绕太阳的引力,校核他早期做的近似计算。为此他终身感谢史瓦西。但是史瓦西的第二篇文章指出:在一个质量非常大的恒星的外围有一个虚构的有着奇异特性的"魔球"。这个"魔球"是不可返回的极限点。任何一个经过"魔球"的人将立刻被引力吸到这颗星中,别人就再也见不到他了。甚至光线掉进这个球也不能逃离。史瓦西没有认识到:通过爱因斯坦方程,他重新发现了米歇尔(Michell)的黑星。

下一步,他计算了这个"魔球"的半径(叫做"史瓦西半径"〔Schwarzschild radius〕)。对于一个像我们太阳这样大小的物体,魔球半径大约 3 千米(大约 2

英里）。（对于地球，它的史瓦西半径大约 1 厘米。）这意味着如果我们能将太阳压缩到半径为 2 英里，它就会变成黑星，经过这个不能返回的极限点的任何物体都会被它吞噬掉。

实际上，魔球的存在不会引起问题，因为不可能将太阳压缩到半径 2 英里（3 千米）的尺寸。还不知道有什么机制能产生这样奇异的星。但理论上，它是一个灾难。尽管爱因斯坦的广义相对论可以产生灿烂的结果，如星光绕太阳的弯曲，然而当离魔球距离很近时引力变得无限大，该理论失去了意义。

一位荷兰物理学家约翰内斯·德罗斯特（Johannes Droste）指出，该解比人们能够想到的还要古怪。根据相对论，当光线跑过这个物体的周围时它将严重地弯曲。事实上，当光线经过距离这颗恒星 1.5 倍史瓦西半径的地方时，光线将环绕这颗恒星以圆形轨道运行。德罗斯特（Droste）指出，当光线环绕这些大质量恒星时，按广义相对论预计的时间扭曲比狭义相对论预计的要大得多。他指出：当你接近这个魔球时，远处的人会说你的钟变得越来越慢，当你碰到这个物体时你的钟完全停止。事实上，外界的人会说，当你到达这个魔球时你的时间冻结了。因为在魔球中时间会停止，因此有些物理学家相信这样奇异的物体在自然界不会存在。让事情变得更加有趣的是，数学家赫尔曼·外尔（Hermann Weyl）指出，如果我们研究魔球内部的世界，似乎在它的另一侧存在一个另外的宇宙。

所有这一切都是这么离奇，甚至爱因斯坦也不能相信。1922 年，在巴黎的一次会议上，数学家雅克·阿达马（Jacques Hadamard）问爱因斯坦：如果"奇点"（singularity）是真的，也就是说如果在史瓦西半径处引力变得无限大会发生什么事情。爱因斯坦回答道："对于这个理论来说，它将是一个真正的灾难，事先很难说实际上它会不会发生，因为公式不再适用。"爱因斯坦后来将此叫做"阿达马灾难"。但是爱因斯坦认为所有这些关于黑星的辩论是纯粹推测的。首先，没有人看到过这样奇异的物体，也许它们不存在，也就是说它们是不现实的。此外，如果你掉进一颗黑星，你就会被挤扁压死。因为人们绝对不可能通过魔球（因为时间停止了），所以绝没有人能进入这个平行宇宙。

在 20 世纪 20 年代，这个问题使物理学家完全困惑。但是在 1932 年，大爆炸理论之父乔治·勒迈特（Georges Lemaître）做出了一个重要的突破。他指出：魔球根本不是一个奇点，在此所有的引力变得无穷大，这是由于选择了不合适的数学公式引起的幻觉。（如果选择不同的坐标或变量考察魔球，奇点就消失了。）

宇宙学家 H. P. 罗伯逊（H. P. Robertson）用这个结果重新考察德罗斯特

(Droste)原来的在魔球中时间会停止的结果。他发现,仅当乘坐观察火箭船进入魔球的观察者从有利的位置进行观察时时间才停止。从火箭船本身的有利位置观察,引力只需要几分之一秒就会将你吸入魔球。换句话说,空间旅行者会非常不幸,当他通过魔球时他发现自己被立即挤扁压死,但是对从外界观察的观察者来说,这个过程似乎用了几千年。

这是一个重要的结果。它意味着魔球是可以达到的,不再是一个数学怪物而被排除。人们不得不认真考虑,如果从魔球中穿过会发生什么。于是物理学家计算穿过魔球的旅行会是什么样子。(今天魔球被称为"事件穹界"〔the event horizon〕。"穹界"指的是可以看到的最远点。此处指光线能够传播的最远点。事件穹界的半径叫做史瓦西半径。)

当你乘火箭船接近黑洞时,你会看到在几十亿年前被黑洞捕捉的光线,回到黑洞开始产生的时候。换句话说,黑洞的生命史将展示在你面前。当你离得更近时,引力会逐渐将你身体的原子撕裂开,直到你身体的原子的核也被拉成意大利面条的样子。穿越事件穹界是一条不归之路,因为引力是如此强烈,你最终将被吸到黑洞的中心,被挤垮压碎。一旦到了事件穹界的内部,就再也没有机会返回。(要想离开事件穹界,除非你比光跑得还要快,但这是不可能的。)

1939 年,爱因斯坦写了一篇文章想排除这种黑洞,他声称这些黑洞不能靠自然过程形成。爱因斯坦首先假定,恒星是从一个球形范围内旋转的尘埃、气体和碎片开始的,在引力作用下逐渐聚在一起。爱因斯坦然后指出,这些涡旋的粒子集绝不会坍缩到它的史瓦西半径范围内,因此绝不会成为黑洞。这些涡旋的粒子最多能够达到 1.5 倍史瓦西半径的地方,因此黑洞绝不会形成。(要进入低于 1.5 倍史瓦西半径,就要比光还要跑得快,这是不可能的。)他写道:"该研究的基本结果是要清楚地理解为什么'史瓦西奇点'(Schwarzschild singularities)在物理现实中不会存在。"

亚瑟·爱丁顿(Arthur Eddington)也对黑洞持深深的保留意见,一生都在怀疑它们是不是存在。他曾经说:"应该有一个自然定律防止恒星出现这种荒谬的方式。"

与此相反,在同一年,J. 罗伯特·奥本海默(J. Robert Oppenheimer)(他后来制造了原子弹)和他的学生哈特兰·斯奈德(Hartland Snyder)指出:黑洞的确能够通过其他机制形成。他们不是假定黑洞来自涡旋的粒子在引力下聚集,他们的出发点是一颗老的、大质量的恒星,用完了它的核燃料,因此在引力作用下内向爆裂。例如,一颗正在死亡的质量为太阳 40 倍的巨星,可能耗尽了核燃料,被引力压缩到 80 英里(128.75 千米)的史瓦西半径(Schwarzschild radius)范围内,最终瓦解形成黑洞。他们认为黑洞不仅是可能的,也许还是星系中几十亿颗正在死亡的巨星的自然终点。(奥本海默在 1939 年提出的这个向内爆裂的思想也许鼓舞了他在几年之后将内向爆裂的机制用在原子弹上。)

宇宙平行 爱因斯坦-罗森桥

爱因斯坦认为黑洞太离奇了,不可能在自然界存在。而有人认为在黑洞的中心有虫洞存在的可能性就更让他反感。数学家将这些虫洞称为"多连通空间"。物理学家称它们为"虫洞",因为它像钻到地里的一条虫,在两点之间钻出一条可供选择的捷径。有时也将它们叫做"空间入口或通道"。不管将它们叫做什么,也许有一天它们将成为星际间旅行的最后的途径。

第一个普及虫洞理论的人是查尔斯·道奇森(Charles Dodgson),他写作的笔名是刘易斯·卡罗尔(Lewis Carroll)。在《爱丽丝镜中奇遇》(*Through the Looking Glass*)一书中,他引进虫洞作为梳妆镜将牛津的乡村和仙境连接起来。作为一位职业数学家和牛津先生,道奇森(Dodgson)熟悉这些"多连通空间"。根据定义,多连通空间是一个不能缩减到一点的套索。通常,任何回路可以毫不费力地收缩到一点。但是如果我们分析一个油炸圈饼,那么就不可能将一个套索放在它的表面,使它环绕油炸圈饼的孔。当我们慢慢收缩套索时,它不可能收缩成一点,最多只能收缩到孔的周围。

数学家为这些事实而感到高兴,因为他们发现了一个完全不能用来描述空间的物体。但是,在 1935 年,爱因斯坦和他的学生内森·罗森(Nathan Rosen)把虫洞理论引进物理世界。他们试图用黑洞解作为基本粒子的模型。爱因斯坦一点也不喜欢在一个粒子附近引力变得无限大这个从牛顿时代就有的想法。爱因斯坦认为这个"奇点"应当去掉,因为它没有意义。

爱因斯坦和罗森(Rosen)有了一个新的想法,通常认为电子是一个小点没有任何结构,他们用黑洞代表一个电子。用这种方式,广义相对论可以用统一场论解释量子世界的秘密。他们从标准黑洞解出发,它像一个"长喉咙"的大花瓶。然后将喉咙切掉,把它和另一个翻转的黑洞解合在一起。对爱因斯坦来说,这个奇怪的但是光滑的结构在黑洞原点没有奇异性,其行为像一个电子。

不幸的是,爱因斯坦用黑洞代表电子的想法失败了。但是今天,宇宙学家推

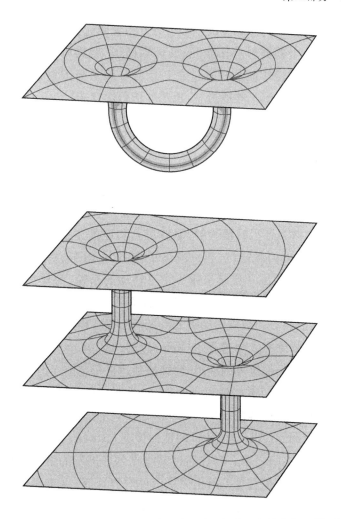

图8 爱因斯坦-罗森桥。在黑洞的中心有一个"喉咙",它将空间-时间连接到
另一个宇宙或在我们宇宙的另一个点。穿过不旋转的黑洞将是毁灭性
的,但是旋转的黑洞有一个环状的奇点,这样就有可能穿过这个环和通
过爱因斯坦-罗森桥。这个"桥"仍然是推测的。

测爱因斯坦-罗森桥可以充当两个宇宙之间的桥梁。我们可以在我们的宇宙中
自由地走来走去,直到有一天不巧掉进一个黑洞,我们会突然被吸到这个洞里,
并穿过这个洞出现在另一侧(穿过一个白洞)。

对爱因斯坦来说,他的方程的任何解,如果是从实际上似乎合理的出发点得
出的,都应当与实际可能的物体相适应。但是,爱因斯坦不担心有人掉进黑洞

里,进入一个平行的宇宙。黑洞的中心引力变得无限大,任何人不幸地掉进黑洞里,他们身体的原子会被引力场撕开。(爱因斯坦-罗森桥确实会即刻打开,但是又很快关闭,没有物体能及时通过它到达另一侧。)爱因斯坦的态度是,尽管虫洞可能存在,但生物绝不能通过它,也不能活着讲述通过它的经过。

旋转的黑洞

然而,在1963年,这种情景开始改变,一位新西兰的数学家罗伊·克尔(Roy Kerr)发现了爱因斯坦方程的精确解,能够最真实地描述正在死亡的恒星,一个旋转的黑洞。因为角动量守恒,当一颗恒星在引力作用下坍塌时它转得更快。(这也是为什么旋转的星系看起来像一个不转动的车轮,为什么溜冰者当他将手臂抱起来时转得更快的原因。)一个转动的恒星可以坍塌成一个中子环,由于向外排斥的强烈的离心力被向内的引力所抵消而保持稳定。这样一个黑洞的令人吃惊的特点是,如果有人掉进克尔(Kerr)黑洞,他们不会被挤扁压碎;相反地,他们被吸到中心,然后通过爱因斯坦-罗森桥到达平行宇宙。当克尔发现这个解时,他惊喜地告诉他的同事:"通过这个魔环,转眼之间你会到达一个半径和质量都是负的完全不同的宇宙!"

换句话说,爱丽丝(Alice)梳妆镜的镜框像克尔(Kerr)的旋转环。但是通过克尔环的路是一条不归之路。当你通过环绕克尔环周围的事件穹界时,引力不足以将你挤扁压死,但是它足以阻止你从事件穹界返回。(事实上,克尔黑洞有两个事件穹界。有人推测:为了返回,你可能需要第二个克尔环将平形宇宙与我们的宇宙以返回方式连接起来。)在某种意义上,克尔黑洞可以比做摩天大楼内的一部电梯。电梯代表爱因斯坦-罗森桥,它连接不同的楼层,每一楼层是不同的宇宙。事实上,摩天大楼里有无限个楼层,每一楼层都与别的楼层不同。但是这部电梯决不向下走,里面只有向上的按钮。每当你离开一个楼层就不能再返回,因为你已经通过了一个事件穹界。

关于克尔环是不是稳定的,物理学家持不同的意见。有些计算得出:当一个人试图通过这个环时,这个人存在的本身会使黑洞变得不稳定,并且通道会关闭。例如,当一束光线要通过克尔黑洞时它会得到极大的能量,因为当它向中心下落时和发生蓝色频移时它的频率和能量增加。当它接近穹界时它得到如此之多的能量,从而杀死任何想要通过爱因斯坦-罗森桥的人。它也会产生它自己的引力场,干涉原来的黑洞,或许毁掉通道。

换句话说,尽管有些物理学家相信克尔黑洞是所有黑洞中最现实的,的确能够连接平行宇宙,但是还不清楚进入这个桥是不是安全,门道是不是稳定。

宇宙平行 观察黑洞

因为黑洞的性质太奇异,一直到 20 世纪 90 年代,人们还认为它们的存在是一个科幻。密歇根大学的天文学家道格拉斯·里奇斯通(Douglas Richstone)在 1998 年评论道:"10 年前,如果你在一个星系的中心发现一个你认为是黑洞的物体,业界中有一半的人会认为你是一个小狂人。"自那以后,通过哈勃空间望远镜、钱德拉(Chandra)X 射线望远镜(测量强大恒星和银河系源发出的 X 射线)和巨型阵列射电望远镜(由一系列在新墨西哥的强大的射电望远镜组成),天文学家在外层空间鉴别出几百个黑洞。事实上,很多天文学家相信,天空中的大多数星系(在它们的盘形中心有中央凸起)在它们的中心有黑洞。

正如预计的,在天空中发现的所有黑洞旋转得非常快。哈勃空间望远镜对某些黑洞进行了计时,发现它们以每小时 100 万英里(160.93 万千米)的速度在旋转。在最中心,我们看到一个扁平的圆形核,直径大约 1 光年。核内有事件穹界和黑洞本身。

因为黑洞是看不见的,天文学家不得不利用间接的方法验证它们的存在。在照片上,他们设法识别黑洞周围的旋涡气体的"吸积盘"。天文学家现已收集到这些吸积盘的美丽的照片。(这些盘几乎普遍地是在宇宙中快速旋转的物体中发现的。甚至我们的太阳在 45 亿年前形成时它的周围也有一个类似的盘,后来这个盘浓缩成行星。这些盘形成的原因是对于快速旋转的物体盘形代表最低能态。)利用牛顿运动定律,知道了绕中心物体旋转的恒星的速度,就能计算中心物体的质量。如果中心物体质量的逃逸速度等于光速,那么光线自身也不能逃逸,这就间接证明了黑洞的存在。

事件穹界位于吸积盘的中心。(不幸的是它太小了,用现代技术还无法鉴别。天文学家富尔维奥·梅利亚〔Fulvio Melia〕声称:在底片上捕捉一个黑洞的事件穹界是黑洞科学的最高成就。)不是所有落入黑洞的气体都通过事件穹界。有些从事件穹界的旁边经过被喷射到空间,形成两个长的从黑洞北极和南极喷出的喷射气体。这使黑洞的外观像一个陀螺。(从南北极喷出的原因是:当坍塌恒星的磁场线变得更强烈时,磁场线集中在北极和南极。当恒星继续坍塌时,这些磁场线浓缩成从北极和南极放射的两个管。当离子落入坍塌的恒星时,它们沿着这两个狭窄的磁力线,通过磁场北极和南极喷射出去。)

已鉴别出两种类型的黑洞。第一种是恒星黑洞,在恒星黑洞中引力将把正在死亡的恒星压垮,直至发生内向爆裂。然而,第二种黑洞更容易察觉。这些是星系黑洞,它们潜伏在巨大星系和类星体的正中心,比太阳质量大 100 万倍到几十亿倍。

近来,在我们自己的银河系中心最终找到一个黑洞。不幸的是,尘埃云遮住了银河的中心,要不是这个原因,在地球上每天晚上在人马座方向我们会看到一个巨大的火球。没有尘埃云,银河系中心的亮度会超过月亮,成为夜晚天空最明亮的天体。在这个星系核的最中心有一个黑洞,重量大约为太阳质量的 250 万倍。说到它的尺寸,大约是水星轨道半径(5 800 万千米)的十分之一。按照星系的标准,这不是特别大的黑洞。类星体的黑洞的重量可以是太阳质量的几十亿倍。我们后院的这个黑洞目前是相当稳定的。

下一个离我们最近的星系黑洞位于仙女座星系的中心,这是离地球最近的星系,黑洞质量为太阳的 300 万倍。它的史瓦西半径大约 6 000 万英里(9 656 万千米)。(在仙女座星系的中心至少有两个大质量的物体,大概是几十亿年前被仙女座星系吞噬的以前的星系留下的。如果几十亿年后银河系最终与仙女座星系相撞,大概我们的星系将被吞噬到仙女座星系的"胃"里,这种情况看来有可能出现。)

星系黑洞最美丽的照片之一是哈勃空间望远镜拍摄的 NGC 4261 星系的照片。在过去,这个星系的射电望远镜照片显示两个从星系北极和南极喷出的非常优美的喷射物,但是没有人知道它的机制是什么。哈勃空间望远镜拍摄了这个星系的最中心的照片,发现一个范围为 400 光年的美丽的盘。在它的最中心是一个包含吸积盘的小点,吸积盘的范围大约 1 光年。哈勃空间望远镜看不见的中心黑洞重量约为太阳质量的 12 亿倍。

像这样的星系黑洞是如此之强大,它们能够消耗掉整个恒星的能量。2004年,美国国家航空航天局(NASA)和欧洲航天局宣布:他们发现在遥远星系中的一个巨大黑洞一口吞掉了一颗恒星。钱德拉(Chandra)X 射线望远镜和欧洲 XMM－牛顿卫星(X 射线多重镜面任务－牛顿号卫星)观察到同一个事件:RX J1242－11 星系发出的 X 射线的爆发标志着一颗恒星被中心的巨大黑洞吞噬了。这个黑洞的重量估计为太阳质量的 1 亿倍,巨大的引力使这颗恒星扭曲和

伸展,直至破裂发出 X 射线的爆发,向人们泄露它的秘密。德国加尔兴
(Garching)的马克斯·普朗克(Max Planck)研究所的天文学家斯特凡尼·科莫
萨(Stefanie Komossa)说:"这颗恒星被拉伸超出了它的破裂点。这颗不走运的
恒星迷路了,走错了地方,跑到了这个黑洞的附近。"

　　黑洞的存在有助于解决很多古老的秘密。例如,星系M-87一直使天文学家
感到奇怪,它看上去像一个大质量的星球,带一个奇怪的"尾巴"。因为它发出
大量的辐射,天文学家曾经认为这个尾巴代表反物质流。但今天,天文学家发现
它是由巨大黑洞提供能量的,这个黑洞的质量大约为太阳质量的 30 亿倍。现在
相信这个奇怪的尾巴是一个巨大的等离子体喷射流,它是从这个星系流出的,而
不是流进星系的。

　　有关黑洞最壮观的发现之一是钱德拉 X 射线望远镜的发现。它通过外层
空间尘埃的间隙窥视天空,在可见宇宙的边缘附近观察到黑洞集。总共看到
600 个黑洞。天文学家通过外推,估计在整个夜晚天空至少有 3 亿个黑洞。

宇宙平行 伽马射线爆发

　　上面提到的黑洞的年龄大约有几十亿年。但是天文学家现在很少有机会看
到就在眼前形成的黑洞。有些黑洞大概是神秘的"伽马射线爆发"在宇宙中释
放大量的能量。巨大的伽马射线爆发在释放能量方面仅次于大爆炸本身。

　　伽马射线爆发的发现有一段奇妙的历史,可以追溯到冷战年代。在 20 世纪
60 年代末,美国担心苏联或另一个国家也许会违背已有的条约,在地球的荒芜
地区甚或在月球上秘密引爆核弹。因此,美国发射维拉(Vela)卫星专门侦察
"核武器闪光",或未经许可的核弹引爆。因为核武器闪光呈现截然不同的阶
段,每阶段 1 微秒,每次核武器闪光发出典型的双重闪光,可以被卫星检测到。
(维拉〔Vela〕卫星在 20 世纪 70 年代,在南非附近的爱德华王子岛的海面上捕获
得两次这样的核武器闪光,当时以色列战舰在场,今天情报界仍在争论此事。)

　　但是使五角大楼惊奇的是,维拉(Vela)卫星检测到空间巨大核爆炸的信号。
它是苏联利用未知的高级技术在深层空间秘密引爆氢弹吗? 担心苏联在武器技
术上超过美国,顶尖的科学家被召集到一起分析这些深层空间的扰动信号。

　　在苏联解体之后,没有必要再对这些数据保密,五角大楼将堆积如山的天文
数据倾倒给天文界。几十年来首次揭示出完全新的天文现象,力量之大和范围

之广都是空前的。天文学家很快认识到,这些伽马射线爆发的能量是巨大的,在几秒钟的时间释放出来的能量超过了我们的太阳在它的整个生命期间(大约100亿年)所发出的整个能量。但是爆发事件的发生是非常短暂的,一旦被维拉(Vela)卫星检测到,在地面望远镜对准它们的方向时,它们已经暗淡得太多,以至转眼之间什么也看不到了。(大多数爆发持续时间在1秒到10秒之间,最短的持续0.1秒,有些持续时间长达几分钟。)

今天,空间望远镜、计算机和快速反应小组改变了我们检测伽马射线爆发的能力。一天大约能检测到3次伽马射线爆发,检测由一系列复杂的事件构成。一旦卫星检测到伽马射线爆发发出的能量,天文学家就用计算机迅速标定出它的精确坐标,并将更多的望远镜和传感器瞄准它的精确方向。

从这些仪器得到的数据已揭示出真实的令人吃惊的结果。在这些伽马射线爆发的中心有一个物体,通常直径只有几十英里。换句话说,伽马射线爆发所产生的不可思议的宇宙能量是集中在城市大小,比如纽约城这么大小的区域内。多年以来,这种事件主要是双星系统中的中子星碰撞产生的。根据这个理论,这些中子星的轨道渐渐下降,然后停止旋转,最终发生碰撞产生巨大的能量释放。这样的事件是极罕见的,但是宇宙是这样的大,并且因为这些爆发非常耀眼,所以一天能看到几次。

但是在2003年,科学家收集到的新证据说明这些伽马射线爆发是"超新星"造成的,它产生大质量的黑洞。通过迅速地将望远镜和卫星聚焦在伽马射线爆发的方向,科学家发现它们像一颗巨大的超新星。因为爆炸的恒星有强大的磁场,并从它的北极和南极喷发出辐射,所以看上去好像这颗超新星比它实际更要活跃。也就是说,因为只有在伽马射线爆发正好指向地球时才能看到它们,所以给我们的虚假印象是它们比实际更强大。

如果伽马射线爆发的确是黑洞在形成,那么下一代空间望远镜应该能够更详细地分析它们,也许能够回答某些有关空间和时间的深奥问题。特别是,如果黑洞能够使空间弯曲成一个蝴蝶脆饼,那它也能够让时间弯曲吗?

宇宙平行 范斯托库姆的时间机器

爱因斯坦的理论将空间和时间连接成一个不可分割的整体。结果,任何连接空间中两个遥远距离点的虫洞也能够连接时间上两个相距很远的点。换句话说,爱因斯坦的理论提供了时间旅行的可能性。

几个世纪以来,时间概念本身在发生演变。对牛顿来说,时间像一支箭,一旦飞出去就绝不会改变路程,它将正确地和均匀地到达目标。后来爱因斯坦引进了弯曲空间的概念,这样时间就更像一条河,当它在宇宙间漫游时逐渐加快或减慢。但是爱因斯坦担心时间这条河也许有倒流的可能性。大概在时间这条河中也有旋涡和分岔。

1937年,W. J. 范斯托库姆(W. J. Van Stockum)发现了爱因斯坦方程的一个解,允许时间旅行,从而发现了时间倒流的可能性。他从一个无限的旋转的圆柱体开始。尽管构造一个无限的物体实际上是不可能的,他计算得出如果这个圆柱体以接近光的速度旋转,它就会带动时空结构与它一起转动,很像搅拌机的叶片带动糖蜜旋转一样。(这叫做"坐标系拖曳",现在在旋转黑洞的详细照片中已实际看到它。)

任何勇敢的围绕圆柱体旅行的人会被带动,得到巨大的速度。事实上,从远处的观察者看,这个人的速度好像超过了光速。尽管范斯托库姆(Van Stockum)本人那时没有认识到,围绕圆柱体旅行一圈实际上在时间上倒退到你出发的时间之前。如果你是今天中午出发的,那么在你回到出发点时的时间可能是昨天下午6点。圆柱体转得越快,在时间上就倒退得越多(唯一的限制是时间不能倒退到制造圆柱体之前)。

因为这个圆柱体像一根五朔节花柱,这就意味着每次你围绕这个柱子跑一圈,时间就倒退得越来越多。当然,因为圆柱体不可能无限长,所以也可以排除这个解。此外,如果这样的圆柱体能够造出来的话,由于它以接近光的速度旋转,圆柱体的离心力非常大,构成圆柱体的材料将飞散。

宇宙平行宇宙 格德尔宇宙

1949年,伟大的数学逻辑学家库尔特·格德尔(Kurt Gödel)发现一个更奇怪的爱因斯坦方程的解。他假定:整个宇宙是旋转的。像范斯托库姆(Van Stockum)圆柱体一样,你被空间-时间像糖蜜一样的黏性所带动。乘坐火箭船围绕格德尔(Gödel)宇宙旅行,你将回到起点,但是时间却向回倒退了。

在格德尔(Gödel)宇宙中,一个人原则上可以在宇宙中空间和时间的任意两点间旅行。他能看到在任何时期发生的每一个事件,不管是在过去多么久远的时候发生的。因为引力的影响,格德尔(Gödel)宇宙本身有坍塌的倾向。因此,旋转的离心力必须平衡这个引力。换句话说,宇宙必须旋转并超过一定速度。宇宙越大坍塌的倾向越大,宇宙就必须转得越快才能防止坍塌。

例如,对于像我们这样大小的宇宙,格德尔计算它必须每700亿年转一圈,时间旅行的最小半径是160亿光年。然而,要想让时间倒退,你必须以略低于光速的速度旅行。

格德尔十分清楚从他的解中可能产生的矛盾,即你有可能见到过去的你和有可能改变历史进程。他写道:"坐在火箭船上沿着十分宽阔的跑道跑一圈,你有可能在这个世界上旅行到过去、现在和将来的任何地区,然后再回来,就好像有可能在其他的世界中旅行到空间遥远的地方。这种事情似乎是荒谬的。因为它使一个人能旅行到他最近的过去和他曾经住过的地方。在这里他会发现一位他过去的自己。现在你可以对这个人做某些按照他的记忆没有发生过的事情。"

爱因斯坦被他在普林斯顿大学高等学术研究所的朋友和邻居发现的解深深地扰乱了。他的回答是十分有启迪作用的:

> "在我看来,库尔特·格德尔(Kurt Gödel)的论文对广义相对论是一个重要的贡献,特别是对时间概念的分析。这里涉及的问题在我建立广义相对论时就困扰我了,我没能成功地澄清它……'较早-较晚'的区别被放弃了,或者在宇宙意义上相距很远的点,以及有关因果连接方向的矛盾出现了……格德尔(Gödel)先生已经谈到这些问题……有趣的是应不应当考虑根据物理学基础排除这些结果。"

由于两方面的原因,爱因斯坦的回答是重要的。首先,他承认在他建立广义相对论时,时间旅行的可能性问题曾经困扰他。因为时间和空间被处理成像一块能够弯曲和扭曲的橡皮,爱因斯坦担心空间-时间结构会弯曲得太大,以至时间旅行也许可能。第二,他根据"物理学基础"排除了格德尔的解,即宇宙不是旋转的,而是膨胀的。

在爱因斯坦去世的时候,众所周知他的方程考虑到奇怪的现象(如时间旅行、虫洞)。但是没有人认真考虑这些问题,因为科学家认为这些现象在自然界是不能实现的。多数人的意见是这些解在真实世界中没有基础。如果你想通过黑洞进入平行宇宙,你将必死无疑。宇宙不旋转。你不能造出无限大的圆柱体,因此时间旅行是个纯学术问题。

索恩的时间机器

时间旅行问题冬眠了 35 年,直到 1985 年天文学家卡尔·萨根(Carl Sagan)写了一部名叫《接触未来》(Contact)的小说,他想开拓一条能让女主人公旅行到织女星的道路。这条道路应当是能往返的双向旅行的道路。沿着这条道路,女主人公能旅行到织女星,然后返回地球,这是黑洞类型的虫洞不能做到的。卡尔·萨根求助于物理学家基普·索恩(Kip Thorne),问他有什么办法。基普·索恩(Kip Thorne)因为发现了爱因斯坦方程的新解而震惊物理学界,这个解让时间旅行成为可能而没有从前那么多的问题。在 1988 年,索恩和他的同事迈克尔·莫里斯(Michael Morris)、乌尔维·尤尔特塞韦尔(Ulvi Yurtsever)一起指出:如果能够得到奇异形式的物质和能量,如"外来的负物质"和"负能量",就能建造一架时间机器。物理学家开始时对这个新的解决方案感到怀疑,因为以前从没有人见过这种外来物质,并且负能量存在的量也极少。但是它代表了我们理解时间旅行的一个突破。

负物质和负能量的最大优点是它使得虫洞成为可穿过的,也就是说你能够通过它作往返旅行而不用担心事件穿界问题。事实上,索恩(Thorne)小组发现通过这样的时间机器进行旅行是相当舒适的,不像商业航线上的旅行那样紧张。

然而,一个问题是外来物质(或负物质)的性质是非常特别的。不像反物质(已知它是存在的,并且在地球引力场作用下它很可能下落到地面),负物质则向上升,也就是说因为它具有反引力,在地球引力作用下它向上升。它对普通物质和其他负物质是排斥的,而不是吸引的。这也意味着在自然界,即使它存在的话,也是很难找到的。在 45 亿年前地球开始形成的时候,地球上的任何负物质都漂流到深层空间。因此负物质可能漂浮在空间,远离任何行星。(负物质可能绝不会与经过的恒星或行星撞击,因为它被普通的物质所排斥。)

尽管负物质从未被见到过(很可能不存在),而负能量虽然极其稀少,但实际上是可能的。1933 年,亨里克·卡西米尔(Henrik Casimir)指出:两块不带电的平行金属板能够产生负能量。通常认为两块不带电的金属板应保持固定不动。然而,卡西米尔(Casimir)指出,在这两块不带电的平行板之间有非常小的吸引力存在。1948 年,有人实际测量了这个微小的力,说明负能量实际上是可能的。卡西米尔效应利用了真空的相当奇怪的特征。根据量子理论,真空的空间含有从虚无中跳进跳出的"虚拟粒子"。因为海森堡测不准原理允许偏离经典定律，所以偏离能量守恒是可能的，只要事件发生的时间非常短暂。例如，一个电子和负电子由于不确定性有一定的小概率无中生有，然后彼此湮灭。因为两块平行板彼此靠得很近，所以这些虚拟粒子不容易在两块板之间出现。因此，在两块板外围的虚拟粒子比两块板之间的虚拟粒子要多，这就产生从外向内的作用力，将两块平行板轻轻推向一起。1996 年史蒂文·拉莫雷奥克斯（Steven Lamoreaux）在洛斯阿拉莫斯（Los Alamos）国家实验室精确测量了这个效应。他测量的吸引力很小（等于蚂蚁重量的三万分之一）。板间距越小，吸引力越大。

这就是索恩梦想的时间机器运行的方式。一个高级的文明将从两块被极小的间隙分开的平行板开始。再重新加工将这两块平行板做成一个球，这个球有内壳和外壳。然后做两个这样的球，用一种办法在它们之间串联一个虫洞，一个在空间上连接两个球的通道。每个球封装一个虫洞的嘴。

正常情况下，两个球的时间脉搏是同步的。但是现在我们将一个球放入一艘火箭船，它以接近光的速度发射出去，对火箭船来说时间减慢了，这样两个球在时间上就不再同步。在火箭船上的球的时间过得比地球上的球要慢得多。然后，如果一个人跳进放在地球上的球，他可能被吸入到连接它们的虫洞中，并穿过虫洞进入火箭船中，到达过去的某个时刻。（然而，这个时间机器不能将你带回到建造这架机器以前的时刻。）

负能量问题

尽管索恩（Thorne）的解决方案在它公布时使人非常感动，但是实际制造它，即便是高级文明也非常困难。因为这种类型的虫洞依靠大量负能量使虫洞的嘴保持张开，所以首先必须得到大量的非常稀少的负能量。因为通过卡西米尔（Casimir）效应创造的负能量非常微弱，所以虫洞的尺寸不得不比一个原子的尺寸小很多，就使穿过虫洞的旅行不现实。除了卡西米尔（Casimir）效应，还有其他的负能量源，但是所有这些能量源都是很难操作的。例如，物理学家保罗·戴维斯（Paul Davies）和斯蒂芬·菲林（Stephen Fulling）曾指出：一面快速移动的镜子可以产生负能量，当镜子移动时这些负能量在镜子前面积累起来。不幸的是，为了得到负能量，镜子必须以接近光速的速度移动。与卡西米尔（Casimir）效应一样，用这种方式产生的负能量也是很小的。

提取负能量的另一种方法是利用高能激光束。在激光的能态中有正能量和负能量共存的"压缩态"。然而,这个状态也很难操作。一个典型的负能量脉冲也许只可持续 10^{-15} 秒,接下去是一个正能量的脉冲。将正能量状态和负能量状态分开尽管极其困难,但它是可能的。我将在第 11 章讨论这一点。

最后,已弄清楚黑洞在它的事件穹界附近也有负能量存在。正如雅各布·贝肯斯坦(Jacob Bekenstein)和斯蒂芬·霍金(Stephen Hawking)指出的[7]:一个黑洞不是完全黑的,因为它慢慢蒸发出能量。这是因为测不准原理使隧穿辐射有可能通过黑洞的强大引力。但是因为黑洞蒸发使能量渐渐丧失,事件穹界随着时间越变越小。通常,如果正物质(如一颗恒星)掉进黑洞,事件穹界扩张。但是如果负物质掉进黑洞,事件穹界收缩。这样,黑洞蒸发在事件穹界附近产生负能量。(有人提倡将虫洞的嘴放在靠近事件穹界的地方,以获得负能量。然而,获得这样的负能量将是极其困难和危险的,因为你不得不极其靠近事件穹界。)

霍金(Hawking)指出,为了稳定所有的虫洞解,通常需要负能量。理由非常简单。通常,正能量可以产生一个能够浓缩质量和能量的虫洞开口。这样当光线进入虫洞的嘴时光线会聚。然而,如果这些光线从另一面出现,那么在虫洞中心的某个地方光线会发散。这种情况只有在存在负能量时才会发生。此外,负能量是排斥的,这是保持虫洞在引力作用下不发生坍塌所需要的。因此,建造一架时间机器或虫洞的关键,是找到足够数量的负能量使虫洞的嘴张开和保持稳定。(一些物理学家指出,在强大引力场存在的情况下,负能量场是相当普通的。因此大概有一天引力负能量可以用来驱动时间机器。)

这样一架时间机器所面临的另一个障碍是:上哪儿去找虫洞?索恩(Thorne)依赖的事实是虫洞是自然发生的,它被称为"时空泡"(space-time foam)。这又回到 2 000 多年前希腊哲学家芝诺(Zeno)提出的问题:一个人能够旅行的最小距离是什么?

芝诺(Zeno)曾经在数学上证明:跨过一条河是不可能的。他首先将跨过一条河的距离细分为无限个点。但是跨过无限个点需要无限个时间量,因此他得出结论是不可能跨过这条河。或者,由于这个理由,任何东西都根本不可能移动。(过了 2 000 多年,出现了微积分,最后解决了这个疑惑。它可以证明在有限量的时间里可以通过无限多的点,使得运动在数学上证明是可能的。)

普林斯顿大学的约翰·惠勒(John Wheeler)分析爱因斯坦方程想找到这个最小距离。他发现这个距离小得难以相信,量级为普朗克长度(10^{-33} 厘米)。爱因斯坦的理论预计空间的曲率是非常的大。换句话说,在普朗克长度的尺度上,空间根本不是光滑的,而是有很大的曲率,即它是卷曲的和"泡沫"状的。空间变成多块状的,并实际上生成极小的在真空中忽隐忽现的气泡。其至真空的空间在很小的距离上也总是有空间-时间的小气泡在沸腾,它们实际上是小的虫洞和婴宇宙。通常,"虚拟粒子"由电子和反电子对构成,它们瞬间出现,然后又彼此湮灭。但是在普朗克距离上,代表整个宇宙和虫洞的小气泡可以一跃而出,又会意想不到地消失在真空中。我们的宇宙也许就是从漂浮在时空泡沫中的一个小气泡,由于还不知道的原因突然膨胀开始的。

因为虫洞是在泡沫中自然发现的,索恩(Thorne)假定:一个高级文明可以用一种办法从泡沫中挑选虫洞,然后用负能量使它膨胀和稳定。尽管这是非常困难的过程,但它是符合物理定律的。

尽管索恩(Thorne)的时间机器在理论上是可能的,但从工程观点来看,建造一架时间机器是极其困难的。还有一个恼人的问题:时间旅行违背物理学的基本定律吗?

卧室中的宇宙

1992 年,斯蒂芬·霍金(Stephen Hawking)试图一劳永逸地解决这个有关时间旅行的问题。他是本能地反对时间旅行的。如果穿越时间的旅行像星期天的野餐那么普通,那么我们应当能看到从未来而来的旅行者傻呆呆地看着我们和为我们拍照。

但是物理学家常常引证 T. H. 怀特(T. H. White)的史诗般的小说《曾经和永恒之王》(*The Once and Future King*)。小说中的蚂蚁社会规定:"不被禁止的事情是必须做的。"换句话说,如果物理学的基本原理不禁止时间旅行,那么时间旅行一定是有可能的。(原因是不确定性。除非某事被禁止,否则量子效应和波动将最终使它成为可能,只要我们能长期等待。这样,除非有一条定律禁止它,否则它将最终发生。)作为回应,斯蒂芬·霍金(Stephen Hawking)提出一个"年表保护猜想"以阻止时间旅行,因此历史学家可以安全地书写历史。根据这个猜想,时间旅行是不可能的,因为它违背了特定的物理原理。

因为虫洞解是极难处理的,斯蒂芬·霍金(Stephen Hawking)从分析马里兰大学查尔斯·米什内尔(Charles Misner)发现的简化宇宙开始讨论。这个宇宙有所有时间旅行的要素。例如,米什内尔(Misner)空间是一个理想的空间,在这个空间中,你的卧室成为整个宇宙。假定卧室左墙的每一点与右墙的相应点是相同的。这意味着你向左墙走,你不会碰得头破血流,而是穿过墙重新出现在右墙。这意味着,在某种意义上左墙和右墙是连接在一起的,像一个圆柱体。

此外,前墙上的点和后墙上的点是相同的,天花板上的点和地面上的点是相同的。这样,如果你在任何方向上走,你恰好穿过卧室墙回到卧室。你逃不出去。换句话说,你的卧室就是整个宇宙!

真正奇怪的是,如果你仔细看左面的墙,你看到它实际上是透明的,在这堵墙的另一侧有一间你的卧室的复制品。实际上,这是你站在另一房间的你的精确克隆,尽管你只能看见你的背面,看不见前面。如果你向下或向上看,你也看到你自己的复制品。实际上有无限多个复制品站在你的前、后、左、右,以及上面和下面。

要想与你自己接触是十分困难的。每次你转过头想看一下你的克隆的脸,你发现它们也转过脸去,因此你怎么也看不到它们的脸。但是如果卧室很小,你可以将手伸过墙去抓住你前面的克隆的肩膀。这时你会吃惊地发现,你背后的克隆也伸出手抓住你的肩膀。你也可以将左手和右手伸到侧面,抓住侧面的克隆,就会有无限多个的你手拉着手。结果,你完全可以手拉手地围绕宇宙一周。(你要想伤害你的克隆是不明智的。如果你拿枪瞄准你前面的克隆,你会重新考虑是不是要扣动扳机,因为在你背后的克隆也用枪在对准你!)

在米什内尔(Misner)的空间中,假定你周围的所有墙壁坍塌向你靠拢,事情就变得更有趣了。让我们假定卧室在坍塌,右墙以每小时 2 英里(3.22 千米)的速度向你靠拢。如果你现在穿过左墙,从移动的右墙返回,你的速度就附加了每小时 2 英里,这样你现在移动的速度为每小时 4 英里(6.44 千米)。实际上每次进左墙出右墙都会得到附加的每小时 2 英里的速度,因此你现在的速度为每小时 6 英里(9.66 千米)。在围绕宇宙重复旅行之后,你旅行的速度为每小时 6、8、10……英里,直至达到难以想象的接近光速的速度。

在某个临界点,你在米什内尔(Misner)宇宙中跑得是这样地快,结果在时间上你倒退旅行,回到了从前。事实上,你可以访问空间-时间中从前的任何一点。霍金(Hawking)仔细分析了这个米什内尔(Misner)空间。他发现左墙和右墙在数学上几乎与虫洞的两个嘴相同。换句话说,你的卧室像一个虫洞,在这个虫洞中左墙和右墙相同,类似于虫洞的两个相同的嘴。

然后他指出:这个米什内尔(Misner)空间在经典力学和量子力学中都是不

图 9 在米什内尔(Misner)空间,整个宇宙包含在你的卧室中。对面的墙都是
彼此连接的,因此进入一面墙你立刻从另一面墙走出。天花板和地板也
同样是连接的。人们常常研究米什内尔(Misner)空间,因为它和虫洞有
同样的拓扑,但数学上处理起来很简单。如果墙能移动,那么在米什内
尔(Misner)宇宙中,时间旅行是可能的。

稳定的。例如,如果你用手电筒光照射左墙,光束每次从右墙出来时都得到能
量。光束发生蓝移,也就是说能量变得更大,直至能量达到无限,但这是不可能
的。或者光束的能量变得如此之大,它本身产生巨大的引力场使卧室/虫洞坍
塌。这样,如果你想走过虫洞,它就会坍塌。你也能看到:因为辐射线能够无限
多次通过两堵墙,所以度量空间能量和物质含量的能量-动量张量变得无限大。

对霍金(Hawking)来说,这是对时间旅行的致命打击,即产生的量子辐射效应会变得无限大,产生一个发散,杀死时间旅行者并关闭虫洞。

自从霍金(Hawking)的文章发表后,在物理文献中对霍金提出的发散问题展开了积极的讨论,有关年表保护问题,有的科学家赞成,有的反对。事实上,有些物理学家通过适当改变虫洞的尺寸和长度,开始在霍金的证据中找漏洞。他们发现有些虫洞解的能量-动量张量确实发生了发散,但是在其他虫洞中能量-动量张量是完全确定的。俄罗斯物理学家谢尔盖·克拉斯尼科夫(Sergei Krashnikov)考察了各种类型虫洞的发散问题,并得出结论说:"没有一点证据说明时间机器一定是不稳定的。"

反对霍金的想法又很快转向另一个方向,以至普林斯顿大学的物理学家李立新(Li-Xin Li)(李立新教授现在北京大学。——编者注)甚至提出了一个反年表保护猜想:"物理学定律不阻止封闭类时曲线的出现。"

1998 年,霍金(Hawking)被迫做出某些让步。他写道:"能量-动量张量在某些情况下不发生发散,说明对早已过去的事件不一定要实行年表保护。"这不意味着时间旅行是可能的,只是意味着我们的理解还不完全。物理学家马修·维瑟(Matthew Visser)说,霍金推测的失败"并不意味着时间旅行的热心家就是对的,而是说明要解决年表保护问题需要完全建立量子引力理论"。

今天,霍金(Hawking)不再说时间旅行是绝对不可能的了,只是说它太不可能和太不实际了。时间旅行可能的几率是太小了,但是还不能完全排除它。如果有一天,找到一种办法能利用大量的正能量和负能量并且解决了稳定问题,也许时间旅行的确是可能的。(来自未来的旅行者还没有大量涌向我们的原因也许是:他们能够倒退的时间是时间机器创造出来的时候,也许时间机器到现在为止还没有造出来。)

宇宙平行 **戈特的时间机器**

1991 年,普林斯顿大学的 J. 理查德·戈特(J. Richard Gott Ⅲ)提出了另一个对爱因斯坦方程的解,考虑了时间旅行问题。他的方法很有趣,因为他从全新的方法出发,完全放弃了旋转物体、虫洞和负能量。

戈特(Gott)1947 年生于肯塔基州路易斯维尔市,说话带点温和的南方口音,在纯粹的、混乱的理论物理世界中有点像一个外来人。他童年就参加了业余天文学俱乐部,喜欢看恒星,因此从童年就开始了科学研究。

戈特在高中学习时,他赢得了声望很高的威斯汀豪斯科学天才选拔赛(Westinghouse Science Talent Search),从那时起就一直参加这个竞赛活动,担任评委主席很多年。从哈佛大学数学系毕业后,他去了普林斯顿大学工作直到现在。

从事宇宙学研究之后,他开始对很多理论预计的大爆炸的遗迹"宇宙弦"感兴趣。宇宙弦的宽度可能比原子核更小,但它们的质量可能是恒星级,它们可能会在太空延展数百万光年。戈特(Gott)首次发现爱因斯坦方程的一个解,考虑了宇宙弦的存在。但是他又发现这些宇宙弦的一些不平常之处。取两个宇宙弦让它们彼此靠拢,刚好不要碰上,就有可能利用它们作为时间机器。首先,他发现如果围绕这两根刚好要碰上的宇宙弦旅行一周,空间将收缩,产生奇怪的特性。例如,我们知道如果围绕一个桌子走一圈就又回到出发点,转了360度。但是当一个火箭围绕这两根彼此相遇的宇宙弦跑一周时,转过的角度小于360度,这是因为空间收缩了。(锥体的拓扑结构也是这样,围绕锥体一周转过的角度也小于360度。)这样,通过环绕这两根弦快速地跑动,你的速度实际上可以超过光速(正如远距离的观察者所看到的),这是因为总的距离小于预计的距离。然而,这不违背狭义相对论,因为在你自己的参考坐标系中火箭没有超过光速。

但是这也意味着:如果一个人围绕这两根将要碰上的宇宙弦旅行,他就能回到过去。戈特(Gott)回忆说:"当我发现这个解时,我十分激动。这个解只用了正密度的物质,移动的速度比光速慢。相比之下,虫洞解要求更奇异的负能量密度的材料(重量小于零的材料)。"

但是时间机器需要的能量是巨大的。他评述说:"要想让时间旅行到过去,每厘米重量约为1亿亿吨的每根宇宙弦在相反方向移动速度至少为光速的99. 999 999 996%。我们已经观察到宇宙中的高能质子移动的速度至少有这么快,因此这样的速度是可能的。"

一些评论家指出:宇宙弦即使存在的话也很罕见,碰撞的宇宙弦就更罕见了。因此戈特(Gott)建议如下:一个高级文明的社会也许能在外层空间发现一个单一的宇宙弦,利用巨大的空间船和巨大的工具,他们可以将这个弦重新成型为一个有点弯曲的矩形环(像一个躺椅的形状)。他假定这个环可以在自己的引力作用下坍塌,结果此宇宙弦的两个直边可能以接近于光的速度彼此分开,就这样简单地产生了一架时间机器。然而,戈特(Gott)承认:"一个弦的坍塌环要大到使你环绕它一圈在时间上要用一年的时间,质量-能量要超过整个星系的一半。"

宇宙平行 时间悖论

从传统上讲,物理学家排除时间旅行的另一个理由是出于时间悖论问题。例如,你回到过去,在你出生之前将你的双亲杀死,那么你就不可能出生了。因此你绝不可能在时间上回到过去去杀死你的父母。这是不可能的,因为科学是根据逻辑一致的思想。这个真正的时间悖论就足以排除时间旅行的可能。

这些时间悖论可以分为几大类:

1. 祖父悖论

在这种悖论中,你以一种方式改变过去,使今天的存在成为不可能。例如,你回到遥远过去的恐龙时代,不小心踩到一个小的满身是毛的哺乳动物,它是人类原始的祖先。因为你杀死了你的祖先,使得你今天在逻辑上不能存在。

2. 信息悖论

在这种悖论中,信息来自将来,这意味着信息可能没有起源。例如,假如一位科学家造了一架时间机器,在时间上回到过去,把这个时间旅行的秘密告诉了年轻时候的他自己。这样时间旅行的秘密就没有起源了,因为年轻科学家拥有的时间机器不是他自己造的,而是从年老的他自己传给他的。

3. 比尔克(Bilker)悖论

在这种类型悖论中,一个人知道将来的事情,可以做某些事情使得将来的事情成为不可能。例如,你让时间机器把你带到将来,你看见你注定要娶一个叫简(Jane)的女人。然而,根据你的喜好你决定娶海伦(Helen)。这样就使你自己的将来成为不可能。

4. 性别悖论[8]

在这种类型悖论中,你生了你自己,在生理上这是不可能的。在英国哲学家乔纳森·哈里森(Jonathan Harrison)写的故事中,故事中的主人公不仅他的父亲是他自己,而且吃了他的人也是他自己。在罗伯特·海因莱因(Robert Heinlein)的经典故事《你们这些还魂尸》(*All You Zombies*)中,主人公同时是他的父亲、母亲、女儿和儿子,即家庭中其他三个成员是他自己。(故事情节见注释[8]。解开性别悖论实际上是相当棘手的,既要求时间旅行的知识,也要求知道 DNA 的结构。)

在《永恒的终结》(*The End of Eternity*)一书中,阿西莫夫(Asimov)想象一个"时间警察"负责防止这些悖论的产生。在电影《终结者》(*Terminator*)中,故事情节依赖信息悖论而转移。它讲到:科学家研究了一个从未来的机器人收回的微芯片,然后他们制造了一种有知觉的机器人接管了世界。换句话说,这些超级机器人的设计不是由发明者创造的,而只是来自未来的一个机器人的残骸。在《回到未来》(*Back to the Future*)电影中,迈克尔·J. 福克斯(Michael J. Fox)力求避免祖父悖论。当他在时间上回到过去,见到十几岁时的他的母亲,她一见钟情地爱上了他。但是如果她放弃福克斯(Fox)未来的父亲的求爱,那么他本身的存在就受到威胁。

剧本作家在制作好莱坞大片时随意违背物理学定律。但是在物理学界,则非常严肃地对待这些悖论。任何对这些悖论的解答必须符合相对论和量子理论。例如,要符合相对论,时间的河流就不能简单地结束。你不能筑坝阻挡时间的河流。在广义相对论中,时间用一个光滑的、连续的表面代表,不能撕开或撕裂。可以改变它的拓扑结构,但不能停止它。这意味着,如果你在出生前杀死你的父母,你不能完全消失。这就违背了物理学定律。

当前,物理学家对于时间悖论集中在两个可能的解决方案上。第一,俄罗斯宇宙学家伊戈尔·诺维科夫(Igor Novikov)相信我们将被迫以一种方式行事而不让悖论发生。他的建议被叫做"自我一致性学校"(又译"自洽性学校")。如果时间河流本身光滑地向回弯曲产生一个旋涡,他建议有某种"看不见的手"会阻止我们跳回到过去和产生时间悖论。但是诺维科夫(Novikov)的方法提出了自由意愿问题。如果我们在时间上回到过去,见到我们出生前的父母,我们可能会想我们应该有我们行动的自由。诺维科夫认为有一条未发现的物理定律阻止任何会改变将来的行动(例如杀死父母,使你不能出生)。他指出:"我们不能将时间旅行者送回到伊甸园要夏娃不从树上摘苹果。"

阻止我们改变过去和产生悖论的这种神秘的力是什么呢?他写道:"这种对我们自由行动意愿的限制是不平常的和神秘的,但不是完全没有道理的。例如,我们可能想要在没有任何设备的帮助下在天花板上行走。但引力定律不允许我们这样做。如果这样做的话就会掉下来,因此我们的自由意愿受到限制。"

但是没有生命的物质(根本没有自由意愿)被投向过去也会发生时间悖论。假定在公元前330年,在亚历山大大帝和古波斯帝国国王大流士三世就要爆发

106

历史性战役之前,你把机关枪带到那个时候,告诉他们怎样使用。我们就有可能改变随后的整个欧洲的历史(我们也许会发现我们现在讲的是波斯语,而不是欧洲语)。

事实上,即便是对过去的最微小的干扰也可能会引起意想不到的今日的悖论。例如,"混沌理论"利用"蝴蝶效应"这个隐喻。在地球气候形成的危急关头,即便是一只蝴蝶翅膀的鼓翼也能产生波动,使力的平衡破坏和引发强大的暴风雨。即便是最小的没有生命的物体送回到过去的岁月也会不可避免地以一种意想不到的方式改变过去,引起时间悖论。

第二种解决时间悖论的方式是:时间河流光滑地分岔成两条河或支流,形成两个截然不同的宇宙。换句话说,如果你在时间上回到过去杀死了你出生前的父母,你杀死的是另一个宇宙中在遗传上与你父母相同的人,在那个宇宙中你不会降生。但是在你原来的宇宙中的父母不受任何影响。

这个第二种假定叫做"多世界理论",即所有可能的量子世界都有可能存在的思想。这就消除了霍金(Hawking)发现的无限发散[9],因为在米什内尔空间(Misner space)中辐射线不重复穿过虫洞。它只穿过一次。每次穿过虫洞时它都进入一个新的宇宙。这个悖论大概涉及到量子理论的最深层次的问题:一只猫怎么会在同一时间又死又活呢?

要回答这个问题,物理学家不得不接受两个令人震惊的答案:要么有一个宇宙知觉在看着我们大家,要么有无限多个量子宇宙。

第6章 平行量子宇宙

我认为我可以有把握地说没有人懂得量子力学。

——理查德·费曼（Richard Feynman）

任何不被量子理论震撼的人就不懂得量子理论。

——尼尔斯·玻尔（Niels Bohr）

无限多个不大可能事物的驱动器是一种在一瞬间飞越星座距离的奇妙的新方法，而不需要在超空间中讨论来讨论去。

——道格拉斯·亚当斯（Douglas Adams）

在道格拉斯·亚当斯（Douglas Adams）写的销路最好的古怪科幻小说《搭便车者的星系旅行指南》（*Hitchhiker's Guide to the Galaxy*，又译《银河系漫游指南》）中，书中的主人公偶然发现了去恒星旅行的最富有创造性的方法。在星系间旅行，他想象可以不利用虫洞、超光速推进装置或空间入口，而是利用测不准原理飞越广阔的星际空间。如果我们能够找到一种方法控制某些不可能事件的概率，那么任何事情，包括超光速旅行，甚至时间旅行都是可能的。在几秒钟时间飞到遥远的恒星是不太可能的事情，但是当我们能够任意控制量子概率时，那么即使是不可能的事也变成普通的事情了。

量子理论是根据这样一种思想：所有可能的事件，不管它们多么梦幻或荒谬可笑，都有一定的概率发生。这个想法也是宇宙膨胀理论的中心思想。当原始大爆炸发生时，宇宙发生量子转变过渡到新的状态，在这个新的状态下有一个巨大的量使宇宙突然膨胀。看来我们整个的宇宙是从不大可能的量子跃迁中诞生的。尽管亚当斯（Adams）说的是笑话，物理学家认识到如果能够发现一种办法控制这些概率，我们的技艺就会和魔术师没有什么区别。但是到目前为止，改变事件的概率远远超出我们的技术能力。

我有时间我们大学的博士生一个简单的问题,如计算他们在墙的这一侧突然消失又重新出现在墙的另一侧的概率有多少。根据量子理论,有一个很小的但是可以计算的概率使这件事会发生。或者由于这种原因,我们会在自己的卧室中消失,又出现在火星上。根据量子理论,在原则上一个人有可能突然出现在火星上。当然,这样的概率太小了,我们等待的时间不得不比宇宙的寿命还要长。结果,在我们日常的生活中我们会排除这样的不可能事件。但是在亚原子水平,这些概率对电子、计算机、激光的功能是至关紧要的。

事实上在你的 PC 机和 CD 盘构件的内部,电子规则地消失在墙壁的一侧并出现在墙壁的另一侧。事实是,如果不允许电子同时出现在两个地方,现代文明就会崩溃。(没有这个奇异的原理,我们身体内的分子也会崩溃。想象两个太阳系在空间,由于牛顿的引力定律而碰撞。碰撞的太阳系会崩溃,形成混乱的一堆行星和小行星。类似地,如果原子服从牛顿的定律,只要它们与另一个原子撞击就会破裂。将两个原子锁定在一个稳定的分子里的原因是:电子可以同时处在很多的位置,从而形成电子"云"将两个原子绑在一起。因此,分子稳定和宇宙不破裂的原因是电子能同时处在很多位置。)

如果电子可以存在于平行的状态,盘旋于存在和消失之间,那么为什么宇宙就不能呢?毕竟宇宙曾经比一个电子还小。一旦我们引进将量子原理应用到宇宙中的可能性,我们就不得不考虑平行宇宙。

在菲利普·K. 迪克(Philip K. Dick)写的科幻小说《高城堡中的人》(*The Man in the High Castle*,又译《高堡奇人》等)中探讨的正是这种可能性。在这本书中,因为一个关键的事件,有另外一个宇宙从我们的宇宙中分离出去。在1933 年,那个宇宙中的总统罗斯福在他当权的第一年就被他助手的子弹打死了,从而世界历史改变。副总统加纳取而代之,确定了孤立主义者的政策,削弱了美国的军事力量。由于对珍珠港偷袭没有准备,整个美国舰队被毁灭不能恢复,1947 年美国被迫投降德国和日本。美国最终被分成三片,德意志帝国控制东海岸,日本控制西海岸,中间是一个不稳定的缓冲区,一个多岩石的山区。在这个平行宇宙中,有一个神秘的人根据圣经中的一段故事写了一本书叫做《蚱蜢撒大谎》(*The Grasshopper Lies Heavy*),这本书被纳粹禁止。这本书讲的是另一个宇宙,在这个宇宙中罗斯福没有被暗杀,美国和英国打败了纳粹。故事中女主人公的使命是看一看在另一个民主和自由,而不是暴政和种族偏见占主导地位的宇宙中这些是不是真的。

宇平 暮光地带
宙行

　　《高城堡中的人》所在的世界和我们的世界仅仅是由一个微小的偶然事件，一颗助手的子弹分开的。然而，一个平行的宇宙也可能通过一个最小的可能事件，如一个量子事件，一个宇宙射线的冲击而与我们的宇宙分开。

　　在系列电视片《暮光地带》(Twilight Zone，又译《阴阳魔界》)中有这样一段故事情节：一个人醒来，发现他的妻子不认识他。她尖叫着离开去叫警察。当他在城镇周围漫游时，他发现他毕生的朋友也不认识他，好像他从未存在过。最后，他访问他父母的家，让他大吃一惊。他的父母说他们以前从未见过他，并且他们从来没有过儿子。没有朋友、家庭或一个家，他漫无目的地在城市周围游荡，最后在公园的长椅子上睡着了，像一个无家可归的人。当他第二天醒来时，他发现他和他的妻子舒适地睡在床上。然而，当他的妻子转过身来，他吃惊地发现她根本不是他的妻子，睡在他床上的是一个以前从未见过的陌生的妇女。

　　这样荒谬的故事可能吗？ 也许吧。如果《暮光地带》中的主角问他的母亲一些有启迪作用的问题，他或许能发现她流过产，因此从来没有儿子。有时一条单一的宇宙射线，一个单一的从外层空间来的粒子能够穿透到胚胎内的 DNA 中，引起变化导致流产。在这样的情况下，一个单一的量子事件就能将两个世界分开，一个是我们正常生活的世界，另一个世界除了你从未诞生以外是完全相同的。

　　从这个世界走到另一个世界，物理学定律是允许的。但是这个可能性很小很小，也就是说发生的概率是非常非常小。并且正如你能看到的，量子理论对我们的宇宙的描述比爱因斯坦的描述要奇怪得多。在相对论中，我们表演的生活舞台可以是橡胶皮做成的，当演员在舞台上活动时走过曲线的路径。在爱因斯坦世界中的演员也像牛顿世界中的演员一样，鹦鹉学舌地背诵事先写好的剧本台词。但是在量子世界的表演中，演员会突然扔掉剧本按他们自己的意愿表演。就好像木偶扯断了拴住它们的线，按它们自己的意愿表演一样。演员可以从舞台消失又重新出现。甚至陌生人也是这样，他们可能会发现他们自己同时出现在两个地方。演员在念他们的台词时不能确切地知道是不是在对某个可能突然消失而又出现在另一个地方的人讲话。

宇宙平行 怪物的智力：约翰·惠勒

大概除了爱因斯坦和玻尔以外，没有人能比约翰·惠勒（John Wheeler）更强烈地挑战量子理论的荒谬和成功了。难道所有的物理现实都是一种幻觉吗？平行的量子宇宙确实存在吗？在过去，当他不再琢磨这些难以处理的量子矛盾时，他把这些或然性用于制造原子弹和氢弹，并倡导在黑洞的研究中。他的学生理查德·费曼（Richard Feynman）一直与量子理论的荒谬结论搏斗，他曾经将约翰·惠勒称为最后一位巨人或"怪才"。

是惠勒在 1967 年杜撰了"黑洞"这个术语。那是在第一颗脉冲星发现之后，在纽约城美国国家航空航天局（NASA）的戈达德空间研究所的一次会议上提出的。

惠勒 1911 年生于佛罗里达的杰克逊维尔。他的父亲是一个图书管理员，但他的家庭的血统是搞工程学的。他的三个叔叔是采矿工程师，在他们的工作中经常使用炸药。使用炸药的想法使他着迷，他喜欢看爆炸。（一天，他不小心地实验一块炸药，炸药意外地在他的手中爆炸了，炸掉一节大拇指和一个手指尖。巧合的是，当爱因斯坦是一个学院学生时，由于不小心，一次类似的爆炸在他的手里发生，结果缝了好几针。）

惠勒是一个早熟的孩子，很早就掌握了微积分，并贪婪地阅读能够找到的有关量子力学新理论的每一本书。就在他的眼前，在欧洲一个新的理论由尼尔斯·玻尔、沃纳·海森堡和埃尔温·薛定谔创立。这个理论突然揭开了原子的秘密。就在几年前，哲学家恩斯特·马赫（Ernst Mach）的追随者还在嘲笑原子的存在，说原子从未在实验室中观察到，大概是一种虚构。他们说看不见的东西大概是不存在的。奠定热动力学定律的伟大的德国物理学家路德维希·冯·玻尔兹曼（Ludwig von Boltzman）在 1906 年自杀，部分原因是他推出原子概念所面对的强烈的嘲笑和奚落。

然而，经过短短的非常重要的几年，从 1925 年到 1927 年，原子的秘密突然被揭开了。在现代历史上（除了 1905 年爱因斯坦的工作以外）从来没有在这样短的时间内完成这样重大的突破。惠勒想成为这个革命的一部分。但他认识到美国的物理学研究是落后的，在它的行列中没有一位世界级的物理学家。像他之前的 J. 罗伯特·奥本海默（J. Robert Oppenheimer）一样，惠勒离开美国旅行到哥本哈根去向大师尼尔斯·玻尔学习。

以前的有关电子的实验证明,电子既是粒子又是波。这个奇怪的波粒二象性是最终被量子物理学家揭示的:电子在围绕原子跳动时它表现为粒子,但它伴随有神秘的波。1925 年,奥地利物理学家埃尔温·薛定谔(Erwin Schrödinger)提出一个方程(著名的薛定谔波动方程),精确地描述伴随电子的波的运动。这个波用希腊字母 ψ(普西)表示,它惊人地精确预计原子的行为,引发了物理学的一场革命。突然,几乎是从基本原理出发,人们能够窥视原子的内部,计算电子怎样在它们的轨道上跳舞,怎样转变和将原子绑在一起成为分子。

作为量子物理学家的保罗·狄拉克(Paul Dirac)吹嘘说,物理学将很快将所有的化学简化为纯粹的工程学。狄拉克(Dirac)宣布:"大部分物理学和整个化学的数学理论所需要的基本物理定律因此完全清楚了,困难仅仅是从这些定律的应用得出的方程太复杂,不好解。"与这个波函数 ψ 一样引人入胜的是:它实际代表什么仍然是个谜。

最后,在 1928 年,物理学家马克斯·玻恩(Max Born)提出一个想法:这个波函数代表在一个给定地点发现电子的概率。换句话说,你绝不能精确知道电子在哪,所有你能够做的是计算它的波函数,告诉你它在某处的概率。因此,如果原子物理学能够归纳为一个电子位于某处的概率波,如果一个电子能够同时出现在两个地方,我们怎么能够最终确定电子确实在哪呢?

玻尔和海森堡最终在一本量子烹调书中开出一套完整的食谱方,能够非常精确完美地应用在原子实验中。波函数仅告诉你电子位于某处的概率。如果在某一点波函数大,这意味着电子位于此处的概率就大。如果在某一点波函数小,在这点发现电子的概率就小。例如,如果我们能够"看"到一个人的波函数大,那么你看到这个人的概率就很大。然而,波函数也逐渐渗漏到空间去,这意味着在月亮上发现这个人的概率就很小。(事实上,这个人的波函数实际散布到整个宇宙中。)

这也意味着一棵树的波函数可以告诉你它或者是挺立着或者是倒下的概率,但是不能确切告诉你它实际的状态。但是常识告诉我们物体是处于一个确定的状态。当你看一棵树时,这棵树就确确实实在你的面前。也就是说树不是立着就是倒下,不能同时是二者。

要解决概率波和有关存在的常识观念之间的矛盾,他们假定:在一位外界观察者做了测量之后,波函数就魔术般地"消失"了,电子落入确定的状态。也就是说,我们看过这棵树之后,我们看到这棵树是确实立着的。换句话说,观察过程确定电子的最终状态。观察对存在是至关重要的。在我们看了电子之后,它的波函数就消失了,因此现在电子是处在确定的状态,不再需要波函数。

因此,玻尔的哥本哈根学派的假定粗略地讲可以总结为以下几点:

1. 所有的能量发生是在叫做"量子"的离散包中。(例如,光的量子叫做光子,弱核力的量子叫做 W 玻色子和 Z 玻色子,强核力的量子叫做"胶子",引力的量子叫做"引力子",它在实验室中尚未发现。)

2. 物质由点粒子代表,但是发现点粒子的概率由一个波确定。该波动又服从特定的波动方程(如薛定谔波动方程)。

3. 在进行观察前,物体可以同时以各种可能的状态存在。要确定物体处在什么状态,必须进行观察,它使波函数"消失"(坍塌),物体进入确定状态。观察的作用是使波函数消失(坍塌),使物体呈现确定的状态。波函数所起的作用是:给我们在特定状态下发现物体的精确概率。

平行宇宙｜决定论或不确定性?

量子理论是所有年代最成功的物理理论。量子理论的最高形式是标准模型,它代表粒子加速器几十年实验的成果。这个理论的若干部分已经过测试,精度到一百亿分之一。如果将中微子质量包括进去,那么标准模型与所有亚原子粒子的实验一致,无一例外。

但是无论量子理论多么成功,在实验上它是根据一些基本假定,这些假定在过去 80 年间遭到哲学界和理论界的强烈反对。特别是(哥本哈根学派的)第二个假定,因为它问是谁决定我们的命运,所以引起宗教界的愤怒。自始至终,哲学家、神学家和科学家都对未来着迷,是不是有一种办法能知道我们的命运。在莎士比亚的悲剧《麦克白》(*Macbeth*)中,班戈(Banquo)绝望地揭开遮盖我们命运的面纱,说出了以下难忘的话:

> (第一幕,第三场)
> *如果你查看时间的种子*
> *并说哪一粒生长哪一粒不,*
> *那么请对我讲……*

莎士比亚在 1606 年写下这些话。80 年后,另一位英国人艾萨克·牛顿大胆地声称他知道了对这一古老问题的答案。牛顿和爱因斯坦都相信"决定论"概念,它说所有将来的事件在原则上能够确定。对牛顿来说,宇宙是一个在创世之初由上帝上紧了发条的巨大钟表。从那时起它就按照他的运动三定律,以可以预计的精确方式滴答滴答地走个不停。法国数学家,拿破仑的科学顾问皮埃尔·西蒙·德·拉普拉斯(Pierre Simon de Laplace)写道,人们可以利用牛顿定律像观察过去一样精确地预测将来。他写道,如果知道了宇宙中所有粒子的位置和速度,"对这样一种智力来说,没有任何事情是不确定的,将来就好像过去一样呈现在我们的眼前。"当拉普拉斯(Laplace)将他的杰作《天体力学》(*Celestial Mechanics*)赠送给拿破仑时,这个皇帝说:"你写了这部有关天空的巨著而一次都没有提到上帝。"拉普拉斯(Laplace)回答说:"先生,我不需要这个假设。"

对牛顿和爱因斯坦来说,"自由意志"的概念,即我们是我们命运的主人的说法,实际上是一个幻想。爱因斯坦把这个实体的常识性概念,即我们接触到的具体物体是真实的和存在于确定状态的概念,叫做"客观实体"。爱因斯坦在下面的话中最清楚地表达了他的态度:

> "我是决定论者,被迫行动就好像自由意志是存在的一样,因为如果我想生活在文明社会,我必须负责任地行事。我知道在哲学上一个杀人犯不对他的罪行负责,但我不会情愿和他一起喝茶……我的履历是由我无法控制的种种力量所决定的。亨利·福特(Henry Ford)可能将它叫做他内心的声音,苏格拉底(Socrates)将它叫做他的精灵,每个人都能以他自己的方式解释人类不是自由的这一事实……一切事情都是被我们无法控制的力决定的……对于昆虫以及恒星来说都是如此。人类、蔬菜或宇宙尘埃都在随神秘的时间跳舞,一位远距离的看不见的演员在为我们吟咏。"

神学家也争论这个问题。世界上的大多数宗教相信某种形式的"先天注定"的思想。即上帝不仅是全能的,而且是无所不在的。上帝也是无所不知的(知道一切,甚至将来)。在某些宗教中,这意味着上帝在我们出生前就知道我们是去天堂还是地狱。从本质上讲,在天堂的某处有一本命运的书,列举着所有人的姓名,包括我们的生日、我们的失败和成功、我们的快乐和悲哀,甚至我们的死亡日期,是去天堂还是地狱。

（在 1517 年,这个微妙的先天注定的神学问题是威滕贝格〔Wittenberg〕的天主教堂分裂成两半的部分原因。在这个教堂中,马丁·路德〔Martin Luther〕抨击教堂用金钱赎罪的做法,即富人通过贿赂铺平通往天堂的道路。大概路德〔Luther〕好像在说,上帝确实事先知道我们的将来和我们的命运是先天注定的,但是人们的劝说也不能改变他向这个教堂慷慨捐赠的意愿。）

但是对接受或然性观念的物理学家来说,到目前为止最有争议的假定是(哥本哈根学派的)第三个假定,它使几代物理学家和哲学家感到头疼。"观察"的概念是一个不精确的、不清楚的概念。此外它依赖于实际上有两种类型的物理学这一事实:一种是用于奇异的亚原子世界的,在这个世界中电子似乎可以同时在两个不同的地方出现;另一种是用于我们生活在其中的宏观世界的,这个世界似乎服从一般承认的牛顿定律。

根据玻尔的说法,有一堵看不见的"墙"将原子世界与日常的、熟悉的宏观世界隔开。原子世界服从奇异的量子理论规则,而我们生活在此墙之外的定义明确的行星和恒星的世界中,在这个世界中波已经消失(坍塌)。

惠勒师从量子力学的创建者,喜欢总结两个学派关于这个问题的思想。他给出一个例子,在一场棒球比赛中三个裁判员讨论棒球的罚分点。在做出决定时三个裁判说:

> 第一个裁判:我按照看见他们的样子进行裁定。
> 第二个裁判:我按照他们的实际情况进行裁定。
> 第三个裁判:在我裁定之前,他们不存在。

对惠勒来说,第二个裁判是爱因斯坦,他相信有不依赖于人类经验的绝对实体。爱因斯坦将此叫做"客观实体",即物体能够以确定的状态存在,而不需要人类的干预。第三个裁判是玻尔,他认为仅在观察之后实体才存在。

森林中的树

物理学家有时会轻蔑地看待哲学家,引用罗曼·西塞罗(Roman Cicero)的话,他曾经说:"没有什么事情比哲学家说的话更荒谬了。"数学家斯坦尼斯瓦夫·

乌拉姆(Stanislaw Ulam)鄙视将无聊的概念赋予高贵的名字,他曾经说:"对各种类型的胡言乱语进行细致的区分是不值得的。"爱因斯坦自己也曾经评论哲学,他说:"所有哲学家写的东西都是蜂蜜吗?这些东西初看上去好像很美妙,但是再看一次就什么都没有了,留下的只是废话。"

物理学家也喜欢讲一个据说是大学校长讲的虚构故事,这位校长愤怒地看着物理系、数学系和哲学系的预算。他暗自说:"为什么你们物理学家总是要求这么昂贵的设备?而数学系什么都不要,只要一些钱买纸和笔,还有废纸筐。哲学系就更好了,它甚至连废纸筐也不要。"

然而,哲学家也可能笑到最后。量子理论是不完善的,依赖不可靠的哲学基础。有关量子理论的论战迫使人们重新考察哲学家,如伯克利主教(Bishop Berkeley)的思想。这位 18 世纪的大主教声称:物体因为人们看到它才存在,一种叫做唯我论或唯心论的哲学。他们声称:如果一棵树在森林中倒下,但是没有人看到它倒下,它就没有真正倒下。

现在量子理论是这样解释森林中倒下的树的。在进行观察之前,你不知道它是不是倒下的。事实上,这棵树可以同时存在于所有可能的状态:也许它烧掉、倒下、被劈成了劈柴、被锯成了锯末等。一旦进行了观察,这棵树突然呈现一种确定的状态,例如,我们看见它倒下了。

费曼从哲学上比较了相对论和量子理论的困难性,他曾说:"有一段时间报纸说,只有 12 个人懂得相对论。我不相信曾经有过这样的时候……但是我相信我可以有把握地说没有人懂得量子力学。"他写道:"从常识的观点看,量子力学对自然的描述是荒谬可笑的。但是它与实验完全吻合。因此我希望你能够接受自然是荒谬的,因为它确实是荒谬的。"这在很多虔诚的物理学家中间产生一种不安的情绪,他们感到好像他们是在流沙上创建整个世界。史蒂文·温伯格(Steven Weinberg)写道:"我承认在我一生的工作中我感到有些不安,因为没有人完全理解我建立的理论框架。"

在传统科学中,观察者尽可能地使自己与世界脱开。(正如一位爱讲笑话的人说的:"你总能在脱衣舞夜总会里看到这位科学家,因为他是唯一一位考察观众的人。")但是现在我们开始看到不可能将观察者与观察对象分开。正如马克斯·普朗克(Max Planck)曾经说的:"科学不能解答自然的最终秘密。这是因为归根到底我们自己也是我们要解答的秘密的一部分。"

宇平宙行 猫的问题

埃尔温·薛定谔(Erwin Schrödinger)首先引进了波动方程,他想这是不是走得太远了。他向玻尔承认他感到抱歉,因为玻尔将概率概念引进物理学,而他却提出了波的概念。

为了推翻概率的想法,他提出一个实验。想象一只猫被关在一个盒子里。盒子里面有一瓶毒气,瓶子上面有个锤子,锤子又连接到一个盖氏计数器,计数器放在一块铀的附近。没有人怀疑铀原子的放射性衰变是一个事先无法预计的纯粹的量子事件。比如说铀原子在下一秒衰变的几率是50%。但是如果一个铀原子发生衰变的话,它将触发盖氏计数器,盖氏计数器又触动锤子将玻璃瓶打碎,毒气将杀害这只猫。打开盒子之前不可能知道这只猫是死是活。事实上,为了描述猫,物理学家把活猫和死猫的波函数包含在内,也就是说我们将猫放到一个同时是50%是死的,50%是活的地狱中。

现在打开盒子。一旦我们窥视盒子就做了观察,波函数就消失(坍塌)了,我们看见猫,比如说是活的。对薛定谔来说这是可笑的。一只猫怎么会同时是死的又是活的呢,只是因为我们还没有看它吗? 一旦我们观察它就突然出现而存在了吗? 爱因斯坦也不喜欢这种解释。每当客人来到他的住宅,他会说:看那个月亮。是因为一只老鼠看它,它才突然跳出来的吗? 爱因斯坦相信答案是"不"。但是在某种意义上,答案也许是"是"。

在1930年的索尔韦会议上,在爱因斯坦和玻尔之间发生了历史性的冲突,争论终于达到顶点。惠勒后来评论说:"这是我所知道的在知识史上的最伟大的争论。30年来,我从未听过在两位巨人之间的争论,经历的时间是这样长,争论的问题是这样深奥,争论结果的意义是这样深远,影响我们对宇宙的理解。"

爱因斯坦总是勇敢地、大胆地、极其雄辩地提出一系列连珠炮似的"思想实验"以推翻量子理论。玻尔则不停地喃喃细语反驳一次又一次的进攻。物理学家保罗·埃伦费斯特(Paul Ehrenfest)评述说:"我能够在场聆听玻尔和爱因斯坦的对话真是太妙了,像一位棋手那样,永远都有新的棋局。爱因斯坦抱定决心要打败不确定性。玻尔则总是在哲学的烟雾之外寻找工具摧毁一次又一次的进攻。爱因斯坦像一个玩偶匣每天早上都冒出新鲜的想法。哦,真是太令人愉快了。但是我几乎是毫不客气地支持玻尔反对爱因斯坦了。他对待玻尔的态度太傲慢了,完全像一个绝对冠军一样。"

最后,爱因斯坦提出了一个实验,他认为会给量子理论致命一击。想象一个含有光子气的盒子。假定盒子有一个快门能够短暂地释放单个的光子。因为我们能够精确地测量快门的速度,也能测量光子的能量,因此能够无限精确地确定光子的状态,从而违背测不准原理。

埃伦费斯特(Ehrenfest)写道:"对玻尔来说这是沉重的一击。在当时他找不到解答。整个晚上他非常不愉快,从一个人处走到另一个人处,试图劝说他们相信爱因斯坦的话是不对的,因为如果爱因斯坦是对的话,这就意味着物理学的终结。但是他想不到驳斥的理由。我永远也不能忘记两位对手离开大学俱乐部的样子。爱因斯坦雄赳赳气昂昂地大步走过,面带隐约的轻蔑的笑容,而玻尔小步走在爱因斯坦的旁边,极其灰心丧气。"

当后来埃伦费斯特(Ehrenfest)遇到玻尔时,他不说话,只是嘴里一遍又一遍地咕哝:"爱因斯坦……爱因斯坦……爱因斯坦。"

第二天,经过紧张的不眠之夜,玻尔在与爱因斯坦的争论中找到一个小缺口。在发射光子之后,盒子要稍微轻一点,因为物质和能量是等同的。这意味着在引力作用下盒子会略微升起一点,这是因为根据爱因斯坦自己的能量有重量的引力理论。但是这就在光子的能量中引进了不确定性。如果计算这个重量的不确定性和快门速度的不确定性,就会发现这个盒子正好符合测不准原理。结果,玻尔利用爱因斯坦自己的引力理论驳倒了爱因斯坦!玻尔以胜利者出现。爱因斯坦以失败者告终。

当后来爱因斯坦抱怨说:"上帝不和我们的世界玩掷骰子游戏。"据传说,玻尔回击道:"别拿上帝说事。"

最终,爱因斯坦承认玻尔成功地驳倒了他的论点。爱因斯坦写道:"我相信这个理论的确包含了一定的真理。"(然而,爱因斯坦蔑视那些不能鉴别量子理论中的微妙矛盾的物理学家。他曾经写道:"当然,今天每一个无赖都认为他知道答案,但是他是在糊弄他自己。")

在与量子物理学家进行了这样和那样的激烈争论之后,爱因斯坦最终让步了,但采用的是不同的方法。他勉强承认量子理论是正确的,但只是在一定的领域之内,仅仅是真正的真理的近似。他想以相对论归纳(而不是用摧毁)牛顿理论的同样方式,将量子理论吸收到一个更广泛的、更强大的理论——统一场论中。

(以爱因斯坦和薛定谔为一方,玻尔和海森堡为另一方的这场争论并未平息,因为这些"思想实验"现在已经能在实验室中进行。尽管科学家无法让猫出现时既是死的又是活的,但他们现在在能够用纳米技术操纵单个的原子。近来,用一个含有60个碳原子的巴基球〔Buckyball〕进行了这些想象中的实验,这样由玻尔想象的将大物体和量子物体隔开的"墙"就迅速坍塌了。实验物理学家现在甚至预测需要什么才能显示一个含有几千个原子的病毒能同时出现在两个地方。)

核威慑

不幸的是,一直进行到夜晚的有关这些极有趣味的讨论被1933年希特勒的出现和制造原子弹的需要中断了。人们通过爱因斯坦的著名方程 $E = mc^2$ 早已知道巨大的能量禁闭在原子中。但是大多数物理学家对能够利用这个能量的想法一笑置之。甚至埃文·欧内斯特·卢瑟福(Even Ernest Rutherford),这位发现原子核的人也说:"通过破碎原子产生能量是一件不大可能的事情。任何人想要从转变这些原子获得能源只是一种妄想。"

1939年,玻尔作了一次到美国的决定性的旅行,在纽约降落会见他的学生约翰·惠勒。他带来一个不祥的消息:奥托·哈恩(Otto Hahn)和莉泽·迈特纳(Lise Meitner)已经指出在一个叫做"裂变"的过程中铀核可以分裂成两半释放能量。玻尔和惠勒开始研究核裂变量子动力学。因为在量子理论中,任何事情都与或然性和概率有关,他们估计一个中子破碎铀核有可能释放两个或更多的中子,这些中子又使更多的铀核裂变释放更多的中子,如此下去,将触发能毁灭一个现代城市的连锁反应。(在量子力学中,绝不能知道哪个中子将裂变铀核,但是可以以难以置信的精度计算在一枚原子弹中几十亿个铀原子裂变的概率。这就是量子力学的威力。)

他们的量子计算显示原子弹是可能的。两个月后,玻尔、尤金·维格纳(Eugene Wigner)、利奥·西拉德(Leo Szilard)和惠勒,在普林斯顿大学爱因斯坦的老办公室中会面,讨论原子弹的前景。玻尔相信造原子弹要花费整个国家的资源。(几年后,西拉德劝说爱因斯坦写了一封具有决定性意义的信给富兰克林·罗斯福总统,催促他造原子弹。)

同一年,纳粹知道了从铀原子释放的巨大能量能给他们无与伦比的武器,于是命令玻尔的学生海森堡为希特勒造原子弹。一夜之间,关于裂变的量子概率的讨论变成极其严肃的、事关人类历史濒临危险的重大事件。发现活猫概率的讨论很快被铀裂变的概率讨论取代了。

1941 年,纳粹占领了大部分欧洲,这时海森堡作了一次秘密的旅行,去哥本哈根见他的导师玻尔。

这次会见的性质仍然是个谜,关于它写了一个赢得奖品的剧本,历史学家一直在争论它的内容:是海森堡答应破坏纳粹的制造原子弹的计划吗? 还是海森堡要玻尔帮助纳粹造原子弹? 直到 60 年后,在 2002 年,海森堡的意图才最终浮出水面,这一年玻尔的家人公布了玻尔在 20 世纪 50 年代写给海森堡但从未寄出的信。在这封信中,玻尔回忆到:海森堡在那次会面时说纳粹的胜利是不可避免的。因为纳粹的力量无法抗拒,唯一合乎逻辑的是玻尔应为纳粹工作。

玻尔十分惊骇。虽然心惊胆战,但他拒绝让他的关于量子理论的工作落入纳粹之手。因为丹麦在纳粹的控制下,玻尔乘一架飞机秘密逃亡,在奔向自由的道路上由于飞机缺氧,玻尔差一点窒息而死。

与此同时,在哥伦比亚大学,恩里科·费米(Enrico Fermi)已经指出核连锁反应是可行的。在他得出这个结论后,他俯视纽约城,叹息只要一颗原子弹就可以将他看到的一切摧毁。惠勒认识到情况已变得有多么严重,他自愿离开普林斯顿加入费米(Fermi)的工作,在芝加哥大学斯塔格·菲尔德(Stagg Field)的地下室里建造了第一台核反应堆,正式开创了核时代。

在下一个十年,惠勒目击了核战中一些最重要的发展。在战争期间,他帮助管理巨大的华盛顿州汉福德原子能研究中心的建造,生产摧毁长崎的原子弹所需要的原料钚。几年后,他为建造氢弹工作,目击了1952 年在太平洋一个小岛上第一枚氢弹的爆炸和引起的破坏。但是在站在世界历史前沿十几年之后,他最后回到他的初衷,研究量子理论的秘密。

宇宙平行 路径之和

第二次世界大战后,惠勒的众多学生中有一位名叫理查德·费曼(Richard Feynman)的,他大概是无意中发现了最简单的,也是最深刻的综合了量子理论复杂性的方法。(这个想法的结果之一是费曼在 1965 年赢得了诺贝尔奖。)比如说你想走过一间房间,根据牛顿学说,你会选从 A 到 B 的最短距离,叫做经典路径。但是根据费曼方法,你必须首先考虑连接 A 和 B 的所有可能的路径。这意味着要考虑到火星、木星、最近的恒星的路径,甚至在时间上返回到大爆炸的路径。不管这些路径是多么愚蠢、多么奇异,但你必须考虑它们。费曼给每条路径一个数值,给出一套精确的规则计算这个数值。不可思议的是,将所有可能路径的数值加起来,你就得到标准量子力学给出的从 A 点走到 B 点的概率。这确实是非凡的。

费曼(Feynman)发现非常奇异的和违背牛顿运动定律的路径的这些数值通常相互抵消,总和很小。这就是量子波动的起源,即它们代表的路径总和很小。他也发现通常意义的、牛顿学说的路径不相互抵消,因此总和最大,即它是具有最大概率的路径。因此,我们通常了解的宇宙只是无数个状态中概率最大的状态。但是所有可能的状态与我们共存,有些状态把我们带回到恐龙时代,有些把我们带到最近的超新星,有些把我们带到宇宙的边缘。(这些奇异的路径产生极小的偏移,背离常识的、牛顿学说意义的路径,但是幸亏它们的概率很低。)

换句话说,也许看上去很奇怪,每当你走过房间时,你的身体就会事先"寻找"各种可能的路径,甚至通往遥远类星体和大爆炸的路径,然后把它们加起来。费曼利用强大的数学(叫做函数积分)证明:牛顿路径只是最可能的路径,但不是唯一的路径。费曼利用数学技巧证明:这种描述虽然看上去令人吃惊,但它是精确地等价于普通的量子力学的。(事实上,费曼用这个方法可以推导出薛定谔波动方程。)

费曼的"路径和"的功能在于,今天当我们建立大统一理论(GUT)、膨胀理论,甚至弦理论时,我们采用费曼的"路径积分"观点。在全世界的每一个研究生院中现在教的就是这种方法,到目前为止它是最强大的、最便利的、描述量子理论的方法。

(我每天在自己的研究工作中都利用费曼的路径积分方法。我写的每个方程都是用路径积分写的。当我作为一名研究生第一次学习费曼的观点时,它改变了我的整个思想中对宇宙的描绘。在智力上,我懂得抽象的量子理论和广义相对论,但是在某种意义上,是"寻找"路径〔当我走过房间时寻找通往火星或遥远恒星的路径〕改变了我的世界观。突然,我有了一个奇怪的生活在量子世界的幻觉。我开始认识到量子理论与相对论的空间-时间弯曲有着很大的差异。)

当费曼建立这个奇异的公式时,惠勒正在普林斯顿大学,他匆忙地跑到隔壁的高等学术研究所去访问爱因斯坦,想让他相信这个新描述的美妙和能力。惠勒激动地向爱因斯坦解释费曼的"路径积分"的新理论。惠勒没有充分地认识到,对爱因斯坦来说这是多么的愚蠢。然后,爱因斯坦摇摇头,重复他的想法,他不相信上帝会与世界掷骰子玩。爱因斯坦向惠勒承认他也许是错的,但是他有权力错。

宇平宙行 维格纳的朋友

大多数物理学家在面对让人心力交瘁的量子力学矛盾时都会耸肩膀表示绝望。对大多数科学家来说，量子力学是一套烹饪规则，产生有着惊人精度的正确概率。约翰·波尔金霍恩（John Polkinghorne）先前是一位物理学家后来成为一名牧师，他说："普通的量子技工和普通的电机技工一样都不是哲学家。"

然而，一些物理学领域最深刻的思想家却奋力解决这些问题。例如，有几种方式解薛定谔的猫问题。首先，诺贝尔奖获得者尤金·维格纳（Eugene Wigner）和其他人提倡"意识决定存在"。维格纳（Wigner）曾经写道："不考虑观察者的意识就不可能以完全一致的方式建立量子力学的定律……正是外部世界的研究得出人的意识是最高实在这个结论。"或者像诗人约翰·济慈（John Keats）写的："任何事情在经历之前都不能成为真实的。"

但是如果我在进行观察，又是什么确定我在什么状态呢？这意味着必须有别的人观察我，使我的波函数消失（坍塌）。有时把这种状况叫做"维格纳的朋友"。但是这也意味着必须有人观察维格纳的朋友，以及维格纳的朋友的朋友，等等。是不是有一个宇宙的意识在观察整个宇宙以确定整个朋友系列呢？

安德烈·林德（Andrei Linde）是一位固执地相信意识起中心作用的物理学家，他还是宇宙膨胀理论的奠基人之一。他说：

> "对我这样一个人类的成员之一，在没有任何观察者的情况下，我不知道说宇宙是存在的有什么意义，宇宙和我们是一起的。当你说没有任何观察者的宇宙是存在的，我从中得不出任何意义。我不能想象一个不考虑意识的万物的一致理论。一个记录设备不能因为有人读记录设备上记录的东西而起到一个观察者的作用。为了让我们看到某事发生、彼此谈论某事发生，你需要一个宇宙，你需要有一个记录设备，你还需要有我们……没有观察者，我们的宇宙是死的。"

根据林德（Linde）的哲学，恐龙化石在你看到它们之前并不实际存在。但是当你看到它们时，恐龙化石一跃而出，好像它们几十亿年前就存在了。（持这种观点的物理学家小心翼翼地指出,这个描述在实验上是和几百万年前恐龙化石所在的世界一致的。)

（有些人不喜欢将意识引进物理学,他们说照相机可以观察一个电子,因此不需借助意识存在波函数就能坍塌。但是谁来说照相机是不是存在呢?需要另一个照相机来观察第一个照相机,使它的波函数坍塌。这样就需要第二个照相机来观察第一个照相机,第三个照相机来观察第二个照相机,如此等等。因此,引进照相机不能回答波函数怎样坍塌的问题。)

去相干

一个部分解决这些棘手的哲学问题的方法叫做"去相干"法,现在已在物理学家中间流行,它是德国物理学家迪特尔·策(Dieter Zeh)在1970年首先提出的。他注意到在真实世界中不可能把猫与环境分开。猫不断地接触空气分子、盒子,甚至通过实验的宇宙射线。这些相互作用,不管它多么小都迅速影响到波函数:如果波函数受到极其微小的扰动,那么波函数就会突然分成不再相互作用的死猫或活猫的两个截然不同的波函数。他指出:只要和一个空气分子碰撞就足以使它坍塌,迫使死猫和活猫的波函数永久分开,彼此不再沟通。换句话说,甚至在你打开盒子之前猫就与空气分子接触了,因此猫就已经是死的或是活的了。

策(Zeh)进行了关键的以前被忽略了的观察:要想让猫既是死的又是活的,死猫的波函数必须与活猫的波函数完全同步地振动,叫做"相干性"。但是这在实验上是几乎不可能的。在实验室产生一致的相干物体振动是极其困难的。(实际上,由于外部世界的干扰要想让几个原子相干振动都十分困难。)在真实世界里物体和环境相互作用,与外部世界的微小相互作用都能干扰这两个波函数,使它们"去相干",即不再同步并分离。一旦这两个波函数不再彼此同相振动,策(Zeh)指出这两个波函数就不再相互作用。

多世界理论

去相干初听起来很满意,因为现在波函数的坍塌不需要通过意识,而是靠与外部世界的随机相互作用。但是这仍然没有解决困扰爱因斯坦的基本问题:自然界怎样"选择"波函数坍塌后进入什么状态呢? 当一个空气分子打在猫身上,谁或什么决定猫的最后状态呢? 关于这个问题,去相干理论只是说了这两个波函数分开了,不再相互作用了,但是没有回答原来的问题:猫是死的还是活的呢? 换句话说,去相干使意识在量子力学中不再必要,但是没有解决困扰爱因斯坦的关键问题:自然界怎样"选择"猫的最后状态呢? 关于这个问题,去相干理论没有回答。

然而,去相干理论的自然扩展解决了这个问题,今天也得到物理学家的广泛承认。这第二个方法是惠勒的另一个学生休·埃弗里特(Hugh Everett Ⅲ)找到的。他讨论了猫在同一时间可能既死又活的概率,但是是在两个不同的宇宙中。当埃弗里特(Everett)的博士论文在 1957 年完成时,没有什么人注意到。然而,若干年后对"多世界"解释的兴趣开始增长。今天,对量子理论中的悖论的兴趣像浪潮一般重新涌现出来。

在这个透彻的新的解释中,猫既是死的又是活的,因为宇宙分成了两个。在一个宇宙中猫是死的,在另一个宇宙中猫是活的。事实上,在每一个量子的结合点宇宙分成两半,宇宙分裂的过程绝不会停止。在这种情景下所有的宇宙都是可能的,每一个宇宙都像别的宇宙一样真实。生活在每个宇宙中的人都会说他们的宇宙是真正的,其他的宇宙是想象的或虚构的。这些平行宇宙不是短命的鬼的世界,每个宇宙都有实际的物体和具体的事件,像别的宇宙一样真实和客观。

这种解释的优点是我们可以丢掉第三个条件,即波函数的坍塌。波函数绝没有坍塌,它们只是连续在演化,永远分裂成其他的波函数。就好像在一棵不断分权的树中,每一个分权代表一个完整的宇宙。多世界理论的最大优点是它比哥本哈根学派的解释要简单:它不要求波函数坍塌。付出的代价是现在需要将宇宙不断地分成几百万个分支。(有些人觉得很难理解怎样跟踪所有这些增生扩散的宇宙。然而,薛定谔波动方程可以自动完成这件工作。只要简单地跟踪波动方程的演变,我们就能立刻发现波动的所有的大量的分支。)

如果这个解释是正确的,那么就在此时此刻,你的身体与处在生死搏斗的恐龙的波函数共存。与你所在房间中共存的是另一个世界的波函数,在这个世界里德国赢得了第二次世界大战,在这个世界里外星人在漫游、你却从未在这个世界里诞生过。《高城堡中的人》和《暮光地带》的人所在的世界也包括在存在于你的卧室的各种世界之中。关键在于我们不再能与他们互动,因为他们已经脱离了我们。

正如艾伦·古思说过："存在一个'猫王'埃尔维斯(Elvis)还活着的世界。"物理学家弗兰克·维尔切克(Frank Wilczek)曾写道："因为我们知道有无限多个与我们稍有不同的世界正过着与我们平行的生活,我们知道每时每刻都有更多的世界出现并将占据我们的各种可供选择的将来,这些想法萦绕在我们的心间,让我们备受折磨。"他说过,如果特洛伊的海伦(Helen)不是这样美丽绝伦的话,如果她的鼻子上长有一个丑陋的疣的话,希腊文明的历史,以至西方世界的历史就会改写。他说:"好,疣可以起因于通常由于暴露在太阳的紫外线下所触发的单个细胞的转变。"他接着说,"结论是:有很多很多的世界,在这些世界中特洛伊的海伦的鼻尖上没有长疣。"

我想起了奥拉夫·斯特普尔顿(Olaf Stapledon)经典科幻小说《造星人》(Star Maker)中的一段话:"每当一个生灵面对几种可能的行动路线时,它采取所有的行动路线,因此创造了很多截然不同的宇宙历史。因为在宇宙演化的每一个进程中有很多生灵,而每个生灵又经常面对很多可能的路径,所以所有这些路径的结合是数不清的,结果无限多个截然不同的宇宙从每一个暂时的序列的每一个时刻脱离出来。"

根据量子力学的解释,所有可能的世界都与我们共存,认识到这一点让我们感到头晕目眩。尽管为了到达其他的这些世界也许需要虫洞,但是这些量子世界就存在于我们所住的这个房间里。无论我们走到哪,它们都和我们在一起。关键的问题是:如果这是真的,为什么我们看不见其他的这些世界充满我们的卧室呢?原因就是去相干:我们的波函数已经与其他的这些世界的波函数去相干(也就是说波动之间彼此不再同相)。我们不再与它们接触。这意味着即使是环境的轻微干扰也将阻止各种波函数彼此相互作用。(在第11章,我将提到这个规则的一个可能的例外,在这种例外的情况下,智能生命可以在各个量子世界之间旅行。)

这似乎不是太奇怪了吗?能让人相信这是可能的吗?诺贝尔奖获得者史蒂文·温伯格(Steven Weinberg)把多元宇宙理论比做无线电。围绕我们周围有几百个不同的从遥远广播电台播出的无线电波。在任何给定的时刻,你的办公室、小汽车或卧室里充满了这些无线电波。然而,打开收音机,你每次只能听一个频率,其他的那些频率已经去相干了,不再彼此同相。每个广播电台有不同的能量和不同的频率。结果,只能将收音机一次调到一个台。

同样,在我们的宇宙中我们已"调到"与我们宇宙的物理现实相应的频率。

但是有无限多个平行的宇宙与我们共存于同一个房间,尽管我们不能"调到"它们的频率。尽管这些世界看上去都很像,但每一个世界有不同的能量。因为每个世界由百万亿亿个原子构成,这意味着能量的差别会很大。因为这些波动的频率与它们的能量成正比(根据普朗克定律),这意味着每个世界的波以不同的频率振动,不再能相互作用。不管是什么意图和目的,各种各样的这些世界的波不发生相互作用或相互影响。

令人惊讶的是,科学家利用这个奇怪的观点可以重新推导出哥本哈根学派的结果,而不需要波函数坍塌这个条件。换句话说,所做的实验不管是用哥本哈根学派解释,还是用多世界理论解释都能得到完全同样的结果。玻尔的波函数"坍塌"在数学上等价于环境的干扰。也就是说,如果能有办法将猫与外围环境的每个原子或宇宙射线隔离开,薛定谔的猫就可以同时是死的和活的。当然,这实际上是不可能的。一旦猫与宇宙射线接触,死猫和活猫的波函数就不再相干,看起来就好像波函数坍塌了一样。

平行宇宙 万物源自比特

由于人们对量子理论中的测量问题重新产生了极大的兴趣,惠勒成了量子物理学的科学前辈,经常以他的声望出席众多的会议。对物理学中意识问题着迷的新世纪的倡导者甚至将他誉为领袖。(然而,他并不是总是对这样的参与感到高兴。有一次,他发现他与三位超心理学家被安排在同一个节目上,感到很丧气。他很快贴出一个声明,其中有这样一句话:"在有烟的地方就会有烟。")

在经过 70 年对量子理论的矛盾思索之后,惠勒是第一个承认不能得到所有答案的人。他总是对他的假设提出疑问。当有人问到量子力学中的测量问题时,他说:"我只是被这些问题搞得发疯了。我承认有时我百分之百地相信世界是想象中虚构的事。有时我又相信世界是不依赖我们存在的。然而,我完全赞成莱布尼茨(Leibniz)说的话:'这个世界也许是一个幻觉,存在也许只是一个梦,但是这个梦或幻觉对我来说已足够真实了,如果很好地利用理智,我们就绝不会受它的欺骗。'"

今天,多世界理论和去相干理论得到物理学家的普遍赞同。但是,惠勒觉得麻烦的是它要求"太多的累赘"。他给予薛定谔的猫问题另一个玩笑般的解释。他把自己的理论叫做:"它来自比特。"这是一个非正统的理论,出发点是假定信息是所有存在的根本。他声称：当我们看月亮、星系或一个原子时，它们的本质是储存在它们里面的信息。当宇宙观察它自己时这个信息展现出来。他画了一个圆圈，代表宇宙的历史。在宇宙开始的时候，由于被观察，它一跃而出。这意味着当宇宙的信息（"比特"）被观察后，宇宙物质出现。他把这个宇宙叫做"参与性宇宙"，即宇宙以我们适应它的方式也适应我们，也就是说我们的存在使得宇宙成为可能。（因为对于量子力学中的测量问题没有一个普遍的共识，很多物理学家对于信息是存在的根本的理论抱观望的态度。）

宇宙平行 量子计算和心灵传输

这样的哲学讨论也许看上去是完全不切实际的，在我们的世界上没有任何实际应用。与多少天使能在大头针的钉帽上跳舞的争论不同的是，量子物理学似乎是在争论一个电子能同时处在多少位置。

然而，这些不是象牙塔式的学院中没有价值的空想。终有一天它们会有最实际的应用，能推动世界经济的发展。终有一天整个国家的财富将依赖薛定谔猫的奥妙。在那个时候，也许我们的计算机将在平行宇宙中计算。几乎我们所有计算机的基础结构都建立在硅晶体管的基础上。摩尔（Moore）定律说，每 18 个月计算机的能力增加一倍，因为我们能通过紫外辐射线在硅片上蚀刻越来越小的晶体管。尽管摩尔（Moore）定律使技术前景发生了革命，但不能永远继续下去。最高级的奔腾芯片一层有 20 个原子。在 15 至 20 年内，芯片的精度将达到每层 5 个原子。在这样难以想象的小距离上，我们不得不放弃牛顿力学，不得不采用以海森堡测不准原理为主导的量子力学。结果我们不再精确地知道电子在什么地方。这意味着当一个电子跑到绝缘体和半导体之外，而不是停留在它们之内时，短路将会发生。

在将来，在硅片上进行蚀刻将达到一个极限。硅的时代将很快结束。也许它将引来一个量子时代。硅谷（Silicon Valley）的兴旺将不再存在。有一天我们也许不得不靠原子进行计算，需要引进新的计算体系结构。今天的计算机是根据二进制系统，即每个数不是 0 就是 1。然而，原子的旋转可以同时指向上、下或侧面。计算机的位数（0 或 1）可能被"量子比特"（qubit）（0 和 1 之间的任何数）代替，使量子计算比普通计算要强大得多。

例如，一台量子计算机有可能动摇国际安全的基础。今天，大银行、跨国公司和工业国将他们的秘密用计算机逻辑编成密码。很多密码是根据将一个巨大的数分解为因数。例如,普通计算机分解一个100位的数需要几百年。但是对于量子计算机来说,这样的计算就轻而易举。它们能够破解世界各个国家的密码。

量子计算机的基本工作原理如下:将一系列原子对齐,它们的旋转在磁场作用下指向一个方向。然后将一个激光束打到它们上面,这样当激光束从原子反射出去时,很多原子的旋转(方向)就翻倒了。通过测量反射的激光就可以记录光离开原子散射的复杂的数学运算。如果按照费曼的方法利用量子理论计算这个过程,必须将在所有可能方向旋转的原子的所有可能的位置加在一起。甚至一个简单的量子计算也需要几分之一秒的时间,在普通计算机上进行这样的计算,无论花费多少时间都几乎是不可能的。

在原则上,正如牛津大学的大卫·多伊奇(David Deutch)强调的,这意味着当我们使用量子计算机时,我们不得不将所有可能的平行宇宙加在一起。尽管我们不能直接与这些平行宇宙接触,量子计算机可以利用在平行宇宙中的旋转状态来计算它们。(虽然在我们的卧室里我们不再与其他宇宙相干,但是量子计算机中的原子,由于结构决定,却是和谐一致地振动的。)

尽管量子计算机的潜力确实是令人惊愕的,然而实际面临的问题也是非常多的。目前在量子计算机中所用的原子数量的世界记录是7个原子。现在在量子计算机上最多只能做到3乘5等于15,几乎不能给人什么深刻的印象。即便是要想让量子计算机与一台普通的笔记本电脑匹敌,也需要几百个原子,也许几百万个原子相干振动。因为甚至与一个空气分子碰撞都可能使原子去相干,因此必须有极其清洁的条件将量子计算机的原子与环境隔离。(要建造一台计算速度超过现代计算机的量子计算机需要几十亿个原子,因此量子计算仍然是几十年后的事情。)

宇宙平行 量子心灵传输

物理学家看似毫无用途的有关平行量子宇宙的讨论将最终会有另一个实际的应用:量子心灵传输。在《星际迷航》(Star Trek)科幻小说中使用的"运输机"和另一个穿越空间运送人员和设备的科幻计划,似乎是一个快速飞过遥远距离的不可思议的方法。但是难住科学家的是心灵传输似乎违背了测不准原理。对一个原子进行测量就扰乱了原子的状态,因此就不能进行精确的复制。

但是,1993 年科学家在这个争论中发现一个论点,他们用了叫做"量子纠缠"的某物。这是根据 1935 年爱因斯坦和他的学生和同事内森·罗森(Nathan Rosen)及鲍里斯·波多尔斯基(Boris Podolsky)提出的一个古老的实验(所谓的 EPR 悖论,爱因斯坦-波多尔斯基-罗森悖论),目的是想指出量子理论是多么不切合实际。在该实验中,爆炸使两个电子沿相反方向飞开,以接近光的速度传播。因为电子能够像陀螺一样旋转,假定两个电子的旋转是有相互关系的,即一个电子的旋转轴向下,另一个电子旋转轴向上(这样总的旋转动量为零)。然而,在测量之前,我们不知道每个电子旋转的方向。

等了几年之后,现在两个电子相距几光年。如果我们现在测量一个电子的旋转,发现它的旋转轴指向上,那么我们就会立刻知道另一个电子的旋转轴向下(反之亦然)。事实上,发现电子旋转轴向上的事实就迫使另一个电子旋转轴向下。这意味着我们一下子就知道了几光年以外的电子的情况。(信息似乎跑得比光速还要快,显然违背了爱因斯坦的狭义相对论。)通过微妙的推理,爱因斯坦指出通过对这一对电子的成功测量就违反了测不准原理。更重要的,他指出量子力学比以前任何人设想的要更离奇。

在那个时候以前,物理学家相信宇宙是局部的,即宇宙一部分的干扰只能从干扰源扩散到局部的地方。爱因斯坦指出量子力学基本上是非局部的,即从一个干扰源发出的干扰可以立即影响到宇宙的遥远部分。爱因斯坦把它叫做"远距离的幽灵作用",他认为这是荒谬的。因此爱因斯坦认为量子理论一定是错误的。

(量子力学的批评者可以解决爱因斯坦-波多尔斯基-罗森〔EPR〕悖论,〔EPR,Einstein-Podolsky-Rosen〕他们认为,如果仪器十分灵敏的话,就能够真正确定电子的旋转方向。一个电子的旋转和位置的表观不确定性是虚构的,是由于测量仪器太粗糙造成的。他们引进一个叫做"隐藏变量"的概念,即一定有个隐藏的亚量子理论,根据这个新的隐藏变量,不确定性就完全不存在了。)

1964 年,物理学家约翰·贝尔(John Bell)将爱因斯坦-波多尔斯基-罗森(EPR)悖论和隐藏变量放入酸性实验,引起了一场剧烈的争论。他指出,如果我们进行 EPR 实验,在两个电子旋转之间就应该有大量的相互关系,取决于利用什么理论。如果怀疑论者所相信的隐藏变量是正确的,两个电子的旋转以一种方式相干。如果量子力学是正确的,这些旋转以另一种方式相干。换句话说,量子力学(所有现代原子物理学的基础)的成立和失败将取决于这个实验。

但是实验最后证明爱因斯坦是错的。在 20 世纪 80 年代早期,法国的艾伦·阿斯佩克特(Alan Aspect)和他的同事用两个距离 13 米的检测器进行爱因斯坦-波多尔斯基-罗森(EPR)实验,测量从钙原子发出的光子的旋转。在 1997 年,用两个距离 11 千米的检测器进行 EPR 实验。每一次都是量子理论赢。某种形式的知识确实传播得比光速快。(尽管爱因斯坦在 EPR 实验上是错的,但他在超光速通讯的重要问题上是对的。EPR 实验尽管让你立即知道星系另一侧的事情,它不允许你以这种方式发送消息。例如,你不能发送莫尔斯电码。事实上,"EPR 传送器"只能发送随机信号,因为每次你测量旋转时,它们是随机的。EPR实验使你能获取星系另一侧的信息,但不允许你传送有用的信息,即不是随机的信息。)

贝尔(Bell)喜欢引用一个名叫贝特尔斯曼(Bertelsman)的数学家来描述这个效应。这位数学家有个奇怪的习惯:每天按随机顺序一只脚穿绿袜子,另一只脚穿蓝袜子。如果你有一天看到他左脚穿蓝袜子,你就立刻知道另一只脚穿的是绿袜子,比光速还快。但是知道并不等于允许你以这种方式传递信息。显示信息不等同于发送信息。EPR 实验不意味着我们能够通过比光速还快的心灵感应或时间旅行来传递信息。但它确实意味着不能将我们与宇宙整体完全分开。

然而,它迫使我们对我们的宇宙持有不同的看法。在我们身体里的每一个原子和几光年距离以外的原子之间有一种宇宙"纠缠"。因为所有的物质来源于一次大爆炸,在某种意义上我们身体的原子与宇宙另一侧的某些原子最初在某种类型的宇宙量子网络中是连接在一起的。纠缠在一起的粒子有些像通过脐带(它们的波函数)连接的双胞胎,脐带或它们的波函数可以跨越几个光年。一个成员发生的事情自动影响到另一个成员,因此涉及一个粒子的知识可以立刻在另一个粒子中显示。纠缠在一起的一对物体的行为就好像是单个物体一样,尽管它们离开的距离可能很大。(更精确地说,因为大爆炸中粒子的波函数是曾经连在一起和相干的,大爆炸后几十亿年它们的波函数也许仍然部分地连在一起,结果一部分波函数中的干扰会影响远距离的另一部分波函数。)

1993 年,科学家提出将爱因斯坦-波多尔斯基-罗森(EPR)纠缠概念作为量子心灵传输的机理。在 1997 和 1998 年,美国加利福尼亚理工学院、丹麦奥尔胡斯大学、英国威尔士大学的科学家做了首次量子心灵传输的演示,演示一个光子跨过一个桌面进行心灵传输。这个小组的一个成员,威尔士大学的塞缪尔·布朗斯坦(Samuel Braunstein)将纠缠的一对光子比做情人:"它们心照不宣,即使离得很远也能心有灵犀一点通。"

（量子心灵传输实验需要三个物体，叫做 A、B 和 C。令 B 和 C 为纠缠在一起的双胞胎。尽管 B 和 C 可以离得很远，它们仍然彼此纠缠。现在让 B 走过来接触 A，A 是要心灵传输的物体。B"扫描"A，即 A 中包含的信息传给 B。这个信息然后自动传给了双胞胎 C。这样，C 成了 A 的精确的复制品。）

量子心灵传输的进展十分迅速。2003 年，瑞士日内瓦大学的科学家做到了通过光纤电缆使光子心灵传输的距离达到 1.2 英里（1.93 千米）。在一个实验室中波长为 1.3 毫米的光的光子与通过长光缆连接的另一个实验室中不同波长（波长 1.55 毫米）的光的光子进行心灵传输。这个项目的一位物理学家尼古拉斯·吉辛（Nicolas Gisin）说："也许在我有生之年能够看到像分子这样的较大物体能够进行心灵传输，但是真正大的物体不能用可预测的技术进行心灵传输。"

另一个巨大的突破是在 2004 年完成的，那时美国国家标准和技术研究所（NIST）的科学家不只是心灵传输一个光量子，而是传输整个原子。他们成功地纠缠了三个铍原子，并能够将一个原子的特性传输给另一个原子，这是一个重大的成就。

量子心灵传输的潜在实际应用是巨大的。然而，应该指出的是量子心灵传输还存在几个问题。首先，在心灵传输过程中原来的物体被破坏了，因此你不能做被传输物体的复制品。只有一个复制是可能的。第二，物体传输的速度不可能比光速还快。即便是心灵传输，相对论仍然成立。（物体 A 到物体 C 的心灵传输需要通过中间物体 B 连接两者，结果传输比光速慢。）第三，大概量子心灵传输最重要的限制与量子计算面临的问题相同：涉及的物体必须是相干的。环境的轻微干扰将破坏量子心灵传输。但是可以相信在 21 世纪内有可能开始传输第一个病毒。

人类的心灵传输可能引起其他问题。布朗斯坦（Braunstein）评论说："现在关键的问题是涉及的信息量太大。即便是我们目前能够想象的最好的通讯渠道，要传输所有的信息需要宇宙年龄那么长的时间。"

宇宙的波函数

当我们不只是将量子力学用于单个光子，也用于整个宇宙时，也许量子理论的最终实现将会到来。斯蒂芬·霍金（Stephen Hawking）被薛定谔的猫问题困扰了很久，他说："每当我一听到猫，就想伸手掏枪。"他提出了他自己对这个问题的解决方案,找到一个整个宇宙的波函数。如果整个宇宙是波函数的一部分,那么就没有必要一定要有一个观察者(他必须存在于宇宙之外)。

在量子理论中,每个粒子都与一个波相连。这个波又反过来告诉我们在任何一点找到粒子的概率。然而,宇宙在它很年轻的时候比一个亚原子的粒子还小。因此,也许宇宙本身有一个波函数。因为电子可以同时处于很多状态,又因为宇宙曾经比一个电子还小,所以也许宇宙也同时存在很多由超级波函数描述的状态。

这是多世界理论的一个变种。它不需要调用能够一瞬间观察整个宇宙的观察者。但是霍金的波函数与薛定谔的波函数完全不同。在薛定谔的波函数中,空间-时间中的每一点都有一个波函数。在霍金的波函数中,每一个宇宙有一个波。薛定谔的波函数(Ψ 函数)描述电子的所有可能的状态,霍金引进的波函数(Ψ 函数)代表宇宙的所有可能的状态。在普通的量子力学中,电子存在于普通的空间中。然而,在宇宙的波函数中,波函数存在于"超空间"中,即存在于惠勒引进的所有可能的宇宙空间中。

这个主要的波函数(所有波函数之母)不服从薛定谔方程(它只对单个电子成立),而是服从惠勒-德威特方程(它对所有可能的宇宙成立)。在 20 世纪 90 年代早期,霍金写道:他能够部分解他的宇宙波函数,并指出最可能存在的宇宙是宇宙常数为零的宇宙。这篇文章引起相当多的争论,因为它依赖于所有可能宇宙的总和。霍金计算所有宇宙的总和时包括了连接我们的宇宙和所有可能的宇宙的虫洞。(想象漂浮在空气中的无限大的肥皂泡海洋,这些肥皂泡全都用细丝或虫洞连接,然后将所有的肥皂泡加在一起。)

最后,人们对霍金的雄心勃勃的方法产生了怀疑。有人指出,将所有可能的宇宙求和,在数学上是不可靠的,至少在得出指导我们的"万物理论"之前是这样。批评家争论说:在万物理论产生之前,人们不能真正相信有关时间机器、虫洞、瞬间大爆炸和宇宙波函数的任何计算。

然而,今天有很多物理学家相信:我们已经最终发现了万物理论,尽管还不是最终的形式。这个万物理论就是弦理论或 M 理论。这个理论能让我们像爱因斯坦相信的那样"解读上帝的心思"吗?

第7章　M理论:所有弦理论之母

在一个能以统一观点把握宇宙的人看来,整个的造物过程就是一个具有唯一真理和必然发生的过程。

——J. 达朗贝尔(J. D'Alembert)

我觉得我们已经那么接近弦理论,以至于,在我最乐观的时候,我不由得会幻想随便哪一天,这个理论的最终形式都会从天上掉下来,落在某个人的膝盖上。但是以更现实的态度来看,我觉得,我们现在正处于建立一种理论的过程之中,它比我们以前所做过的任何探索都要深刻得多,而且进入21世纪以后很久,在我老得没法对这个课题做任何有用的思考的时候,年轻一代的物理学家将不得不确认,我们是不是实际上已经发现了这个最终理论。

——爱德华·威滕(Edward Witten)

赫伯特·乔治·威尔斯(H. G. Wells)1897年的经典小说《隐身人》(*The Invisible Man*)以一段离奇的故事开始。在一个寒冷的冬日,外面天色昏暗,一个着装怪异的陌生人走了进来。他的脸完全遮盖着;他戴着一副深蓝色的墨镜,整个脸部都用白色的绷带绑着。

起先,村民们觉得他可怜,以为那是一次可怕的事故造成的。但是奇怪的事情在村里接二连三地发生。一天,他的房东太太走进他的空房间,看见衣服在自己走来走去,吓得大叫起来。她惊恐地向人诉说道,一顶顶帽子在房间里横飞,床单跳到空中,椅子在移动,就连"家具也发了疯"。

很快,整个村子里有关这类异常现象的流言四起。最后,一群村民聚拢来,追问这个神秘的陌生人。出乎他们的意外,这个人开始缓慢地解开他的绷带。这群人大惊失色。除去绷带之后,这个陌生人的脸完全看不见了。事实上,他是个隐身人。人们又叫又喊,乱成一团,村民们试图追打这个隐身人,但他轻而易举地就把他们打退。

犯了一系列小过失之后,隐身人认出了一位老相识,并把自己不同寻常的故事告诉了他。他的真名叫格里芬先生,来自大学学院。虽然他一开始是学医的,却偶然发现了一种革命性的方法,可以用来改变肌体的折射和反射特性。他的秘密就是那第四维度。他激动地大声告诉肯普博士:"我发现了一条通用原理……一个公式,一种涉及到四个维度的几何表现形式。"

可悲的是,他并不是想用这个伟大的发现来造福人类,而是想要抢劫和私下受益。他提出要把他这位朋友拉进来做同谋。他声称,他们两人一起可以抢遍全世界。但这位朋友被吓坏了,并把格里芬先生的形迹报告了警察。由此发生了最后那场搜捕,在此过程中隐身人受了致命伤。

像所有最好的科幻小说一样,威尔斯的许多故事中都有一定的科学根据。任何一个人,如果他能有办法进入第四个空间维度(或者人们今天所说的第五维度,因为把时间看做是第四维度),他确实就能够隐形,甚至能够具备那些通常被认为只有鬼神才具备的能力。这会儿,先让我们来想象一种能够生活在像桌面那样的两维世界中的神秘生物,就像埃德温·阿博特(Edwin Abbot)1884年所写的小说《平面国》(Flatland)中所描述的那种。他们在其中生活,不知道在他们的身边有一个完整的宇宙,也就是有一个第三维度。

但是,如果一位"平面国"的科学家进行了一项试验,使得自己离开桌面哪怕几英寸,他就变成隐形的了,因为光线会从他的下面经过,就好像他不存在一样。稍稍浮起在"平面国"之上,他就能够看到事物在桌面上展开。悬浮在超空间,毫无疑问有其优越性,因为任何人,只要能够从超空间俯视下来,就能够具备神仙的能力。

不仅仅是光线可以从他的下面穿过,使他隐形,他还可以从其他物体上面穿过。换句话说,他可以随意消失,并且穿墙过壁。只需跳入第三维度,他就从"平面国"的宇宙中消失了。而如果他跳回桌面上,他立刻就能无中生有地再次显形。这样,他就可以从任何监狱中逃脱。在"平面国"中的监狱会是在囚犯四周画的一个圆圈,所以,只需简单地跳进第三维度就跳到监狱外面来了。

对于超空间的生灵而言,没有秘密可守。深锁在金库中的金子,从第三维度的有利视点可以一目了然,因为那个金库只不过是一个敞开的四方形。探进这个四方形中把金子提走而丝毫不打破金库就会容易得如同儿戏。做外科手术的时候,也不必割开皮肤。

同理,H. G. 威尔斯所要传达的想法是,对于一个四维世界来说,我们就像"平面国"中的人一样,根本不知道更高层面上的生灵说不定就悬浮在我们的头顶。我们以为,我们所在的世界就是由一切我们看到的东西构成的,殊不知,就在我们的鼻子尖之上,可能存在着多少个完整的宇宙体系。虽然另一个宇宙可能就悬浮在我们头顶,近在咫尺,悬浮在第四维度中,但却是我们看不到的。

因为超空间的生灵会拥有超出人类之上,通常被说成是鬼神才具备的能力。在另一篇科幻小说中,H. G. 威尔斯思索的一个问题,就是超自然的生灵是不是可能生活在更高的维度上。他所提出的一个关键性的问题,如今已成为人们大量研究和探索的课题:在这些高维度上,会不会有新的物理法则呢? 在他 1895 年写的一部叫做《奇异的访问》(*The Wonderful Visit*)的小说中,一位牧师的枪走了火,偶然击中了一位碰巧路过我们这一维度的天使。由于宇宙中的某个原因,我们的维度临时性地与一个平行宇宙相遇,使这位天使掉进了我们这个世界。在这个故事中,威尔斯写道:"说不定有不计其数的三维宇宙一个挨一个地挤在一起。"牧师向受伤的天使提问题。当他发现,我们的自然法则在那位天使的世界里不再适用时,他大为震惊。比如,在这位天使的宇宙中,没有平面,而是柱体,所以空间本身是卷曲的。(早在爱因斯坦的广义相对论之前整整 20 年,威尔斯就已经有了认为宇宙存在于弯曲面上的想法了。)正像那位牧师所说的那样:"他们的几何学与我们的不同,因为他们的空间是弯曲的,所以在他们那里所有的平面都是柱体;而且他们的引力定律不遵循平方反比定律(law of inverse squares),他们不是只有三原色,而是有二十四原色。"威尔斯写下他的故事以后,在一个世纪之后的今天,物理学家们意识到,新的物理法则可能真的存在于平行宇宙中,它们的亚原子粒子、原子以及化学相互作用都另有一套。(在第 9 章中我们将看到,现在正在进行若干项试验,探寻可能近在咫尺地悬浮在我们头顶的平行宇宙。)

超空间的概念激起了艺术家、音乐家、神秘主义者、神学家以及哲学家的好奇心,尤其是在接近 20 世纪开始的时候。根据艺术史家琳达·达尔林普尔·亨德森(Linda Dalrymple Henderson)的说法,巴勃罗·毕加索(Pablo Picasso)创造立体派是受到他对四维空间的兴趣的影响。(与此相似,俯视着我们的超空间的生灵也会看到我们的全貌:也就是说,可以同时看到我们的前后左右。)在萨尔瓦多·达利(Salvador Dali)的名画《基督的超立方体》(*Christus Hypercubus*)中,他把耶稣基督画成钉在一个解析开的四维立方体上,或称为"四维意义上的立方体"(tesseract)。在达利的油画《记忆的永恒》(*The Persistence of Memory*)中,他通过熔化的钟表,试图传达把时间视做第四维度的想法。在马塞尔·杜尚(Marcel Duchamp)的油画《下楼梯的裸体,作品2》(*Nade Descending a Staircase* [NO.2])中,画的是一个裸体走下楼梯的延时过程,这是一种想要在二维画布上捕捉时间这一第四维度的又一次尝试。

平行宇宙 M 理论

今天,围绕着"第四维度"的神秘思想和传说重被提起,但却是由于一个截然不同的原因,即弦理论的发展,以及它的最新版本:M 理论。在历史上,物理学家一直不屈不挠地抵制超空间的概念;他们嘲讽那些关于更高维度的想法,认为那是属于神秘主义者和骗子手的领域。认真提出可能存在不可见世界的科学家一直被人嘲弄。

由于 M 理论的出现,这一切都改变了。高维度问题现在处于物理学领域深刻革命的中心,这是因为物理学家不得不直面物理学今天所面临的最大问题:这就是广义相对论和量子理论之间的鸿沟。格外引人注目的是,这两个理论在最根本的层面上构成了我们对宇宙的所有物理学知识的总和。目前,只有 M 理论有能力把这两个伟大的、貌似矛盾的宇宙论统一为一个连贯的整体,用以创立一个"万有理论"。在 20 世纪提出的所有理论中,唯一有可能像爱因斯坦所说的那样"解读上帝的心思"的理论,就是 M 理论。

只有在有 10 个或 11 个维度的超空间中,我们才能具备"足够的容积",把所有的自然力统一到单独一个精巧的理论中。这样一个神奇的理论将能够回答这样一些永恒的问题:在时间开始之前发生了什么? 时间可以逆转吗? 维度通道能够带我们穿越宇宙吗?(虽然持批评态度的人说得不错,要对这个理论进行测试,超出了我们目前的试验能力,但现在正计划进行几个试验,如果成功,可能会改变这个局面。我们将在第 9 章谈这个问题。)

过去 50 年中,为创立一个真正统一的理论来描述宇宙,所做的一切尝试最终都很不体面地失败了。从概念上来讲,这很容易理解。广义相对论与量子理论在几乎所有方面都恰恰相反。广义相对论是最宏观事物的理论:如黑洞、大爆炸、类星体,以及正在膨胀的宇宙。它的基础是平滑表面的数学,就像床单和网状蹦床那样。量子理论正相反:它描述的是最微观的世界,如原子、质子和中子,以及夸克。它是基础,是一种称做量子的离散包理论。与相对论不同,量子理论声称，我们所能计算的，只有事件的概率，因此我们永远不可能确切地知道一个电子究竟在什么位置上。这两个理论的基础，在数学、假说、物理学原理和涉及的领域方面都不一样。难怪所有想把它们统一起来的尝试都举步维艰。

物理学巨匠，例如追随过爱因斯坦的埃尔温·薛定谔、沃纳·海森堡、沃尔夫冈·泡利及亚瑟·爱丁顿，都曾在统一场理论方面一试身手，但到头来都失败得很惨。1928 年，爱因斯坦以他早期版本的统一场理论，偶然引发了一场媒体炒作。《纽约时报》甚至发表了这篇论文的一些章节，包括他所列的一些方程式。一百多名记者蜂拥挤在他家门外。远在英格兰的爱丁顿写信给爱因斯坦，评论说："在伦敦我们一家最大的百货商场（塞尔福里奇百货〔Selfridges〕），你的论文被贴在橱窗中（6 页紧挨着粘贴），好让过路行人从头到尾读上一遍，我想你听了一定会发笑。大批的人群聚在一起读这篇论文。"

1946 年，埃尔温·薛定谔也犯了个错，以为他发现了传说中的统一场理论。仓促之间，他办了一件在他那个时代不大寻常的事（但如今却也算不上不寻常了）：他召开了一次记者招待会。连爱尔兰首相埃蒙·德·瓦莱拉都到场听薛定谔演讲。当有人问道，你怎么能确定你已经最终捕捉到了统一场理论时，他回答说："我相信我是对的。假如我错了的话，我岂不成了个十足的傻瓜。"（《纽约时报》最终发表了有关这次记者招待会的报道，并把手稿邮寄给爱因斯坦和其他人，请他们评论。爱因斯坦遗憾地发现，薛定谔只是再发现了他几年前提出的、后来又抛弃掉的旧理论。爱因斯坦很委婉地作了答复，但薛定谔还是丢了面子。）

1958 年，物理学家杰里米·伯恩斯坦（Jeremy Bernstein）在哥伦比亚大学听了一个演讲，由沃尔夫冈·泡利讲解他那一个版本的统一场理论，这是他与沃纳·海森堡一起发展起来的。尼尔斯·玻尔当时在听众席中，对这个报告不以为然。最后，玻尔站起来说："我们在后排的人一致确认，你的理论是个疯狂的理论。但对于你的理论是否够得上足够疯狂，我们之间还有分歧。"

泡利立刻就明白了玻尔的意思：海森堡-泡利理论太一般了，太普通了，不可能成为统一场理论。要"解读上帝的心思"意味着要引进从根本上不同的数学方法和思想。

许多物理学家都确信，在世间万物背后存在着一种简单精巧而无法否认的理论，但它同时又是"疯狂"且"荒谬"至极，而且正因为如此才是真真确确的。普林斯顿大学的约翰·惠勒（John Wheeler）指出，在 19 世纪，要想对地球上发现的多种多样的生命形式做出解释似乎是没有希望的。但后来查尔斯·达尔文提出了自然选择学说,就是这样一个单一的理论,提供了用以解释地球上一切生命的起源及多样化原理的构架。

诺贝尔奖获得者史蒂文·温伯格(Steven Weinberg)采用了另一种推理方法。在哥伦布之后,在详细记载了早期欧洲探险者勇敢足迹的地图上,强烈地显示了一定存在一个"北极",但就是没有直接证据证明它的存在。因为描绘地球的每一张地图都显示出了一个巨大的空当,北极应该就位于那块地方。早期探险家们以此断定应该存在一个北极,尽管他们之中谁也没有到访过那里。与此相像的是,今天的物理学家像早期的探险家一样,发现了大量的间接证据,指向存在着一个万有理论,尽管目前对于这个理论究竟是个什么样,还没有一个普遍一致的共识。

宇宙平行 弦理论的历史

有一个理论显然"疯狂"到了"足以"成为统一场理论的程度,这就是弦理论,或 M 理论。在物理学的编年史中,弦理论的历史可能是最为怪诞的了。它的发现相当偶然,又被应用于不该用它解决的问题上,于是被弃置一边默默无闻。但它突然间又冒了出来,作为一种万有理论。而且到头来,由于只要对它做一些微小的调整就会破坏这个理论,所以它不是成为一个"万有理论",就是成为一个"万无理论"。

它之所以有这样一段奇怪的历史,是因为弦理论是倒着演进的。正常情况下,在像相对论那样的理论中,人们首先从基本的物理原则着手,然后再把这些原则打磨成一套基本的经典方程式,最后,人们计算对应于这些方程式的量子涨落。弦理论是倒着展开的,是从它的量子理论被偶然发现开始的;对于什么样的物理原理才能指导这个理论,物理学家们至今迷惑不解。

弦理论的起源要追溯到 1968 年,当时在日内瓦的欧洲原子核研究委员会(CERN)原子核实验室的两名青年物理学家,加布里埃莱·韦内齐亚诺(Gabriele Veneziano)和铃木真彦(Mahiko Suzuki)正自己翻阅一本数学书,偶然发现了欧拉的贝塔函数。这是由莱昂哈德·欧拉(Leonhard Euler)在 18 世纪发现的一个晦涩的数学表达式,它给人一种奇怪的感觉,似乎在描述亚原子世界。他俩惊讶地发现,这个抽象的数学公式似乎是在描述两个 π 介子在巨大的能量下碰撞的情形。这个"韦内齐亚诺模型"很快在物理学界引起了不小的轰动,足足出现了几百篇论文试图对它进行归纳概括,用以描述各种核作用力。

换句话说,这个理论纯粹是偶然发现的。普林斯顿大学高等学术研究所的爱德华·威滕(Edward Witten)(许多人都相信,是他创造性地推进了这个理论所取得的许多令人惊叹的突破)说过:"照理说,20世纪的物理学家本不应有研究这一理论的殊荣。照理说,弦理论现在还不能够被发明出来……"

弦理论所造成的轰动我至今还历历在目。当时,我还是加利福尼亚大学伯克利分校的一个物理学研究生。我记得看见物理学家们连连摇头,声称物理学本不应是这个样子。过去,物理学的基础通常是要对自然现象进行极为烦琐细致的观察,形成一些局部性的假说,比照着数据小心翼翼对所得出的想法进行测试,然后不厌其烦地、一遍又一遍地重复这个过程。而弦理论则是个"灵机一动"的方法,靠的仅仅是对答案进行猜测。如此简便快捷,到了令人心惊肉跳的地步,怎么可能会是这样呢?!

由于即使动用我们最强大的仪器也看不见亚原子粒子,物理学家们就采用了一种虽然粗暴却很有效的方法来对它们进行分析,用巨大的能量来把它们打碎。耗费了几十亿美元来建立巨大的"原子击破器"或称粒子加速器,个个都有好几英里长,能够产生互相迎头撞击的亚原子粒子束。然后物理学家对碰撞后的碎块进行周详的分析。这个不胜其烦的痛苦过程的目的,是要建立一系列的数据,称为"散射矩阵",或"S矩阵"。这个数据采集过程有关键作用,因为它可以把所有的亚原子物理信息编集起来,也就是说,一旦了解了S矩阵,就可以推论出基本粒子的所有特性。

基本粒子物理学的目标之一,就是要为强相互作用预测出S矩阵的数学结构。这个目标极其艰巨,一些物理学家甚至认为它已超出了任何已知的物理学范围。而韦内齐亚诺和铃木真彦只是翻看了一本数学书就猜到了S矩阵,由此造成的轰动可想而知。

这个模型与我们迄今为止所见到过的任何东西都完全不同。一般情况下,当有人提出一个新理论的时候(例如夸克),物理学家就试图对这个理论进行一些修修补补,改变一些简单的参数(例如粒子的质量或耦合强度)。但是韦内齐亚诺模型编制得如此精致,哪怕稍稍改动一下它的基本对称关系,就会使整个公式作废。就像一件制作精美的水晶工艺品,任何改变它的形状的努力都会使它破碎。

那数百篇论文虽然都只是对它的参数做了一些微不足道的修改,却已经摧毁了它本来的美,而且至今一个也没能经受住考验。为数不多的几篇现在还能让人想得起来的论文,都是那些想要理解这个理论为什么居然有效的,也就是那些试图揭示其对称性关系的论文。物理学家们最终认识到,原来这个理论根本没有任何可调整的参数。

虽然韦内齐亚诺模型是个非凡卓越的模型,但它也还有若干问题。首先,物理学家们发现,它只不过是最终的 S 矩阵的一个初步近似模型,而非全貌。当时在威斯康星大学的崎田文二(Bunji Sakita)、米格尔·维拉索罗(Miguel Virasoro)和吉川圭二(Keiji Kikkawa)意识到,S 矩阵可以被看做是一个无穷项级数(infinite series of terms),而韦内齐亚诺模型只是这个级数中第一个也是最重要的一个项。(粗略而言,这个级数中的每个项所代表的是粒子可以有多少种彼此碰撞的方式。他们设定了一些规则,用它们可以近似地建立起更高的项。我在写自己的博士论文时,决心把这个项目严谨地完成,对韦内齐亚诺模型做一切可能的修正。我和我的同事 L. P. 于〔L. P. Yu〕一起,对该模型修正项的无穷集进行了计算。)

最后,芝加哥大学的南部阳一郎(Yoichiro Nambu)和日本大学的后藤哲夫(Tetsuo Goto)发现了这个模型得以成立的一个关键特性,它的振动着的弦(vibrating string)。(莱昂纳德·萨斯坎德〔Leonard Susskind〕和霍尔格·尼尔森〔Holger Nielsen〕也沿着这些线索进行了研究。)当一根弦与另一根弦发生碰撞时,它就会产生出一个韦内齐亚诺模型所描述的 S 矩阵。在这个场景中,每个粒子都只是一个振动,或是弦上的一个音符,别的什么都不是。(后面我会详细阐述这个概念。)

进展非常快。1971 年约翰·施瓦茨(John Schwarz)、安德烈·内沃(Andre Neveu)和皮埃尔·雷蒙德(Pierre Ramond)对弦模型进行了归纳整理,使它有了一个新的叫做"自旋"的量值,这样它就成为粒子相互作用的实实在在的候选方案了。(就像我们将要看到的那样,所有亚原子粒子看起来都像微型陀螺一样地自旋着。每个亚原子粒子的自旋量,以量子单位来计算的话,如果不是像 0,1,2 那样的整数的话,就是像 1/2,3/2 那样的半整数。令人叫绝的是,内沃-施瓦茨-雷蒙德〔Neveu-Schwarz-Ramond〕弦给出的正是这种自旋模式。)

不过我对此仍然不满足。这个"双共振模型",这是那时人们称呼它的名字,是一些零散的公式和一般经验规则的松散集合。在那之前的 150 年间,全部物理学都是以各种"场"为基础的,这个概念最初是由英国物理学家迈克尔·法拉第(Michael Faraday)提出的。试想由条形磁铁造成的磁场线。力作用线就像蜘蛛网一样遍布全部空间。在空间中的每一个点上,你都可以对磁力线的强度和方向进行测量。与此类似,"场"是一个数学客体,在空间中的每一个点上都有不同的值。如此,场的概念是用来测量宇宙中任何一个点上的磁力、电力或核作用力的强度的。由于这个原因,对电力、磁力、核作用□□□□□本描述都是建立在场的概念上的。对于弦来说,有什么理由不□□□□□的是一种"弦的场论",有了它,就可以把这个理论的全部内容□□□□等式中去了。

1974年,我决定解决这个问题。我和我的同事,大□□□□□□二一起成功地演绎出了弦的场论。我们用一个不到一英寸□□□□□□的方程式[10],就可以把弦理论中包含的所有信息都归纳进去。弦的场论用公式表达出来之后,我必须使物理学界的大部分人信服它的力量和美感。那年夏天,我在科罗拉多州的阿斯彭(Aspen)中心参加了一个理论物理学会议,并给一小群经过挑选的物理学家作了一次讲座。我当时相当紧张:在场的有两位诺贝尔奖获得者,他们是默里·盖尔曼和理查德·费曼,他们擅长提出尖刻的问题,在这方面是出了名的,经常弄得讲演者下不来台。(有一次,史蒂文·温伯格在作一个讲演,他在黑板上画了一个角,标上字母 W ,这叫温伯格角,是以他的名字命名的。费曼这时就问,黑板上的这个" W "代表的是什么。温伯格刚要回答,费曼就大声喊道:"错!"〔英文中"错"的第一个字母就是"W"。——译者注〕会场上一片笑声。费曼也可能博得了听众一笑,但笑到最后的还是温伯格。这个角代表的是温伯格理论中的一个关键部分,这个理论把电磁相互作用和弱相互作用统一了起来,就是因为这个理论,后来使温伯格赢得了诺贝尔奖。)

我在演讲中强调,弦的场论可以为弦理论提供最简单、最有综合性的途径,在这之前,弦理论基本上是五花八门的一堆互相脱节的公式。有了弦的场论,整套理论就可以归纳进单独一个大约一英寸半(3.8厘米)长的等式中去,也就是说,韦内齐亚诺模型的所有特性、无穷扰动近似(infinite perturbation approximation)中所有的项,以及自旋弦的一切特性,都可以从一个简短得可以装到一块饼干里去的等式中推导出来。我强调了弦理论的对称之美,是这种对称之美赋予了它美感和力量。当弦在时空中移动的时候,它们会拖出一条条像带子一样的二维表面。不论我们用什么样的坐标系来描绘这种二维表面,这个理论都保持不变。我永远也忘不了,当时我讲完以后,费曼走到我面前说:"我也许不能完全同意弦理论,但你所作的演讲是我所听过的讲演中最美的之一。"

宇宙平行 10 个维度

　　但是弦理论刚刚起步不久,就很快地解体了。罗格斯大学的克劳德·洛夫莱斯(Claude Lovelace)发现,原有的韦内齐亚诺模型中有一个细微的数学瑕疵,除非空间-时间有 26 个维度,否则无法消除。与此相似,内沃、施瓦茨和雷蒙德的超弦模型也只有在具备了 10 个维度的情况下才可能存在[11]。这一发现使物理学家们震惊。在整个的科学史中,以前从没听说过有这样的事。在其他任何领域里,我们都不会发现有哪个理论需要挑选适合于它自己的维度。例如,牛顿和爱因斯坦的理论在任何维度中都可以成立。例如,著名的引力平方反比定律在四维空间中可以归纳为一个立方反比定律(inverse-cube law)。然而弦理论却只能存在于特定的维度中。

　　从实际应用的角度来看,这是个灾难性的打击。所有人都相信,我们这个世界存在于三个空间维度(长、宽、高)和一个时间维度中。如果接受一个有 10 个维度的宇宙的话,那就意味着这个理论简直是科幻小说了。弦理论家们由此成了人们的笑柄。(约翰·施瓦茨记得一次理查德·费曼在电梯里开玩笑地对他说:"对了,约翰,今天你在多少个维度中生活?")但是,无论弦物理学家们如何努力去拯救这个模型,它还是很快地消亡了。只有一些死硬派还在继续研究这个理论。那是一段孤军奋战的时期。

　　在那些个惨淡年月中,有两个坚持研究这项理论的死硬派,一个是加利福尼亚理工学院的约翰·施瓦茨(John Schwarz),还有一个是巴黎高等师范学校的若埃尔·舍尔克(Joël Scherk)。到那时为止,人们认为弦模型只是用来描述强核相互作用的。但这里面有个问题:该模型预言了一种粒子,而它在强相互作用中没有出现,这是个古怪的粒子,它的质量是零,却拥有两个量子单位的自旋。所有试图摆脱这个恼人粒子的努力都归于失败。每次要想消除这个自旋为 2 粒子的时候,模型就坍塌了,失去了它的神奇特性。不知怎的,这个不招人待见的自旋为 2 粒子好像藏着整个模型的秘密。

　　于是舍尔克(Scherk)和施瓦茨(Schwarz)大胆地猜测,这个瑕疵也许实际上能带来好运。如果他们把这个纠缠不清的自旋为 2 粒子解释为引力子(从爱因斯坦理论中产生出来的引力粒子),那么这个理论实际上就纳入到爱因斯坦的引力理论中去了!(换句话说,爱因斯坦的广义相对理论只是作为超弦的最低层振动或音符而出现的。)具有讽刺意味的是,在其他量子理论中,物理学家们都极力避而不谈引力,而弦理论却恰恰要用到引力。(实际上,这正是弦理论吸引人的特性之一,即它必须包含引力,否则这个理论就讲不通。)由于有了这样大胆的一跃,科学家们意识到,原来弦模型是被错误地用错了地方。它本来就不仅仅是个强核相互作用的理论,相反,它是一个万有理论。正如威滕(Witten)强调过的那样:"弦理论极其吸引人,因为它把引力硬塞给了我们。所有已知的能够说得通的弦理论中都包含引力。当我们所知道的量子场理论根本容不下引力的时候,在弦理论中它却是不可或缺的。"

然而,舍尔克(Scherk)和施瓦茨(Schwarz)最有影响的想法却被所有人都忽视了。如果要用弦理论来既描述引力又描述亚原子世界的话,那就意味着那些弦只能有 10^{-33} 厘米长(即普朗克长度);换句话说,它们比质子还要小许多,只有质子的十亿倍的十亿分之一。对于大多数物理学家来说,这是难以接受的。

但是在 20 世纪 80 年代中期之前,其他尝试建立统一场理论的努力都已乱了阵脚。那些天真地想要把引力添加到标准模型上的理论都陷入了超位数的泥潭(我很快就会讲到)。每次只要有人想人为地把引力与其他量子力结合起来的时候,就会出现数学矛盾,把这个理论枪毙掉。(爱因斯坦相信,也许上帝在创造这个宇宙的时候没有其他选择。之所以会这样,可能是因为只有一个理论能够避免所有这些数学矛盾。)

这类数学矛盾有两种。第一种是超位数问题(problem of infinities。或无穷大问题。——编者注)。通常情况下,量子涨落是非常微弱的。量子效应只是对牛顿的运动定律有一点小修正。这就是为什么在多数情况下,我们可以在宏观世界中忽略它们,因为它们太微弱了,觉察不到。但是,当把引力转换成量子理论以后,这些量子涨落居然变为无穷大,这是毫无道理的。第二个数学矛盾与"异常条件"(anomalies)有关,这是说,当我们把量子涨落加进一个理论中去的时候,这个理论就会发生一些小的失常现象。这些异常条件破坏了理论原来的对称性,从而使它失去其原有的力。

例如,我们可以想象一位火箭设计师,他必须要设计一艘光滑的流线型的飞船,用以穿过大气层。火箭必须非常对称,这样才能减少空气摩擦和阻力(这里指的是圆柱对称性,也就是,当我们在它的轴线上转动火箭时,它始终都是同一个形状;这种对称性被称为 O(2))。但是有两个潜在的问题。首先,由于火箭的速度非常高,机翼中会发生振动。对于亚音速飞机来说,这种振动相当小。然而以远远超过音速的速度飞行时,这种波动会越来越强,最终把机翼撕扯掉。类似的发散现象(divergences)不断困扰着任何一种量子引力理论[12]。一般情况下,它们小到可以被忽略不计,但在量子引力理论中它们就当场发作。

飞船的第二个问题是,船体上可能会出现微小的裂纹。这些瑕疵都使飞船失去其原有的O(2)对称性。尽管这些瑕疵非常微小,但它们会漫延到最终使飞船解体。同样的道理,这类"裂纹"也能破坏引力理论的对称性。

有两种方法可以解决这些问题。第一种方法是找到一些头痛医头、脚痛医脚式的解决方案,例如用胶把裂纹补一补,用棍子支撑着把机翼加固,希望火箭不要在大气层中爆炸。历史上,大多数试图把量子理论与引力结合起来的物理学家采用的都是这种方法。他们想把这两个问题糊弄过去。第二种方法是推倒重来,采用新的外形,以及能经受住宇宙航行中巨大压力的新颖材料。

物理学家们耗费了几十年的时间,试图拼凑起一个量子引力理论,到头来只是发现它千疮百孔,充满了数不清的发散现象和异常条件。慢慢地,他们意识到,解决的办法可能应该是放弃这种头痛医头、脚痛医脚的方式,而采用一种全新的理论。[13]

宇宙平行 弦之浪潮

1984 年,反对弦理论的态势突然掉转了方向。加利福尼亚理工学院的约翰·施瓦茨和伦敦女王学院的迈克·格林(Mike Green)证明,以往曾置那么多理论于死地的所有那些数学矛盾,在弦理论中全都不存在。那时,物理学家们已经知道,弦理论中不存在数学发散。但是施瓦茨和格林证明,弦理论中也没有异常之处(anomalies)。于是,弦理论成了万有理论的首要候选理论(到了今天,它已成了唯一的候选理论)。

刹那间,一项以往被认为基本没有生命力的理论又死而复生了。弦理论一下子从一个什么都不是的理论,变成了一个可以包罗万象的理论。许多物理学家奋力阅读起弦理论方面的论文。研究论文像雪片一样地从世界各地的研究实验室飞出来。图书馆里尘封已久的过去的论文一下子成了物理学中最热门的话题。平行宇宙的想法过去被认为过于离谱,现在则站到了物理学界的中心讲坛上,召开了几百次会议,就这个题目所写的论文毫不夸张地说有几万份。

(有几次,由于一些物理学家得了"诺贝尔热病",事情发展得出了格。1991年 8 月,《发现》杂志甚至在其封面上爆出这种耸人听闻的标题——"新发现的万有理论:一名物理学家解决了宇宙的终极之谜。"该篇文章援引一位热衷于沽名钓誉的物理学家之说,"我不是那种讲究谦虚的人。如果这次成功的话,可以够得上诺贝尔奖了。"他夸口道。当有人批评说,弦理论还只是处于襁褓期,他反唇相讥道:"弦理论中那些最权威的人士说,还需要 400 年才能证实弦理论,但我要说,他们应该闭嘴。")

一轮淘金热上演了。

结果,引来了对"超弦浪潮"的反弹。正如一位哈佛大学的物理学家所讥讽的那样:"对弦理论的探索,如果不在哲学系甚至宗教系进行的话,至少应该限于数学系。"哈佛大学的诺贝尔奖获得者谢尔登·格拉肖(Sheldon Glashow)打头阵,他把超弦浪潮与星球大战计划相提并论(这项计划耗费了大量的资源,却从来没有测试过)。"我非常高兴,我有这么多的年轻同事都在研究弦理论。"他说,"因为这是一个真正有效的办法,让我眼不见心不烦。"当有人问他,对威滕所说的,弦理论有可能在今后 50 年中主导物理学,就像量子力学在过去 50 年所占的主导地位一样,他有什么看法时,他说:"弦理论主导物理学的方式会像卡鲁扎-克莱恩(Kaluza-Klein)理论(他认为这个理论是乖谬的)在过去 50 年中主宰物理学的情况一样。这也就是说,丝毫主宰不了。"他是想把弦理论挡在哈佛大学门外。但是,随着新一代物理学家转而研究弦理论,即使这孤独的声音出自一位诺贝尔奖获得者,也很快被淹没了。(哈佛大学从那以后聘用了若干位年轻的弦理论学者)。

宇宙的音乐

爱因斯坦有一次说,一项理论所做的物理学描述如果不能做到连小孩子都能懂,那它可能就是个没用的理论。侥幸的是,弦理论背后就是个简单的物理学描述,它的基础是音乐。

根据弦理论,如果你有一架超级显微镜,可以用来窥探到电子的中心去,那你所看到的不会是一个点状的粒子,而是一根振动着的弦。(这根弦非常之微小,只有 10^{-33} 厘米这样一个普朗克长度,只有质子的十亿个十亿分之一,由于这样小,所以所有的亚原子粒子看起来都像个点。)如果我们弹拨这根弦,它的振动就会发生变化;这个电子说不定会变成一个中微子。再弹拨一下,它说不定会变成一个夸克。事实上,如果你用合适的力度来弹拨它,它会变成任何一种已知的亚原子粒子。就是以这种方式,弦理论可以毫不费力地解释为什么有如此多的亚原子粒子。在超弦上没有别的,只有可以弹拨出来的各种不同的"音符"。做一个类比来说,在小提琴上,A调、B调或升C调都不是本质所在。只要简单地用不同的方式弹拨这根弦,就可以发出音阶中所有的音。比如,降B调并不比G调更具什么本质性。它们都只不过是小提琴弦发出的音符而已,别的什么都不是。同样,电子和夸克都不是具有本质性的东西,弦才是本质性的东西。事实上,宇宙中所有的亚粒子都可以被视为弦的各种不同振动,别的什么都不是。弦上所发出的各种"和弦"就构成各种物理学定律。

弦可以通过拆分和再对接的方式进行相互作用,由此产生我们在原子中所看到的电子和质子之间的相互作用。就这样,通过弦理论,我们可以再现所有的原子和核物理定律。可以写在弦上的"旋律"相当于化学定律。现在,我们就可以把整个宇宙看成一首气势恢弘的弦乐交响曲了。

弦理论不仅可以把量子理论中的粒子解释为宇宙的音符,它也同样可以解释爱因斯坦的相对论——它是弦的最低振动,零质量的自旋为2粒子可以被解释为引力子(graviton),也就是引力的粒子或量子。如果我们计算一下这些引力子的相互作用,我们发现它正是以量子形式表达的爱因斯坦的旧的引力论。随着弦的移动、拆解和重组,它会对空间-时间造成巨大的约束力。当我们对这些约束因素进行分析时,我们又一次发现了爱因斯坦原来的广义相对论。这样,弦理论可以严丝合缝地解释爱因斯坦的理论,没有额外的工作要做。爱德华·威滕(Edward Witten)说过,即使爱因斯坦没有发现相对论,他的这个理论也还是有可能被作为弦理论的一个副产品而被发现出来。广义相对论从某种意义上来说可以随手捡来。

弦理论的美,在于它可以比喻成音乐。音乐提供了一种比喻,我们既可以从亚原子层面上,也可以从宏观宇宙层面上用它来理解宇宙的性质。正如著名小提琴家耶胡迪·梅纽因(Yehudi Menuhin)一次写道的那样:"音乐是乱中求序的,因为节奏在各行其是中加进了步调一致;旋律使相互脱节的东西前后贯穿;而和弦则从本不相同的东西中找出匹配。"

爱因斯坦也许会写道,他对统一场论的探索最终会使他得以"解读上帝的心思"。如果弦理论是正确的,那么我们现在已经看到,上帝的心思就是在10个维度的超空间里回荡着的宇宙音乐。正如戈特弗里德·莱布尼茨(Gottfried Leibniz)一次说的:"音乐是灵魂所做的变相的数学练习,连它自己都不知道正在进行演算。"

历史上,音乐与科学之间的联系早在公元前 5 世纪就已经铸就了,当时希腊的毕达哥拉斯派(Pythagoreans)发现了和声定律,并把这些定律简化为数学。他们发现,拨动七弦琴的琴弦所发出的音调与其长度相对应。如果把琴弦加长一倍,则音调就会降低整整一个八度。如果把琴弦缩短三分之二,则音调就会改变五度。这样,音乐与和弦的定理可以简化为精确的数字关系。难怪毕达哥拉斯派的座右铭是"万物皆是数字"。起初,他们对这项结果非常满意,以至于大胆地将这些和声定理应用到整个宇宙。但由于物质是极其复杂的,他们的这种努力失败了。然而,从某种意义上,有了弦理论以后,物理学家们就圆了毕达哥拉斯派的梦。

在对这个历史关联做评论的时候,杰米·詹姆斯(Jamie James)有一次说道:"音乐与科学曾(一度)被看成是极度密不可分的,谁要敢说它们之间有任何本质区别就会被视为无知,(但现在)如果有人想说它们之间有什么共同点的话,有些人就会说他是不懂装懂,另一些人会说他是附庸风雅,更有甚者,两拨人都会说他是蹩脚的通俗作家。"

超空间中的问题

但是如果更高维度确实在自然界中存在,而不是仅仅存在于纯数学中,那么弦理论家们就必须要面对早在 1921 年就困扰着希奥多尔·卡鲁扎(Theodr Kaluza)和菲利克斯·克莱恩(Felix Klein)的同样的一些问题,那时他们建立了世界上第一个高维度理论:这些高维度存在于什么地方?

卡鲁扎,过去是个默默无闻的数学家,给爱因斯坦写了一封信,建议用五个维度(一个时间维度和四个空间维度)来构建爱因斯坦的方程式。从数学上来讲,这不成问题,因为爱因斯坦那些等式以任何维度都可以写得面面俱到。但是那封信中包含了一项令人吃惊的发现:如果人为地把这一个五维方程式中所包含的那些四维部分分离出来,你会自然而然地发现麦克斯韦的光理论,简直像变魔术一样!换句话说,只要我们简单地加上一个第五维度,麦克斯韦的电磁力理论就从爱因斯坦的引力方程中脱颖而出了。虽然我们看不见第五维度,但第五维度可以形成波纹,而它们是与光波对应的!这是个皆大欢喜的结果,因为在过去的 150 年中,一代又一代的物理学家和工程师都不得不死背艰涩的麦克斯韦方程式。而现在,这些复杂的方程式轻而易举地就从第五维度中我们可以找到的最简单的振动中显现了。

想象一池浅水中鱼紧贴着荷叶下面游动的情景,把它们的"宇宙"想象成只有两个维度。我们的三维空间可能就超出了它们的体验。但是可以有一种方法使它们察觉到第三个维度的存在。如果下雨了,它们可以清楚地看到水波形成的影子沿着池塘的水面漫延开去。与此类似,虽然我们看不见第五维度,但第五维度中的波纹,在我们看来就是光。

(卡鲁扎的理论非常之美,而且非常深刻地揭示出对称性的力量。后来又证明,如果我们在爱因斯坦原来的理论中加进更多的维度,并使它们振动起来,那么这些高维度的振动就会再现弱核力和强核力中的 W 玻色子和 Z 玻色子,以及胶子! 如果卡鲁扎推出的体系是正确的,那么显然宇宙要比以前所想象的简单得多。只须简单地把越来越高的维度振动起来,就可以再现主宰着世界的许多种力量。)

虽然爱因斯坦对这一结果大为吃惊,但它看起来太完美了,令人难以相信是真的。随着时间的推移,陆续发现了一些问题,把卡鲁扎的想法驳得一无是处。首先,这个理论充斥着发散现象与异常条件,这是量子引力理论的通病。第二,它还有一个更加令人不安的问题:为什么我们找不到第五个维度? 当我们向空中射箭的时候,我们没看到它们消失在另一个维度中。想象一下烟的样子,它可以慢慢地弥漫到空间每个地方。由于从来没有人观察到烟消失在一个更高的维度中,物理学家们意识到,更高的维度即使存在,也必然比原子还要小。过去100 年中,神秘学家和数学家都有了有关高维度的想法,但物理学家对此嗤之以鼻,因为从来没人见过物体进入更高的维度。

为了拯救这个理论,物理学家不得不提出,这些高维度是极小的,所以在自然界中是观察不到的。由于我们的世界是个四维世界,这就意味着,第五个维度只能卷曲在比原子还小的圆环里,通过实验是无法观察到的。

弦理论也必须面对这一同样的问题。我们必须把这些没人需要的高维度卷在一个非常小的球里(这个过程叫做"紧致化")。根据弦理论,宇宙原来是 10维的,所有的力都由弦来统一起来。然而,10 维超空间是不稳定的,于是 10 个维度中有 6 个开始卷曲到一个微小的球中,而其余的四个维度则随着大爆炸四外扩散开去。我们看不见其他这些维度的原因,是因为它们比原子小得多,因此没有东西能够进到它们里面。(例如,一根花园软管或一根吸管,从远处看,似乎定义为一个只有长度的三维物体,事实上走近了看,发现它们原来有二维表面,或者说是管形的,只是由于这第二维从远处看是卷缩起来的,因此看不见。)

为什么是弦？

虽然以前建立统一场理论的种种尝试全部失败了，但弦理论却经受住了所有挑战而存活了下来。事实上，它根本就没有对手。几十种理论都失败了，而弦理论却站住了脚，这有两个原因。

首先，作为一项以延长体（弦）为基础的理论，它避开了点状粒子所带有的许多发散现象。正如牛顿所观察到的，随着我们离一个点状粒子的距离越来越近，围绕着它的引力会变得无穷大。（根据著名的牛顿平方反比定律，引力以 $1/r^2$ 的方式增长，所以，当我们接近点状粒子的时候，它会猛增至无穷大，即，当 r 降为零的时候，引力增长为 $1/0$，也就是无穷大。）

即使在量子理论中，随着我们接近点状的量子粒子，引力也还是增长为无穷大。在几十年的时间中，费曼（Feynmam）以及许多其他人发明了一系列艰涩难懂的规则，想把这些以及许多其他隐藏着的发散处理掉。但是对于一个量子引力理论，即使费曼设计了一麻袋的招数也不足以去除这个理论中所有的超位数。关键在于，由于点状粒子是无穷小，这就意味着它们的力和能可以变为无穷大。

但是当我们仔细分析弦理论的时候，会发现有两项机理可以消除这些发散。第一项是由于弦的拓扑结构造成的；第二项，是由于它的对称性造成的，称为"超对称性"。

弦理论的拓扑结构与点状粒子的拓扑结构完全不同，因此它的发散也很不相同。（大体来说，由于弦有确定的长度，这就意味着，当我们接近弦的时候，各种力都不会猛增至无穷大。在靠近弦的地方，各种力只以 $1/L^2$ 的方式增长，其中 L 是弦的长度，它是个 10^{-33} 厘米这样的普朗克长度。这个长度 L 就起到削减发散的作用）。由于弦不是个点状粒子，它有确定的长度，人们就可以证明，各种发散都沿着弦"摊销"掉了，于是所有的物理量值都变为有限度的了。

虽然好像一眼就能看明白弦理论的各种发散是可以摊销的，因而是有限的，但要用数学来精确地表达这个现象却是相当困难的，要用到"椭圆模函数"，而这是数学中最奇特的函数之一，它有一段非常精彩的历史，以至于它在好莱坞电影《心灵捕手》（*Good Will Hunting*）中扮演了一个重要的角色。故事讲的是一个出身于劳苦家庭的野孩子，由马特·戴蒙扮演，他在剑桥的后街里巷中长大。这个孩子展现了令人惊异的数学才能。他是麻省理工学院的门房，没事的时候常与地痞流氓厮混,打架斗殴。麻省理工学院的教授们吃惊地发现,这个市井小地痞实际上是个数学天才,对于看似纠缠不清的数学难题,他能够一挥而就地写出答案来。意识到这个野小子已经自学了高等数学以后,其中一个教授脱口而出地说他就是"下一个拉马努金"。

实际上,《心灵捕手》大体上就是以斯里尼瓦桑·拉马努金(Srinivasa Ramanujan)的生平为素材的,他是20世纪最伟大的数学天才,19与20世纪之交的时候,在印度马德拉斯(Madras,今称金奈)附近孤苦伶仃地长大。由于是孤苦伶仃,他只能依靠自己的力量推导出欧洲19世纪的数学结果。他的数学生涯犹如一颗超新星,以他的数学光芒照亮天际之后,转瞬即逝。1920年在他37岁时就悲惨地死于肺结核。像《心灵捕手》中的马特·戴蒙一样,他也梦到了数学方程式,这次是"椭圆模函数",它有奇异却非常美丽的数学特性,唯一的问题是它有24个维度。数学家们至今仍在试图解读拉马努金那本在他死后找到的"拉马努金丢失的数学笔记本"。现在回过头来看,我们发现拉马努金的著作可以被归纳为8个维度,这是可以直接应用于弦理论的。为了要建立一项物理理论,物理学家们额外又加上了两个维度。(例如,偏振光太阳镜就是利用了光有两个物理偏振方向,即光可以左右振动或上下振动。但是麦克斯韦方程式中光的数学公式有四个要素。这四种振动方式中有两个实际是多余的。)当我们在拉马努金函数中再加上两个维度以后,数学"幻数"就变成了10和26,恰恰就是弦理论的"幻数"。从某种意义上来讲,拉马努金在第一次世界大战之前就在研究弦理论了!

这些椭圆模函数的神奇特性本身就解释了,为什么这个理论必须有10个维度。只有在恰好有这么多维度的情况下,困扰着其他那些理论的大部分发散才会像变魔术一样地消失。但是,弦的拓扑结构本身还不足以消除所有的发散。该理论中剩下的那些发散要依靠弦理论的第二个特性,即它的对称性来消除。

超对称性

弦具有科学上已知的一些最了不起的对称性。第4章中讨论膨胀和标准模型的时候,我们已经看到,对称性使我们得以用优美的方式,将亚原子粒子安排成赏心悦目的格局。三种夸克可以按照SU(3)对称性进行安排,该对称性可以在它们之间进行3个夸克的互换。有人相信,大统一理论(GUT)中的5种夸克和轻子似乎可以按照 SU(5) 对称性进行安排。

在弦理论中,这些对称性将该理论中剩余的发散现象和异常条件取消。由于对称性是我们能够使用的最优美和最强大的工具,我们可以预期,宇宙理论必定具备科学已知的最优美和最强大的对称性。符合逻辑的选择应该是,这种对称性不仅能互换夸克,而且要能互换自然界中能找到的所有粒子,也就是说,即使我们把它们当中所有的亚原子粒子都重组一遍,等式仍然保持不变。而这正是超弦的对称性,称为"超对称性"[14]。它是唯一一种能够把物理学已知的所有亚原子粒子进行对换的对称性。这使它成为了一种理想的候选对称性,可以把宇宙中所有的粒子安排到单独一个优美统一的整体中。

如果我们观察一下宇宙中的各种力和粒子,会发现它们全都属于两个类别:"费米子"(fermions)和"玻色子"(bosons),这取决于它们的"自旋"。它们像极微小的陀螺一样,以各种不同的速率自旋。举例来说,光子,即传递电磁力的光粒子的自旋为 1。弱核力和强核力是由自旋同样为 1 的 W 玻色子和胶子传递的。引力子的自旋为 2。所有这些带整数自旋的都称为"玻色子"。同样,物质的粒子是由带半整数自旋的亚原子粒子来描述的,例如 1/2,3/2,5/2 等。(半整数自旋粒子被称为"费米子",它们包括电子、中微子和夸克。)这样,超对称性以优雅的方式代表了玻色子与费米子之间、力和物质之间的二元性。

在超对称理论中,所有的亚原子粒子都有一个伴子:每个费米子都与一个玻色子成为一对。虽然我们从来没有在自然界中看到过这些超对称伙伴粒子,但物理学家们把电子的伙伴粒子叫做超电子(selectron),其自旋为 0。(物理学家在"electron"前面加上一个"s",以显示它是一个超伴子粒子〔英文"electron"的意思是"电子"。——译者注〕。)弱相互作用包括一些叫做轻子的粒子;它们的超伴子被称为"超轻子"(slepton)。同理,夸克也可以有一个叫做"超夸克"(squark)的自旋为 0 的伴子。已知粒子(夸克、轻子、引力子、光子等)的伴子统称为"超粒子"(sparticles),也就是 superparticles。我们的原子击破器中迄今还没有找到这些超粒子(也许是因为我们的机器还没有强大到足以把它们创造出来)。

不过,由于所有的亚原子粒子不是费米子就是玻色子,所以超对称理论就有可能把所有已知的亚原子粒子统一到一个简单的对称之中。我们现在有了一个大到足以囊括整个宇宙的对称性。

试想一片雪花。把雪花的 6 个分叉中的每一个都想象为代表一个亚原子粒子,每隔一个分叉就是一个玻色子,紧接着的是一个费米子。那么这片"超雪花"的美,就在于无论我们怎样旋转它,它都保持不变。超雪花就以这种方式把所有的粒子及其超粒子统一起来。所以,如果我们要试着建立一个假想中的只包含 6 个粒子的统一场理论,超雪花就自然而然成为候选对象。

超对称性帮助我们消除了其他理论中剩余的那些致命的超位数问题。我们在前面提过,由于有了弦理论,多数的发散都已消除,即,由于弦有确定问题长度,因此在我们接近它的时候,各种力不会飙升至无穷大。当我们审视剩余的这些发散现象时,我们发现它们有两种,分属于玻色子和费米子的相互作用。然而,这两种作用总是带有正反两种符号,因此玻色子的作用正好消除费米子的作用!换句话说,由于费米子的作用和玻色子的作用总是以相反的符号出现,理论中剩下的那些超位数问题会互相抵消。所以,超对称性不仅仅是摆样子的东西;它不只是一种能够把自然界中所有的粒子统一起来,从而给人以美感的对称性,它还在消除弦理论中的发散现象方面起到不可或缺的作用。

回想一下那个关于设计一架时髦的火箭的比喻,机翼中的振动会不断增大,最终把机翼撕扯掉。其中一个解决办法就是探索对称性的威力,重新设计机翼,使得一个机翼中的振动抵消掉另一个机翼中的振动。当一个机翼顺时针振动时,另一个机翼逆时针振动,这样来抵消前者的振动。于是,火箭的对称性就不只是一种人为的艺术性设置,它还起到消除和平衡机翼中的应力的关键作用。与此同理,超对称性通过玻色子和费米子相互抵消的方式消除了发散。

(超对称性还解决了一系列高度技术性的难题,它们都足以断送大统一理论〔GUT〕[15]。大统一理论中那些错综复杂的数学矛盾需要用超对称性来消除。)

虽然超对称性是一种有如此威力的思想,但目前,还没有得到任何实验证据来支持它。这也许是因为,我们所熟知的电子和质子的超伴子对于我们当今的粒子加速器来说,过于庞大,难以制造。然而,有一样极具诱惑力的证据,指向通往超对称性的途径。我们现在知道,三种量子作用力的强度是相当不同的。事实上,在低能量的情况下,强作用力要比弱作用力强 30 倍,比电磁力强 100 倍。然而它并不总是这样。在发生大爆炸的那个瞬间,我们估计所有这三种力都是一样的强度。物理学家们可以反向推算出当时间开始之际,这三种力各自的强度应该是多少。通过分析标准模型,物理学家们发现,在接近大爆炸的时候,这三种力似乎在强度上趋于相同,但它们并不完全相等。然而,当人们把超对称性加上去之后,所有这三种力都完美匹配起来了,而且强度相等,正好是人们预料统一场理论应该显示的那样。虽然这不是超对称性的直接证据,但它至少说明,

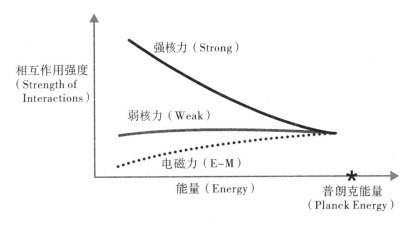

图10 弱作用力、强作用力和电磁力的强度与我们在日常世界中所知的完全
不同。但是,当能量接近大爆炸时的水平,这些力的强度应该完美地
趋向一致。加上了超对称性之后,这一趋同现象就出现了。因此超对
称性在统一场论中也许是一个关键的因素。

超对称性是与已知的物理学法则一致的。

推演标准模型

虽然超弦中完全不存在可调整的参数,但弦理论却可以提出与标准模型惊
人相似的结论。而标准模型则使用一堆五花八门的奇异的亚原子粒子和19种
自由参数(例如粒子的质量以及它们的耦合强度)。此外,标准模型中还有全部
夸克和轻子的3种完全一样的和多余的副体,似乎完全没有必要。幸运的是,弦
理论可以毫不费力地推导出标准模型的许多带本质性的特性。这简直就像是白
来的。1984年,得克萨斯大学的菲利普·坎德拉斯(Philip Candelas)、加利福尼
亚大学圣巴巴拉分校的加里·霍罗威茨(Gary Horowitz)和安德鲁·施特罗明格
(Andrew Strominger),以及爱德华·威滕(Edward Witten)证明,如果你把弦理论
的10个维度中的6个包裹起来,同时保持所剩4个维度的超对称性,这个细小
的六维世界就可以用数学家们所说的"卡拉比-丘流形"(Calabi-Yau manifold)来
描述。他们通过对卡拉比-丘(Calabi-Yau)空间做几项简单的选择,显示出弦的
对称性可以被解析成一种与标准模型惊人近似的理论。

就这样,弦理论对为什么标准模型会有三个冗余代(redundant generations)

给出了一个简单的答案。在弦理论中,夸克模型中代或者说冗余代的数量是与我们在卡拉比-丘流形中有多少个"洞"相联系的。(例如,面包圈、内胎以及咖啡杯都属于带有一个洞的表面。眼镜架带有两个洞。卡拉比-丘流形的表面可以有任意数量的洞。)这样,随便选择一个带有特定数量的洞的卡拉比-丘流形,我们就可以建立起带有不同数量冗余夸克代(generations of redundant quarks)的标准模型。(由于卡拉比-丘流形的空间太小,我们从来都看不到它,所以我们也从来都看不到这个空间有像面包圈一样的洞。)多年来,一批又一批的物理学家费尽心机地想要把所有可能存在的卡拉比-丘空间归类,他们意识到,是这种六维空间的拓扑结构决定了我们这一个四维宇宙中的夸克和轻子。

平行宇宙 M 理论

1984 年围绕着弦理论所迸发出来的兴奋好景不长。到了 20 世纪 90 年代中期,物理学家逐渐对超弦浪潮失去了兴趣。该理论所提出的一些简单问题已经逐个解决,剩下的都是些很难解决的问题。其中一个问题是,在弦的方程式中发现了几十亿个解。以不同的方式把空间-时间压缩或卷缩起来,你可以用任何维度(而不仅仅是四个维度)写出弦的解。这几十亿个弦的解中的每一个都对应于一个从数学上来讲自成一体的宇宙。

物理学家一下子被淹没在弦的解之中了。特别值得注意的是,其中有许多解与我们的宇宙非常相似。只要选择一个合适的卡拉比-丘空间,要再现出标准模型的许多主要特征是相对容易的,包括它那一堆奇特的夸克和轻子,甚至包括它那一套莫名其妙的冗余副本。然而,要想从中找出分毫不差的标准模型,与它的 19 个参数的具体值以及三套冗余代完全一样,则异常困难(即使在今天也仍然是一项挑战)。(弦解的数量多到令人目眩的程度,但对于相信多元宇宙的物理学家来说,这恰恰是求之不得的,因为每一个解都代表一个完全自成一体的平行宇宙。但是令人头痛的是,在这些纠缠不清的宇宙中,物理学们却很难找到正好等于我们自己这个宇宙的解。)

之所以这样困难,其中一个原因是,由于在我们这一低能量的世界中看不到超对称性,所以我们最终必须打破超对称性。举例来说,我们在自然界中看不到超电子(selectron),也就是电子的超伴子(superpartner)。如果不打破超对称性的话,那么每个粒子的质量就会等于它的超粒子(superparticle)的质量。物理学

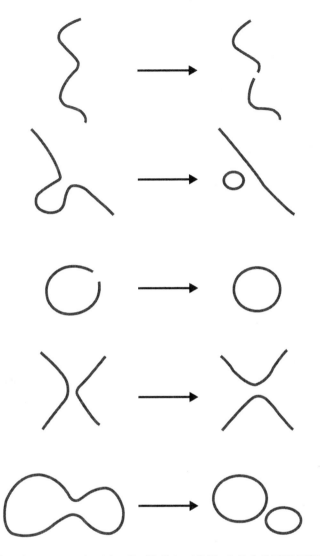

图 11　第一类（Type Ⅰ）弦经历 5 种可能的相互作用，在其中弦可以折断、连接以及裂变（环形弦在挤压下分裂为两个较小的环形弦）。对于封闭的弦，只需最后这种相互作用就够了（像细胞的有丝分裂一样）。

家们相信，打破超对称性后所得到的结果是超粒子的质量巨大，超出了当前粒子加速器的能力范围。但是目前还没有人拿出可信的方案来打破超对称性。

位于圣巴巴拉的卡弗里（Kavli）理论物理研究所的戴维·格罗斯（David Gross）说过：“带三个空间维度的解有几十万亿个……然而，虽然我们有这么多

155

的解,但却没有一个好办法来从中进行选择,这多少有些令人尴尬。"

除此之外,还有一些令人头痛的问题。其中最令人尴尬的是现在有 5 个自成一体的弦理论。令人难以想象,宇宙中怎么可能容得下 5 种互不相同的统一场理论。爱因斯坦相信,上帝在创造宇宙的时候没有别的选择。如果是这样,上帝怎么会建立 5 套理论呢?

以韦内齐亚诺公式为基础的最初的理论描述了一个叫做"第一类"(Type Ⅰ)的超弦理论。第一类理论的基础既包括开放弦(例如,带有两端的弦),也包括封闭弦(例如,环形的弦)。这项理论在 20 世纪 70 年代初期得到了最深入的研究。(利用弦场论,吉川和我把全套第一类弦相互作用进行了归类。我们证明了,第一类弦需要有 5 种相互作用;对于封闭的弦,我们证明了只需要一个互动项就够了。)见图 11。

吉川(Kikkawa)和我还证明,只用封闭的弦就可能建立完全自成一体的理论(例如像一个环)。今天,这些被称为"第二类"(Type Ⅱ)弦理论,在其中,弦的相互作用是通过挤压一个环形弦使之形成两个较小的弦来完成的(就像细胞的有丝分裂)。

最具现实意义的弦理论叫做"杂化"弦理论,是由普林斯顿小组(Princeton group),包括戴维·格罗斯、埃米尔·马丁内茨(Emil Martinec)、瑞安·罗姆(Ryan Rohm)和杰弗里·哈维(Jeffrey Harvey)制定的。杂化弦可以包容叫做 $E(8) \times E(8)$ 或 $O(32)$ 的对称群,它们大到足以吞下各种 GUT 理论(大统一理论)。杂化弦完全以封闭弦为基础。20 世纪 80 年代和 90 年代,当科学家们提到"超弦"的时候,他们实际指的就是杂化弦理论,因为它的丰富程度足以让人用来分析标准模型和 GUT 理论。例如,对称群 $E(8) \times E(8)$ 可以被分解为 $E(8)$,再分解为 $E(6)$,而 $E(6)$ 又大到足以将标准模型中的 $SU(3) \times SU(2) \times U(1)$ 对称包括进去。

超引力之谜

除了有 5 个超弦理论之外,还有另外一个令人头痛的问题,它在一窝蜂解决弦理论的时候被遗忘了。早在 1976 年,有三位物理学家,彼得·范·尼乌文赫伊泽恩(Peter Van Nieuwenhuizen)、塞尔焦·费拉拉(Sergio Ferrara)和丹尼尔·弗里德曼(Daniel Freedman),当时在纽约州立大学石溪分校工作,发现爱因斯坦原来的引力理论，只需在原来的引力场中再加上一个新的场，一个超对称伙伴（superpartner）（称做"引力微子"〔gravitino〕，意思是"小引力子"，自旋为3/2）就可以变为超对称的了。这项新理论被称为"超引力"（supergravity）理论，它的基础是点状粒子，而不是弦。与具有无穷序列的音符和共振的超弦不同，超引力只有两个粒子。1978年，欧仁·克雷梅（Eugene Cremmer）、若埃尔·舍尔克（Joël Scherk）以及巴黎高等师范学校的伯纳德·朱利亚（Bernard Julia）证明，最通用的超引力可以用11个维度来描述。（如果我们试图用12个或13个维度来描述超引力的话，就会出现数学矛盾。）20世纪70年代末和80年代初，人们认为超引力可能就是传说中的统一场理论。这项理论甚至启发了斯蒂芬·霍金，他在接受剑桥大学卢卡斯数学教授这一当年牛顿也拥有过的教席头衔的就职演说中提到"理论物理学的尾声"在望。但是超引力不久也遇到了扼杀以前各种理论的那些难题。虽然它的超位数比普通的场理论少，但归根结底超引力不是个有限度的理论，它最后可能会被异常条件纠缠住。就像所有其他的场论一样（弦理论除外），该项理论在科学家的眼皮底下破产了。

另一种可以在11个维度存在的超对称理论是超膜理论。虽然弦只有一个维度，用来定义它的长度，但超膜可以有两个以上的维度，因为它代表的是一个平面。特别引人注目的是，已经证实有两种类型的膜（二位膜〔two-brane〕和五位膜〔five-brane〕）在11个维度中也可以自成一体。

然而，超膜也有其问题，想要运用它们的话会出奇地困难，而且它们的量子理论实际上是发散的（diverge）。小提琴的琴弦是那么简单，古希腊的毕达哥拉斯派在2 000年前就得出了它们的和声定律，而膜的难度则是如此之大，即使在今天也没有人能拿得出一项建立在它们基础之上的令人满意的音乐理论。此外，已经证实这些膜是不稳定的，最终会衰变为点状粒子。

于是，到了20世纪90年代中期，物理学家们就面临着几个谜。为什么10维度的弦理论有5个？为什么有两个11维度的理论，也就是超引力理论和超膜理论？再者，所有这些都具备超对称性。

平行宇宙 第11个维度

1994年，又爆出了惊天大新闻。一项新的突破再一次使整个局面改观。爱德华·威滕和剑桥大学的保罗·汤森德（Paul Townsend）从数学上发现，存在着一个 11 个维度的理论,其源头不为人知,10 个维度的弦理论实际上是这个更高次元的神秘理论的近似理论。例如,威滕证明,如果我们在 11 维度取一个膜样理论(membranelike theory),把其中一个维度卷曲起来,那么它就变成一个 10 维度的第二类 a 型(Type IIa)弦理论!

在这之后不久就发现,所有的 5 种弦理论(five string theories)都是这种情况,它们同样都是这个神秘的 11 维度理论的近似理论,只是近似的方式有所不同。由于有各种不同类型的膜可以存在于 11 维度中,威滕就把这一新理论称为"M 理论"。但是,这个理论不仅把 5 个不同的弦理论统一起来,它还有额外惊喜,可以解释超引力之谜。

你可能还记得,超引力是一项有 11 个维度的理论,它只包括两个质量为零的粒子,即原有的爱因斯坦引力子,再加上它的超对称伴子(称为引力微子)。然而,M 理论有超位数(无穷数量)的粒子,其质量各不相同(这与某些类型的 11 维膜上所泛起的无穷数量的振动相对应)。但是,如果我们假定 M 理论中极小的一部分(只含那些无质量的粒子)正是老的超引力理论的话,我们就可以解释超引力的存在。换句话说,超引力理论是 M 理论中的一个微小的子集。同理,如果我们取这一神秘的 11 维度膜样理论(membranelike theory),并卷起其中一个维度,膜就变为一个弦。事实上,它分毫不差地变为第二类(Type II)弦理论!举例来说,如果我们观察一个 11 维度的球体,然后把其中一个维度卷起来,这个球体就会坍塌,它的赤道线就会变成一个封闭的弦。这样,我们看到,如果我们把第 11 个维度卷成一个小圆环的话,弦理论可以被视为从这个有 11 个维度的膜上切下的一片。

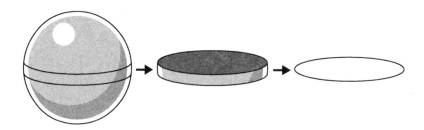

图 12 从 11 维度的膜上切下或卷起一个维度以后,一个 10 维度的弦就脱颖而出。在其中一个维度坍塌之后,膜的赤道线变成了弦。这种简约过程可以通过 5 种方式来实现,这样就产生了 5 种不同的 10 维度超弦理论。

于是,我们找到了一种优美而又简单的方法把所有的 10 维和 11 维物理学理论统一成单独一个理论! 这是个令人叫绝的概念突破。

我至今仍记得这项爆炸性的发现所引起的轰动,当时我正在剑桥大学作一个讲演。保罗·汤森德(Paul Townsend)很给我面子地把我介绍给听众。但是在我开始讲演之前,他带着极大的热忱介绍了这一新结果,说通过第 11 个维度,我们可以把各种弦理论统一成一个单一理论。我的讲演的标题中提到了第 10 个维度。在我开始演讲之前他告诉了我,如果这个新结果被证明是成功的,那么我的讲演的题目就过时了。

我暗自想道:"完了,这下要有好看了……"如果他不是在信口开河的话,那么整个物理学界要闹得天翻地覆了。

我没法相信自己的耳朵,于是我像连珠炮似地向他提出了一堆问题。我指出,他帮助建立起来的 11 维度超膜理论是没有用的,因为很难对它们进行数学处理,不只如此,它们还不稳定。他承认这是个问题,但他坚信,这些问题将来会得到解决。

我还说,11 维度的超引力没有止境;它会像除弦理论以外的所有其他理论一样破灭。对此他平静地回答说,这已不再是个问题,因为超引力不是别的,它是一个更大的、更为神秘的理论,是 M 理论的近似理论,而 M 理论是可穷尽的,这实际上是用膜的概念在第 11 个维度中重新建立起来的弦理论。

于是我说,没人能够接受超膜,因为从来没有人能够解释超膜在互相碰撞和重组过程中是如何相互作用的(就像多年前我在自己的博士论文中对弦理论所做的那样)。他承认这是个问题,但他坚信,这个问题也是可以解决的。

最后我说,M 理论实际上根本谈不上是个理论,因为没人知道它的基本方程式。与弦理论不同(弦理论可以用我在多年前写下的那些可以容得下整个理论的简单的弦的场方程式中的各项来表达),膜根本就没有场论。他对这一点也认可,但他仍然坚信,最终一定会找到 M 理论的方程式。

我的头脑中不由得翻江倒海起来。如果他是对的,那么弦理论就将再一次经历剧变。一度被扔进物理学史垃圾箱的膜理论忽然之间又起死回生了。

出现这项革命的起因,是因为弦理论仍在倒着发展着。甚至直到今天也仍没有人懂得贯穿整个这一理论的简单物理学原理究竟是什么。我喜欢把这一情形比做漫步在沙漠中,突然绊上了一块小小的美丽的石子。当我们拂去沙子,发现这个小石子原来是埋没在成吨重的沙子下面的一座巨型金字塔的顶端。经过几十年坚持不懈地挖沙工作,我们才能见到神秘的象形文字、隐蔽的墓室和墓道。终有一天,我们会找到它的最下一层,最终开启它的大门。

宇宙平行 膜世界

M 理论的新颖之处在于它不仅引用了弦,而且还有种类齐全的有各种不同维度的膜。在这里,点状粒子被称为"零位膜"(zero-branes),因为它们无穷小,而且没有维度。于是一根弦就是一个"一位膜"(one-brane),因为它是个只有长度的一维客体。一片膜就被称为"二位膜"(two-brane),像篮球的表面那样,它有长度和宽度。(篮球可以浮起在三维空间,但它的表面却只有两个维度。)我们的宇宙说不定就是某种类型的"三位膜"(three-brane),是一种具有长、宽、高的三维客体。(正如一位颇为机智的家伙所说的,如果空间有 p 个维度,如果这个 p 是个整数,那么我们这个宇宙就是个 p 位膜,在英文中读音与"pea-brain〔字面意为'豌豆大小的脑子'〕"同。而显示所有这些"豌豆大小的脑子"的图表就称为"脑扫描"。)

我们可以有多种方法把膜蜕减为一根弦。除了把第 11 个维度包裹起来以外,我们还可以把具有第 11 个维度的膜的赤道线切削掉,这样就形成一个环形带子。如果我们让这个带子的厚度收缩,那么这根带子就变成了一个有 10 个维度的弦。彼得·霍扎瓦(Petr Horava)和爱德华·威滕证明,我们可以用这种方式得出杂化弦(heterotic string)。

实际上,可以证明有 5 种方式将有 11 个维度的 M 理论降解为 10 个维度,由此而得出 5 种超弦理论。对于为什么会有 5 种不同的弦理论这个谜,M 理论给了我们一个快速直观的答案。想象自己站在一座大山顶上,俯瞰山下的平原。由于我们在第三维度上的有利视角,我们可以看到平原上各个不同的部分被统一成一幅单一连贯的图景。同理,当我们站在第 11 个维度的有利角度上俯瞰第 10 个维度,我们就可以看出,这 5 种茫无头绪的超弦理论不过是第 11 个维度的不同组成部分而已。

宇宙平行 二元性

虽然保罗·汤森德当时没有办法回答我所提出的大部分问题,但又有一种对称理论的威力使我最终相信了这一想法的正确性。M 理论不仅具有物理学中已知最大的一套对称性,它还怀揣着另一个绝招:这就是"二元性",它使 M 理论具备了难以置信的能力,将所有这 5 种超弦理论吸纳到一个单一理论中去。

细想一下由麦克斯韦方程式支配的电和磁。很久以前人们就注意到,如果你简单地将电场和磁场调换,其方程式看起来几乎完全一样。如果你在麦克斯韦的方程式中加进磁单极子(磁的单极),这一对称性就完美无缺了。如果我们把电场和磁场交换,并把电荷 e 与反向的磁荷 g 对调,那么经过修改的麦克斯韦方程就会保持与原来完全一样。这意味着电(在电荷低的情况下)与磁(在磁荷高的情况下)是完全相等的。这种等效性就称为"二元性"。

过去,这一对偶性被认为不过是个科学奇特性上的小障眼法(parlor trick)而已,因为从来没有人见到过磁单极子,即使是今天也一样。然而,物理学家发现了一个不可思议的现象,麦克斯韦的方程式中包含着一种隐藏的对称性,在自然界好像是用不到的(至少在我们这部分宇宙中是如此)。

同样,5 个弦理论全部都互为对偶。以 I 类和杂化 SO(32)弦理论为例。一般情况下,这两个理论甚至在外表上都没有相似之处。I 类理论的基础是封闭的和开放的弦,它们可以用 5 种不同的方式进行相互作用,弦就像图 12 所示的那样分裂和连接。而 SO(32)弦则不同,它完全是建立在封闭弦的基础之上的,它只有一种可能的相互作用方式,像细胞一样进行有丝分裂。I 类弦完全是以 10 维空间定义的,而 SO(32)弦则是以在 26 维空间中定义的一套振动来定义的。

一般情况下,你找不到看起来如此不同的两种理论。然而,正像在电磁中一样,这两种理论具备强大的对偶性:如果你让相互作用的力度加强,I 类弦会像变魔术一样地变为 SO(32)杂化弦。(这一结果太令人意想不到了,我第一次见到这个结果时,吃惊地摇起了头。在物理学中,看起来完全不一样的两种理论最终被证明在数学上相等的情况很罕见。)

宇宙平行 **莉萨·兰德尔**

M 理论相对于弦理论的最大优越性可能在于,这些高维度不仅不是很小,实际上反而相当大,甚至于可以在实验室中观察到。在弦理论中,有 6 个高维度必须被卷成一个小球,卷成一个卡拉比-丘流形,小到现有的仪器无法观察到。这

6 个维度都被紧压起来,要想进入一个高维度是不可能的。比那些希望有一天能够飞入一个无穷大的超空间(hyperspace),而不想走一条经过虫洞穿越紧缩着的超空间捷径的人还要失望一些。

然而,M 理论中也有膜;可以把我们整个的宇宙看做是漂浮在另一个大得多的宇宙之上的一片膜。于是,并不是所有这些高维度都必须卷缩到一个小球中去。实际上,其中有些维度可以很巨大,大到无边无际。

哈佛大学的莉萨·兰德尔(Lisa Randall)是试图对这一宇宙新图景进行探索的物理学家之一。兰德尔(Randall)长得有点像女演员朱迪·福斯特,而理论物理是个在睾丸素刺激下竞争激烈、高度紧张的男性专业,她在这里看起来颇不协调。她所钻研的想法是,如果宇宙确实是一个漂浮在另一个更高维度的空间中的三位膜(three-brane),这或许就能解释为什么引力会比另外三种力弱那么多了。

兰德尔在纽约的皇后区长大(就是因阿齐·邦克〔Archie Bunker〕而名垂史册的那个区)。虽然她在儿时对物理学没有特别的兴趣,但她却迷上了数学。虽然我相信,我们所有人在童年时都生来就是科学家,但并不是每个人在成年以后依然能够做到终身爱好科学。其中一个原因就是他们撞上了数学这堵砖墙。

不管我们愿不愿意,如果我们想以科学为生涯,我们最终都必须得学"大自然的语言"——数学。没有数学,我们就只能被动地观望自然之舞,而无法积极参与其中。正如爱因斯坦一次所说的那样:"纯数学以其特有的方式成了逻辑思维的诗篇。"现在让我来做个比喻,人可以爱好法国文明和文学,但要想真正理解法国人的思维方式,就必须学习法语,并且学会法语的动词变位。对于科学和数学来说也是一样的道理。伽利略曾写道:"除非我们学会了(宇宙的)语言、熟悉了它的文字,否则我们将无法读懂它。这是用数学的语言写就的,它的字母就是三角、圆以及其他几何图形,没有这些手段,即使只想理解一个字也是非人力所能及的。"

但是数学家们往往为自己是离实际最远的科学家而自鸣得意。数学越抽象越无用越好。早在 20 世纪 80 年代初,兰德尔还是本科生的时候,她就走向了一个不同的方向,促使她这样做的,是她热衷于物理学可以建立宇宙"模型"这一想法。当我们物理学家初次提出一项新理论的时候,它不是简单地建立在一堆方程式上的。新的物理学理论往往是建立在一个简化了的、在理想条件下与某一现象接近的模型上。这些模型通常非常图形化、直观化,简单易懂。例如,夸克模型是建立在质子中有三个叫做夸克的小要素这一想法之上的。简单的以物理草图(physical pictures)为基础的模型就足以解释宇宙中的很多现象,这给兰德尔留下了深刻印象。

20 世纪 90 年代,她对 M 理论、对整个宇宙有可能只是一片膜产生了兴趣。她开始专攻引力中可能是最令人困惑不解的特征,即,引力的强度是天文数字般地小。无论是牛顿还是爱因斯坦都没有涉及这一基本而又神秘的问题。宇宙中其他三种力(电磁力、弱核作用力和强核作用力)的强度大致都差不多,而引力却大相径庭。

特别是,夸克的质量与量子引力相关的质量相比是大小了。要了解引力弱到什么程度,只消拿起一把梳子,在你的衣服上蹭一下,再拿起一张纸。电荷在纸上的作用力居然能克服有 60 万亿万亿千克重的地球的引力。兰德尔说:"这个差距不小,这两种质量级之间相差 16 个数量级! 只有能够解释这种巨大比值的理论,才可能担当起标准模型的基础理论。"

正是因为引力是如此之弱,才能解释恒星为什么如此之大。地球,连同其海洋、山峦及大陆在与巨大的太阳相比之下,只不过像一个小小的斑点。但因为引力是如此之弱,需要用整个恒星的质量才能把氢挤压到能够克服质子中的电斥力(electrical force of repulsion)。由于引力与其他各种力相比太弱,所以恒星才会如此巨大。

由于 M 理论在物理学中激起了这么多的轰动,有几个研究小组就试图把这项理论应用到我们这个宇宙。假设宇宙是一个三位膜,漂浮在一个五维世界中。这时,三位膜表面的振动就对应于我们身边所看到的原子。这样,这些振动就永远不会离开三位膜,也因此不能漂移到第五维度中去。即使我们的宇宙漂浮在第五维度中,我们的原子也不会离开我们的宇宙,因为它们代表的是三位膜表面的振动。这样就可以回答卡鲁扎和爱因斯坦在 1921 年提出的问题:第五个维度在哪里? 回答就是:我们正漂浮在第五维度中,但我们无法进入第五维度,因为我们的身体附着在三位膜的表面。

但这么一幅图景中有一个潜在的毛病:引力代表着宇宙空间的曲率。因此,我们可能会天真地以为引力会填满所有的五维空间,而不仅仅是三位膜。这样一来,引力一旦离开三位膜就会被稀释,使引力弱化。对于支持这项理论来说这是个好事,因为我们所知道的引力恰恰比其他各种力弱得多。但是它把引力弱化得太多了,这将违反牛顿的平方反比定律(inverse square law),而事实上,平方反比定律与行星、恒星以及星系的情况是完全相符的。在空间中的任何地方我们都找不到引力的立方反比定律(inverse cube law)。(想象一个灯光照亮的房间。灯光散布为一个球体。光的强度随球体的外延而减弱。这样,如果你把球体的半径加大 1 倍,光在球体中散布的范围就扩大为 4 倍。一般而言,如果一个灯泡存在于一个 n 维空间,那么,当半径升至第 $n-1$ 次幂,球体的范围也随着扩大,光的强度也被稀释了。)

为回答这个问题,一组物理学家,包括 N. 阿尔卡尼-哈米德(N. Arkani-Hamed)、S. 季莫普罗斯(S. Dimopoulos)和 G. 德瓦利(G. Dvali)提出,也许第五维度不是漫无边际的,它也许就像 H. G. 威尔斯的科幻小说中所说的那样,离开我们 1 毫米远,漂浮在我们的宇宙上。(如果第五维度大于 1 个毫米的话,它违反牛顿平方反比定律的程度就可以测定出来。)如果第五维度只离开我们 1 毫米远,就可以在非常短的距离上寻找对牛顿万有引力定律的微小偏差,从而对这项预测进行测试。牛顿的万有引力定律在天文距离上很有效,但从未有人在 1 毫米的距离上对它进行测试。实验人员现正争先恐后地做测试,寻找对牛顿平方反比定律的微小偏差。其结果目前成了几项正在进行的实验的研究对象,我们将在第 9 章谈到它。

兰德尔和她的同事拉曼·森德拉姆(Raman Sundrum)决定采用一种新的方式,来重新检查,看第五维是否有可能并非离开我们 1 毫米远,而可能甚至是无穷远的。为了要做到这点,他们先要解释为什么第五维度可以无穷大,而同时又不破坏牛顿的万有引力定律。正是在这里,兰德尔找到了一个解答这个难题的可能答案。她发现,三位膜有其自己的万有引力(gravitational pull),可以防止引力子自由漂移到第五维度中去。由于三位膜的引力作用,引力子只能附着在三位膜上(就像苍蝇被粘在粘蝇纸上那样)。这样,当我们试图测定牛顿定律的时候,我们会发现,它在我们的宇宙是近似正确的。引力在离开三位膜,漂移进第五维度时被稀释和弱化,但程度并不很严重:因为引力子仍然受到三位膜的吸引,所以平方反比定律大致上仍然存在。(兰德尔也引进了与我们的膜平行存在的第二个膜的可能性,如果计算两片膜之间微妙的相互引力作用,我们可以对它进行调节,这样就可以用数字来说明引力的微弱性。)

"当第一次有人提出用额外的维度可以作为解决(级列问题〔hierarchy problem〕)的一种可选办法时,人们相当兴奋。"兰德尔说,"一开始,额外的空间维度可能看起来像个疯狂的想法,但是有非常有说服力的原因使人相信,确实存在额外的空间维度。"

如果这些物理学家是对的,那么引力的强度就与其他各种力没有两样,只不过因为它泄漏了一部分到更高维度的空间,因而减弱了。这一理论造成的深远意义是,使这些量子效应达到可检测程度的能量可能不是过去人们以为的普朗克能(10^{19}亿电子伏特)。也许只需要几万亿电子伏特就够了,这样,大型强子对撞机(预计 2007 年建成)在这个十年期内就有可能找出量子引力效应了。这在实验物理学家中激起了相当的兴趣,竞相搜寻亚原子粒子标准模型以外的奇异粒子。也许,量子引力效应离我们已经近在咫尺了。

膜理论还为暗物质之谜提供了说得通的答案,虽然还只是猜测性的。在 H. G. 威尔斯的小说《隐身人》中,主人公悬浮在第四维度中,因此而变得不可见。同理,想象有一个平行世界恰好悬在我们的宇宙之上。在那个平行宇宙中的任何星系对我们来说都是不可见的。但因为引力是由超空间的弯曲造成的,所以引力可以在宇宙间跃迁。在另一个宇宙中的任何大的星系都可以穿过超空间而被我们这一宇宙中的一个星系所吸引。这样,当我们测定我们这一星系的特性时,我们就会发现,它的万有引力(gravitational pull)会比根据牛顿定律预期的要强得多,因为它的身后正藏着另一个星系,在附近的一层膜上漂浮着。这个躲在我们这一星系身后的隐藏的星系由于是漂浮在另一个维度中,所以是完全看不到的,但它会看起来像是包围着我们这一星系的光晕,含有 90% 的物质。因此,暗物质有可能是由平行宇宙的存在而造成的。

[平行宇宙] 相互碰撞的宇宙

现在就把 M 理论应用到严肃的宇宙学可能有点为时过早。然而,物理学家已经尝试应用这一新的"膜物理学"(brane physics),以便在宇宙研究中通常采用的膨胀方法中加进新的转折(make a new twist)。有三种可能的宇宙学引起人们注意。

第一种宇宙学试图回答这样的问题:为什么我们生活在四维时空中?原则上,M 理论在 11 个维度以下都可以成立,所以,为什么单单是四个维度,似乎是件神秘莫测的事。罗伯特·布兰登贝格尔(Robert Brandenberger)和库姆兰·瓦法(Cumrun Vafa)猜测,这也许是由弦的几何特性造成的。

在他们设定的场景中,宇宙是以完美的对称起始的,所有较高维度都在普朗克尺度上紧紧地卷起。阻止宇宙膨胀的是一个环套又一个环的弦,紧紧地缠绕在各个维度周围。想象一个压紧的弹簧圈被弦紧紧地缠绕着不能张开。如果弦绷断了,弹簧圈会突然弹开扩张。

在这些微小的维度中,由于既有弦的缠绕,又有反弦的缠绕(大体上来说,反弦与弦的缠绕方向相反),所以宇宙被阻止膨胀。如果弦和反弦相撞,它们就会互相湮灭而消失掉,就像解开了一个结,结就不复存在了一样。在非常大的维度中,"房间"要大得多,弦和反弦很少能碰撞到,也从来不能解开。然而,布兰登贝格尔(Brandenberger)和瓦法(Vafa)显示,在三个或以下的空间维度中,弦与反弦碰撞的可能性就比较大了。一旦发生这种碰撞,弦就解开了,这些维度就迅速向四外弹开,形成了大爆炸。这幅图景的引人入胜之处,在于弦的拓扑学结构大致解释了为什么我们能够看到我们周围熟悉的四维时空。更高维度的宇宙是可能的,但不大可能被看到,因为它们仍被弦和反弦紧紧地包裹着。

但是 M 理论中也还有其他的可能性。如果宇宙可以互相挤压,或从一个中爆出另一个,产生出新的宇宙,那么说不定相反的过程也有可能发生;若干宇宙可以碰撞,其间产生出火花,繁衍出新的宇宙。在这种情况下,大爆炸的出现也许是因为两个平行的膜宇宙之间发生了碰撞,而不是孕育出了一个宇宙。

这第二个理论是由普林斯顿大学的保罗·施泰因哈特(Paul Steinhardt)、宾夕法尼亚大学的伯特·奥夫鲁特(Burt Ovrut)和剑桥大学的尼尔·图罗克(Neil Turok)提出的,他们创立了"火劫"(ekpyrotic)宇宙学说(希腊文 ekpyrotic 的意思是"大火灾"),以便包容 M 膜图景中的新特性,其中,有些额外的维度可以很大,甚至无穷大。他们从两个平坦的、同样性质的,而且是平行的三位膜着手,它们代表一种最低能量状态。起初它们是空寂寒冷的宇宙,但引力逐渐把它们拉到一起。最后它们发生碰撞,碰撞产生的巨大动能转化为构成我们宇宙的物质和辐射。有人把这叫做"大劈开"(big splat)理论,以区别于大爆炸理论,因为它是由两个膜的碰撞造成的。

碰撞的力量把两个宇宙互相推开。随着这两个膜互相越离越远,它们迅速冷却,形成我们今天看到的这个宇宙。冷却和膨胀持续几万亿年,直到宇宙的温度达到绝对零度,其密度在一百万的四次方立方光年(10^{24} 立方光年。——译者注)的空间中只有一个电子。这样,宇宙实际上就变成了一片空无死寂。但是引力继续吸引两片膜,直至几万亿年以后,它们再次相撞,这个循环周而复始。

这种新的描述能够得出符合膨胀说的结果(例如平坦度和均匀性等)。它还解决了宇宙为什么这么平坦的问题——因为作为两片膜,它们一开始就是平坦的。这个模型还可以解释穹界问题(horizon problem),即,为什么宇宙从一切方向上看过去都是这样惊人地均衡。这是因为膜已经经历了很长的时间来逐渐达到平衡。这样,膨胀学说以宇宙猛然膨胀来说明穹界问题,而这个学说则以相反的方式来说明穹界问题:宇宙是以慢动作达到平衡的。

（这同时也意味着,超空间中可能还悬浮着其他膜,将来可能会与我们这个膜碰撞,造成另一次大劈开。由于我们的宇宙事实上正在加速膨胀,所以另一次碰撞实际上是可能的。施泰因哈特补充说:"说不定宇宙膨胀加速正是这场碰撞的前奏,这让人想起来不寒而栗。"）

任何公然挑战占主流地位的膨胀学说的理论都注定会引起激烈的反响。事实上,这篇论文放到网上不到一个星期,林德（Linde）和他的妻子雷娜塔·卡洛希（Renata Kallosh,她本人就是个弦理论家）以及多伦多大学的列夫·科夫曼（Lev Kofman）就发表了对这一学说的批评文章。林德批判了这个模型,因为凡是像两个宇宙相撞那样的大灾难,都可能造成一个奇点（singularity）,其温度和密度都接近无穷大。"那就好比有人向黑洞中扔进一把椅子,黑洞会把椅子的粒子蒸发掉,而那人却还说椅子的形状依然存在一样。"林德驳斥道。

施泰因哈特反驳说:"从四维空间看来好像一个奇点的东西,在五维空间未必仍然呈奇点……当两片膜挤到一起时,第五维度会暂时消失,但膜本身并不消失。所以密度和温度不会升至无穷大,而时间依然持续。虽然这时广义相对论已错乱,但弦理论不会。而且我们的模型中曾经看来像是灾难性的东西,现在看来是可掌控的。"

施泰因哈特所依仗的是 M 理论的威力,众所周知该理论可以消除奇点问题。事实上,理论物理学家需要有量子引力理论的初衷,本来就是要消除一切超位数（all infinities）。然而林德指出了这一学说中存在的一个概念上的弱点,即膜从一开始就存在于一种平坦均衡的状态之中。"如果你从理想状态着手,你也许确实能解释眼前看到的现象……但你还是没能解释这个问题:宇宙为什么一定会在理想状态中开始呢?"林德问道。施泰因哈特回答说:"平坦加平坦等于平坦。"换句话说,你只能从一开始就把膜设想为处在最低能量状态上,而在这种状态下它只能是平坦的。

艾伦·古思（Alan Guth）则保持了开放态度。他说:"我想保罗（Paul）和尼尔（Neil）还远未能证明他们的学说。但他们的想法无疑值得一看。"同时,他反过头来又向弦理论家们发起进攻,要求他们解释膨胀学说,"从长远观点来看,我认为弦理论和 M 理论不可避免地需要把膨胀学说纳入进来,因为膨胀学说显而易见地回答了它所要解决的问题,也就是为什么宇宙是如此均衡而平坦的。"于是他问了这样一个问题:M 理论能够推导出膨胀过程的标准图景吗?

最后,还有另一个参与角逐的宇宙理论,它运用的是弦理论。这就是加布里埃莱·韦内齐亚诺（Gabriele Veneziano）的"大爆炸前"（pre-big bang theory）理论，韦内齐亚诺就是早在 1968 年帮助创立了弦理论的物理学家。根据他的理论，宇宙开始的时候实际是一个黑洞。如果我们想知道黑洞里面是什么样子，我们只须向外看即可。

根据这项理论，宇宙实际已经历了无穷岁月，是在遥远的过去以近乎真空寒冷的状态开始的。引力作用开始在宇宙各处创造出物质的团块，它们逐渐凝缩成一些密度极大的区域，最终变成黑洞。每个黑洞开始形成事件穹界（event horizon），把事件穹界的外部与事件穹界的内部永久分隔开。在每个事件穹界之内，物质继续在引力作用下收缩，直至黑洞最终达到普朗克长度。

这个时候，弦理论开始作用。普朗克长度是弦理论所允许的最小长度。这时黑洞开始以巨大的爆炸力发生反弹，造成大爆炸。由于这一过程可能在宇宙各处反复出现，这意味着，在遥远的地方还可能有其他的黑洞/宇宙。

（我们的宇宙可能是一个黑洞这一想法其实并不像它看起来的那样离谱。我们直觉上认为，黑洞一定有极高的密度，有巨大的、能把一切碾碎的引力场，但实际并不总是这样。黑洞事件穹界的大小是与黑洞的质量成比例的。黑洞的质量越大，它的事件穹界就越大。但是，事件穹界越大，物质铺开的体积就越大；结果，随着质量加大，密度实际会减小。事实上，如果一个黑洞的重量与我们的宇宙一样，它的尺度就会与我们这一宇宙接近，而且它的密度会相当低，可与我们的宇宙相比。）

然而一些天体物理学家对把弦理论和 M 理论应用于宇宙学不以为然。加利福尼亚大学圣克鲁兹（Santa Cruz）分校的乔尔·普里马克（Joel Primack）就不像其他人那样客气了："我认为在这件事情上大做文章很愚蠢……这些论文中所提出的想法本质上是无法验证的。"我们只有让时间去评判普里马克是不是正确的，但因为弦理论的进展步伐在加快，我们也许不久就会找到这一问题的确切答案，它也许会由我们的人造卫星提供。在第 9 章我们将会看到，2020 年之前将送上外太空的新一代引力波探测器，像 LISA（引力波探测器），将使我们得以排除或者验证其中一些理论。例如，如果膨胀理论是正确的，LISA 探测器应该能探测到原始膨胀过程所产生的剧烈的引力波。然而"火劫宇宙"（ekpyrotic universe）学说预言宇宙之间的碰撞是缓慢发生的，因此引力波也会弱得多。LISA 探测器应能从实验的角度排除其中一项理论。换句话说，原始大爆炸产生的引力波所包含的信息，将足以确定哪一种学说正确。LISA 探测器将能够首次针对膨胀说、弦理论和 M 理论给出硬碰硬的实验结果。

平行宇宙 **微型黑洞**

由于弦理论本质上是整个宇宙的理论,所以要对它进行直接测试就需要在实验室中建立一个宇宙(见第 9 章)。一般情况下,我们预期引力的量子效应会在普朗克能量条件下出现,这比我们最强大的粒子加速器还要强大一百万之四次方(10^{24}。——译者注)倍(quadrillion times),因此不可能对弦理论进行直接测试。但是,如果在离开我们不到 1 毫米远的地方确实存在着一个平行宇宙,那么,使统一和量子效应出现所需的能量可能就会相当低,我们的下一代粒子加速器,例如大型强子对撞机(LHC)就有能力做到。这反过来又引发了对黑洞物理学的研究热潮,其中最令人兴奋的就是"微型黑洞"(mini-black hole)。微型黑洞的表现如同亚原子粒子,它们是一种"实验室",在其中人们可以对弦理论中的一些预言进行测试。有了大型强子对撞机(LHC)就有可能创造出微型黑洞,物理学家们为此而兴奋不已。(微型黑洞小到与一个电子的大小差不多,所以不怕它们会吞下整个地球。一般到达地球的宇宙射线,其能量都超过了这些微型黑洞,但并没有对地球造成不利影响。)

黑洞以亚原子粒子的形象出现,虽然听起来颇具颠覆性,但其实是个早已有之的想法,它是由爱因斯坦于 1935 年首次提出的。在爱因斯坦看来,肯定存在着一个统一场理论,在其中,由亚原子粒子构成的物质可以被看成是空间-时间结构中的某种扭曲现象。在他看来,像电子那样的亚原子粒子实际上是一些"线疙瘩"或卷曲在空间中的虫洞,它们只是在一定距离上看起来像粒子。爱因斯坦和内森·罗森(Nathan Rosen)一起玩味着电子可能实际上是乔装起来的微型黑洞这样一种想法。爱因斯坦以他的方式,想把物质纳入这一统一场理论,它最终会把亚原子粒子降解为纯几何学。

微型黑洞后来又被斯蒂芬·霍金再次提出,他证明,黑洞一定会蒸发,并发射出一丝微弱的能量。黑洞在亿万年间不断地散发能量,以至于逐渐缩小,最终变得像亚原子粒子那样的大小。

弦理论现在又再次引进了微型黑洞的概念。回想一下,黑洞是在大量的物质被压缩到其史瓦西半径(Schwarzschild radius)以内的时候形成的。由于物质和能量可以互相转换,因此黑洞也可以通过压缩能量而制造出来。大型强子对撞机(LHC)是不是能够在 14 万亿电子伏特的能量下将两个质子对撞,从由此产生的碎块中制造出微型黑洞,对此人们颇为期待。这些黑洞将非常之小,可能只有一个电子质量的 1 000 倍那么重,而且可能只持续 10^{-23} 秒。但是在 LHC(大型强子对撞机)所创造出来的亚原子粒子轨迹中清晰可辨。

物理学家们还希望,外太空的宇宙射线中说不定也包含微型黑洞。设在阿根廷的皮埃尔·奥格(Pierre Auger)宇宙射线观测站非常敏锐,能够探测到科学史上所记录过的几次最大的宇宙射线爆发。由于宇宙射线在到达地球的高层大气时会产生有明显特征的辐射雨(shower of radiation),人们希望,可以从中自然找到微型黑洞。一项计算表明,奥格(Auger)宇宙射线探测器每年或可发现 10 次由微型黑洞引发的宇宙射线雨(cosmic rays showers)。

说不定在本十年期内,设在瑞士的大型强子对撞机(LHC)或设在阿根廷的奥格(Auger)宇宙射线探测器就会探测到微型黑洞,这可能就会提供出良好证据,证明平行宇宙的存在。虽然它未必能够一劳永逸地证明弦理论是正确的,但它可以使整个物理学界信服,弦理论与所有的实验结果都吻合,是正确的方向。

平行宇宙 黑洞与信息悖论

弦理论还可以对黑洞物理学中一些最深刻的悖论做出揭示,例如信息悖论。正如你可能知道的,黑洞并非一片纯黑,而是通过隧穿效应(tunneling)发出少量辐射。根据量子理论,辐射总有那么一点机会逃逸黑洞那像台钳般夹紧的引力。这导致辐射从黑洞中缓慢泄漏,称为霍金(Hawking)辐射。

这种辐射本身又与一定的温度相联系(与黑洞事件穹界的表面积成比例)。对这个方程,霍金做了大量的手势(hand-waving),做了一个概括性的推导。然而,要对这个结果进行严谨的推导,就需要动用统计力学的全部威力(以计算黑洞的各种量子态为基础)。通常情况下,统计力学的计算是通过计数原子或分子能占据多少态来完成的。但你怎样才能计数黑洞的量子态呢?根据爱因斯坦的理论,黑洞是完全光滑的,这样,要计数它的量子态就成了难题。

弦理论家们迫切需要合拢这一缺口,于是,哈佛大学的安德鲁·施特罗明格(Andrew Strominger)和库姆兰·瓦法(Cumrum Vafa)决定运用 M 理论对黑洞进行研究。由于黑洞本身太难以把握了,他们采用了另一种方式,问了一个聪明的问题:黑洞的对偶是什么?(我们知道,电子是磁单极子的对偶,例如单独一个北极。因此,通过观察弱电场中的一个电子,这很容易做到,我们就可以对一项复杂得多的实验进行分析:放置在非常大的磁场中的磁单极子。)这个想法是,黑洞的对偶会比黑洞本身易于分析,但它们所能得出的最终结果却可能是一样的。经过一系列的数学处理,他们得以证明,黑洞的对偶是一组一位膜和五位膜。这省去了大量的麻烦,因为这些膜的量子态计数已经为人所知。当施特罗明格和瓦法计算量子态的数量时,他们发现,其结果分毫不差地再现了霍金所得出的结果。

这是个皆大欢喜的消息。弦理论有时被嘲笑为与现实世界不相干,结果却为黑洞热力学提供了可能是最为优雅的解。

现在,弦理论家们正试图解决黑洞物理学中最大的难题:"信息悖论"。霍金曾经论证说,如果你把什么东西扔进黑洞中去,那么它所携带的信息就永远丢失了,再也找不回来。(要进行一项无懈可击的犯罪,这可是个妙招。因为扔进黑洞里去的信息会永远消失,罪犯可以利用黑洞来销毁一切犯罪证据。)从一定的距离上,我们可以测量黑洞的唯一参数就是它的质量、自旋和负荷。不论你把什么东西扔进黑洞,你就失去了它的一切信息。("黑洞无毛"这一说法指的就是这个,即,一切信息都丢失了,除了这三个参数外,连一根毛也没留下。)

根据爱因斯坦的理论,信息从我们这个宇宙中消失似乎是不可避免的结果,但这违反了量子力学的原理。根据量子力学,信息永远不可能真正消失。信息一定会飘荡在我们宇宙中的某个地方,哪怕原来那个物体被喂了黑洞。

"多数物理学家愿意相信,信息没有丢失,"霍金写道,"只有这样,世界才是安全的,可预知的。但我相信,如果我们认真看待爱因斯坦的广义相对论,我们就必须接受,空间-时间有可能把自己打成了绳结,信息有可能在褶缝中消失。确定信息是不是真的会消失,是当今理论物理学要解决的主要问题之一。"

这项使霍金陷入与多数弦理论家论争的悖论到现在也还没有解决。但弦理论家们打赌,我们最终会找到失去的信息究竟去了哪里。(例如,如果你把一本书扔进黑洞,而蒸发着的黑洞有霍金辐射,不难想象书中所包含的信息会以霍金辐射所包含的微小振动的形式慢慢溜回我们的宇宙中。或者,它会从黑洞另一端的白洞中再冒出来。)这就是为什么我个人觉得,当有人最终计算出当信息消失在弦理论中的黑洞以后会发生什么情况时,他们会发现,信息没有真正丢失,而是以微妙的形式在其他地方再次出现。

2004年,霍金的态度令人吃惊地逆转,他在电视的镜头前声明他对有关信息问题的看法错了,因而上了《纽约时报》的头版。(30年前他和其他的物理学家打赌,说信息绝不会泄漏到黑洞的外面,谁要是输了,就要给赢者一本容易提取信息的百科全书）。他重新进行了某些他早期的计算,得出结论说:如果一个像书这样的物体掉进黑洞,这样的物体可能会干扰黑洞发射的辐射场,使信息泄漏到宇宙中。书中所含的信息会编码在辐射中,慢慢泄漏出黑洞,但是是以一种被毁坏的形式向外泄漏的。

一方面,这样一来霍金就与大多数相信信息不会丢失的量子物理学家一致了。但是它也提出这样一个问题:信息可以传递到平行宇宙中去吗？在表面上,他的结果对信息可以通过白洞传递到平行宇宙的想法产生了疑问。然而,没有人相信这是该课题的最后结论。在弦理论完全建立之前,或进行完全的量子引力计算之前,没有人相信信息悖论会得到完全解决。

平行宇宙 全息宇宙

最后,M 理论还有一项相当神秘的预言,至今仍没有人能理解,但可能在物理学和哲学方面产生影响。而且这个结果让我们不得不问这样一个问题:宇宙是一幅全息图吗？有没有一个"影子宇宙"（shadow universe）,我们的身体以压缩的二维形式存在其中？这就又提出了另一个同样令人不安的问题:宇宙是一个计算机程序吗？可以把宇宙放到一张 CD 光盘上,供我们在闲暇之余播放吗？

现在,信用卡上、儿童博物馆以及游乐园等地方都可以看到全息图。它们的不寻常之处在于,它们可以在二维平面上再现完整的三维图像。一般情况下,当我们看着一幅照片,然后转动我们的头部时,照片上的图像不会有变化。但全息图不同。当我们看着一幅全息图,并移动我们的头部,我们发现图片在变化,就像我们从窗户里或钥匙孔里看东西一样。

（全息图有可能最终使人生产出三维电视和电影。将来,也许我们会在自己的起居室中一边休息,一边欣赏着墙上的屏幕,那上面展示着遥远地方的完整的全息图像,看壁挂电视犹如从窗户里望着一片崭新的风景。另外,如果壁挂屏幕做成筒状,把我们的起居室安排在它的当中,我们就会觉得仿佛来到了一个新世界。无论我们朝哪里看,我们见到的都是这个新世界的三维图像,与真实世界难辨真伪。）

全息图的实质,是它的二维平面包含了再现三维图像的所有信息。（在实验室中制作全息图,是用激光照射感光片,并使光线与原有光源上发出的激光产生干涉。两个光源的干涉产生出一个干涉图像,将形象"冻结"在二维感光片上。)

　　有些宇宙学家推测,这也可能运用到宇宙本身,也可能我们就生活在全息图中。这一奇特的猜测源自黑洞物理学。贝肯斯坦(Bekenstein)和霍金推测,黑洞中包含的全部信息量与事件穹界的表面积(是球形的)成比例。这是个奇怪的结论,因为通常一个物体中所存放的信息是与其体积成比例的。例如,一本书中所存有的信息量是与这本书的大小,而不是与其封面的表面积成比例的。我们凭直觉就知道,不能以封面来评判一本书。但这种直觉对黑洞不起作用:我们可以从黑洞的表面了解它的全部。

　　我们可以不去理睬这一奇特的假说,因为黑洞本身就是一种怪异的东西,在它们那里,正常的直觉都不起作用。然而,这个结果对 M 理论也适用,而 M 理论可以对整个宇宙做出我们最好的描述。1997 年,现在在普林斯顿大学高等学术研究所工作的胡安·马尔达塞纳(Juan Maldacena)证明,弦理论可以推导出一种新型的全息宇宙学说,引起了不小的轰动。

　　他从一个经常出现在弦理论和超引力理论中的五维"反德西特尔"(anti-de Sitter)宇宙着手。德西特尔(de Sitter)宇宙有一个正的宇宙常数,造成一个加速膨胀中的宇宙。(我们记得,我们的宇宙当前最好的表示是德西特尔宇宙,具有一个宇宙常数以越来越快的速度将星系推开,反德西特尔宇宙则有一个负的宇宙常数,因此会引向内爆)。马尔达塞纳证明,在这一个五维宇宙与它的"边界"之间存在着对偶性,而这个"边界"则是个四维宇宙[16]。尤为奇怪的是,任何生活在这个五维空间的生灵,从数学上说就等于生活在这个四维空间的生灵。没有任何办法可以把它们区分开。

　　让我们做一个粗略的比喻,设想在鱼缸中游弋的金鱼。这些鱼认为它们的鱼缸就等于全部现实世界。现在再设想,这些金鱼的二维全息图像被投射到了鱼缸的表面。这一图像精确再现了原来的金鱼,只不过它们现在是平面的。鱼缸中金鱼的每个动作都在鱼缸表面的平面图像中得到反映。在鱼缸中游动的鱼和生活在鱼缸表面平面图像中的鱼都认为它们自己是真鱼,对方是幻象。两种鱼都是活的,都像真鱼一样地活动。那么哪种说法是正确的? 事实上两者都对,因为它们在数学上是相等的,无法区分的。

　　使弦理论家们感到兴奋的是,五维反德西特尔空间是相对比较容易计算的,而四维场论则是出了名的难以把握。(即使是在今天,经过了几十年的艰苦努力,我们最强大的计算机仍然无法解出四维夸克模型,得出质子和中子的质量。夸克方程本身相当容易理解,但是事实证明,在四个维度中解这些方程,以便得出质子和中子的特性要比原来想象的困难。)其中一个目标,就是运用这一奇异的对偶性来计算质子和中子的质量和特性。

这一全息对偶性还可以有一些实际用途,例如用来解答黑洞物理学中的信息悖论。在四个维度中,要想证明我们把物体扔进黑洞之后信息并没有丢失,是极度困难的。但是这样一个空间是一个五维世界的对偶,在五维世界中,信息永远不会丢失。人们希望,在四个维度中很难解决的问题(如信息悖论难题、计算夸克模型的质量等)最终可以在五个维度中解决,五个维度中的数学要简单些。而且始终有这种可能:这个比喻实际上确实反映了真实世界,我们确实是作为全息图像存在着。

宇宙 平行 宇宙是一个计算机程序吗?

我们前面已经提到过,约翰·惠勒相信所有的物理现实都可以被降解为纯信息。贝肯斯坦把黑洞信息的思想又向前推进一步,进入了一个未知水域,他问:整个宇宙会是一个计算机程序吗? 我们有可能只是一张宇宙 CD 光盘上的二进制数位吗?

关于我们是不是生活在计算机程序中这个问题,被《黑客帝国》(*The Matrix*)这部影片绝妙地搬上了银幕,那些外星人把一切物理现实都降解为一套计算机程序。亿万的人类都以为自己在过着日常生活,忘记了这一切只不过是由计算机创造出来的幻觉,而他们的真身则在舱室中熟睡,被外星人当做能源来使用。

在这部影片中,你可以运行较小一点的计算机程序,用以产生出微型的人工现实。如果谁想要成为功夫大师或直升机飞行员,只需在计算机中插入一张 CD 光盘,程序就输入我们的大脑,刹那间人就学会了这些复杂的技能。随着 CD 光盘运行,一个全新的亚现实被创造出来。但这又提出了一个饶有兴味的问题:现实中的一切真的都可以放在一张 CD 光盘上吗? 要给亿万熟睡中的人类模拟出现实来,所需要的计算机威力绝对惊人。但从理论上来说:真的可以把整个宇宙数字化,存放在一段有限的计算机程序中吗?

这个问题的根源要回溯到牛顿的运动定律,它在商业活动和我们的日常生活中有非常实际的应用。马克·吐温的一句话很出名:"每个人都在抱怨天气,但从未有人为此着手做些什么。"现代文明哪怕连一场雷雨的过程都改变不了,所以物理学家所提出的问题比这要简易:我们能够预测天气吗? 能不能设计出一个计算机程序,用它来预报地球上复杂的天气变化过程? 对于每个关心天气的人,从想要知道什么时候可以收获庄稼的农民,到想要知道本世纪全球变暖过程的气象学家来说,这是一项非常实际的应用。

原则上来说,计算机可以利用牛顿的运动定律,对构成天气的分子的活动过程做任意精确度的计算。但实践中,计算机程序是极其粗略的,最多只能对几天的天气做预报,超出这个范围就不可靠了。要预测天气,需要确定每个空气分子的运动——这超出了我们最强大的计算机的能力若干个数量级;还有"混沌理论"和"蝴蝶效应"的问题,蝴蝶翅膀的哪怕最微小的一次振动都会造成连锁反应,如果它发生在某些节骨眼上,就会从几百英里之外对改变天气产生决定性的影响。

数学家们对这一情况作了总结,说可以对天气做精确描述的最小模型是天气本身。不对每个分子做微观分析,最好的办法是对明天的天气做估测,以及对大趋势和大格局(如温室效应)做估测。

所以,要按照牛顿学说把世界分解为计算机程序是极其困难的,因为有太多的变量,太多的"蝴蝶"。但是在量子世界中,则会发生奇异的事情。

我们前面已经看到,贝肯斯坦证明,黑洞所含的全部信息量与黑洞事件穹界的表面积成比例。有一种直观的办法来理解这一点。许多物理学家相信,最小的可能长度是 10^{-33} 厘米的普朗克长度。这是个小到难以置信的距离,这时空间-时间不再光滑,而变成"泡沫状",像发起了一堆泡泡。我们可以把事件穹界的球面分割成很小的正方形,每个都是普朗克长度那么大。如果每个正方形中都存有一些信息,那么当我们把所有的正方形加起来,就大致得出黑洞中存有的全部信息量。这似乎就表示,每一个"普朗克正方形"就是一个最小的信息单位。如果事实如此,那么贝肯斯坦就声称,也许信息才是物理学的真正语言,而不是场论。如他所说:"场论由于包含无穷性,所以不可能成为最终答案。"

如我前面提过的,自从有了迈克尔·法拉第(Michael Faraday)在 19 世纪所做的那些工作,物理学一直是以场的语言来描述的,场是光滑连续的,在空间-时间中的任何一个点上对磁力、电力、引力等的强度进行测量。但场论是以连续性的结构,而不是数字化的结构为基础的。场可以有任何值,而数字化的数字只能代表以 0 和 1 为基础的具体数字。这种区别就如同符合爱因斯坦理论的一块光滑的橡胶垫和一张细密的金属丝网之间的差别。橡胶垫可以被分割成无穷数量的点,但金属丝网则有最小的距离,也就是网孔的长度。

贝肯斯坦提出:"终极理论决不应是场的理论,甚至也不应是空间-时间的理论,它应该是有关物理过程中信息交换的理论。"

如果宇宙可以被数字化,并可以被降解为 0 和 1,那么宇宙的信息总量是多少呢? 贝肯斯坦估算,大约 1 厘米见方的黑洞可存有 10^{66} 比特(bits)的信息。但是如果一个 1 厘米见方的物体可以存有大量比特的信息,那么他估计,可见宇宙所存有的信息可能要多得多,绝不少于 10^{100} 比特的信息(原则上可以被塞进一个直径为十分之一光年的球体中。这个巨无霸数字是 1 之后跟着 100 个 0,被称为一个"古戈尔〔googol〕")。

如果这幅图景是正确的,那么我们就面临着一个奇怪的局面。它可能意味着,虽然以牛顿学说描述的世界不能被计算机模拟(或只能由一个与它一样大的系统来模拟),但在量子世界中,也许宇宙本身可以被放在一张 CD 光盘上! 从理论上说,如果我们可以把 10^{100} 比特的信息放到一张 CD 光盘上,那我们就可以在自己的起居室中坐看宇宙中的任何事件在自己眼前展开。原则上我们可以把这张 CD 光盘上的字节重新安排或编程,让物理现实以不同的方式展开。从某种意义上来说,人就可以拥有像上帝一样的能力来改写脚本。

(贝肯斯坦也承认,宇宙的全部信息量可能比这要大得多。事实上,能够包容宇宙信息量的最小容积可能就是宇宙本身。如果这是正确的,那么我们就又回到了原来的起点:能够模拟宇宙的最小系统就是宇宙本身。)

然而弦理论对于"最小距离"以及我们是否能够把宇宙数字化并存放到一张光盘上去,提出了一个略有不同的解释。M 理论具有所谓的 T 对偶性。我们还记得古希腊哲学家芝诺(Zeno)说过,一条线可以被分割为无穷数量的点,永无止境。但今天,像贝肯斯坦那样的量子物理学家相信,最小的距离可能是普朗克距离,是 10^{-33} 厘米,在那个尺度上,空间-时间会变成泡泡状。但 M 理论对此又有新说法。比方说,我们采用弦理论,把一个维度包裹进一个半径为 R 的圆环中。然后我们取另外一个弦理论,把一个维度包裹进一个半径为 $1/R$ 的圆环中。对比这两个相当不同的理论,我们发现它们完全一样。

现在让 R 变为非常小,比普朗克长度还要小得多。这意味着普朗克长度以内的物理学与普朗克长度以外的物理学完全一致。在普朗克长度上,空间-时间可以变为团团块块的泡沫状,但普朗克长度以内的物理学和非常大距离上的物理学则会是平滑的,实际上完全一致。

这种对偶性是 1984 年由我原来的同事,大阪大学的吉川圭二和他的学生山崎雅美(Masami Yamasaki)首次发现的。虽然弦理论看似得出结论,认为存在一个"最小距离",即普朗克长度,但物理学并不以普朗克长度而戛然中止。在这一新发现中,小于普朗克长度的物理学与大于普朗克长度的物理学相等。

如果这一颇富颠覆性的解释是正确的,那就意味着,即使是在弦理论中"最小的距离"以内,也可以有一个完整的宇宙。换句话说,即使是在大大小于普朗克能量(Planck energy)的距离之内,我们依然可以运用场论及其连续性结构(而非数字化结构)来描述宇宙。所以,也许宇宙根本不是一个计算机程序。不管怎么说,由于这是个有明确定义的问题,所以时间会做出评判。

(这个 T 对偶性说明我早些时候提到的韦内齐亚诺〔Veneziano〕"大爆炸前"的假想是合理的。根据该模型,黑洞坍塌至普朗克长度,然后发生"反弹",再次发生大爆炸。这种"反弹"不是一种突然发生的事件,而是在小于普朗克长度的黑洞与大于普朗克长度的膨胀中的宇宙之间的一种平滑的 T 对偶性。)

平行宇宙 到尽头了吗?

如果 M 理论获得成功,如果它的确是一项包罗万象的理论,那么它是否就是我们所知的物理学的尽头呢?

回答是"不"。让我举个例子。虽然我们懂得象棋的规则,但懂得规则并不能使我们成为象棋大师。同理,知道了宇宙的法则,并不意味着我们在理解其丰富多样的解方面成了大师。

我个人认为,把 M 理论应用于宇宙学可能还为时过早,尽管它以令人惊异的方式为宇宙是如何开始的描绘了一幅新图景。我认为,主要的问题在于这个模型还没有最终定型。M 理论很有可能成为包罗万象的理论,但我相信它还远未完善。这个理论自 1968 年起就在倒行着发展,而它的最终方程式至今仍未找到。(例如,吉川和我多年前证明了弦理论可以通过弦场论形成。但 M 理论中与此对应的方程式现在还没人知道。)

M 理论面临着若干问题。其一是物理学家现在沉溺在 p 膜中了。发表了一系列的论文,试图把各个维度中可以存在的多到令人眼花缭乱的各类膜进行归类。有些膜的形状像是带有一个洞的面包圈,有的像是带有多个洞的面包圈,还有互相交叉的膜,等等。

这使人想起了盲人智者摸象的寓言。每个人摸到了象的不同部位,于是就得出了不同的理论。一个盲人智者摸到了尾巴,于是说大象是一种一位膜

（弦）。另一位智者摸到了耳朵，于是说大象是一种二位膜（膜）。最后一位说前两位都错了。他摸到的是象腿，感觉像树干一样，这第三位智者就说大象实际是一种三位膜。因为他们是盲人，他们无法看到整体的画面，不知道一位膜、二位膜和三位膜加在一起只是叫做大象的这同一种动物。

同样，很难相信，M理论中所发现的几百种膜能够有什么根本性的意义。目前我们对M理论还没有形成全面理解。根据我目前所做的研究工作，我个人的观点是，这些膜和弦代表的是空间的"缩影"（condensation）。爱因斯坦试图以纯几何方式来描述物质，把它们看做是时空结构中的某种"线疙瘩"。例如，如果我们的床单上出现了一个线疙瘩，这个线疙瘩会发展，如同它自己有生命一样。爱因斯坦试图建立电子和其他基本粒子的模型，把它们比做时空几何中的某种紊乱现象。虽然他最终失败了，但这一想法可以在M理论中高得多的层面上再生。

我相信爱因斯坦的路子是对的。他的想法是通过几何学来产生亚原子物理学。爱因斯坦的策略是为点状粒子找出几何模拟（geometric analog），但我们可以对此进行修改，为由纯空间-时间构成的弦和膜建立一个几何模拟。

要理解这一方法的逻辑，一种方法是回顾一下物理学的历史。过去，每当物理学家面临依次排列的一系列客体时，我们就会意识到其根源处一定有某种更具根本性的东西。例如，当我们发现氢气散发出的光谱线时，我们最终意识到，它们源自原子，源自电子围绕原子核旋转时作出的量子跃迁。

同样，在20世纪50年代，当物理学家们遇到强粒子（strong particles）的扩散现象时，最后意识到它们不过是夸克的一些界态（bound states）。而当面临标准模型中夸克和其他"基本"（elementary）粒子的扩散现象时，多数物理学家现在相信它们起源于弦的振动。

在M理论中，我们面临的是各种各样p膜的扩散。难以相信这是一种带有根本性的现象，因为p膜实在太多了，同时也因为它们天然带有不稳定性和发散性。还有一种简单些的办法，与追溯历史的办法相一致，是假定M理论源自于一种更为简单的范式，可能就是几何学本身。

要想解决好这个根本问题，我们需要懂得这个理论的物理学原理，而不仅是其艰涩的数学原理。正如物理学家布莱恩·格林（Brian Greene）所说的："目前，弦理论家的处境与爱因斯坦没有找到等效原理相似。自从1968年韦内齐亚诺有深刻见解的猜测提出以来，一项发现加一项发现，一次革命又一次革命，这项理论被逐步拼凑起来了。但是，仍然缺少一项起核心组织作用的原理，把这些发现以及这个理论的所有其他特性总揽到一个能够包罗万象的成体系的框架之中,在其中,每一个具体组成都是绝对不可缺少的。这个原理的发现,将标志着弦理论发展中的一个转折点,它将以前所未见的清晰度揭示出这项理论的内在工作原理。"

它还将告诉人们,迄今为止为弦理论找到的数以百万计的解究竟意味着什么,它们每一个都代表着一个完全自成一体的宇宙。过去曾经认为,在这些数不清的解中,只能有一个解可以代表弦理论的真解。但今天,我们的想法已有了变化。迄今为止,还没有任何一种方法可以从迄今已发现的数以百万计的宇宙模式中单单挑出一个来。有越来越多的意见认为,如果我们无法为弦理论找到一个独一无二的解,那么就有可能根本不存在这样一个解。所有的解都一样。有的只是由许多宇宙构成的多元宇宙(multiverse of universes),每一个都符合所有的物理法则。这就把我们引向了所谓的"人择原理"(anthropic principle)以及存在着"设计者宇宙"(designer universe)的可能性。

第 8 章　设计者宇宙?

在这个体系被构建出来之前的无穷岁月中,或许也有过无数的宇宙七拼八凑生生灭灭;耗费了大量的劳动,多少次尝试无果而终,而在这无穷岁月中,创造世界的技艺改进了,尽管缓慢,但从未中断。

——大卫·休谟(David Hume)

在我还在读小学二年级的童年,我的老师不经意地说过一句话,使我永生不忘。她说:"上帝太爱地球了,所以他把地球放在了离太阳正合适的距离上。"作为一个 6 岁的孩子,这一简单而有力的论断使我恍然大悟。如果上帝把地球放得离太阳太远,那么海洋就会冻结。如果他把地球放得太近,那么海洋就会被煮沸。对于她来说,这不仅意味着上帝确实存在,而且他还是仁慈的,他那么爱地球,所以他把地球放在离太阳正合适的距离上。这使我深受触动。

今天,科学家们说地球生活在离开太阳一定距离的"金凤花区域"(Goldilocks zone,适居带)中,正好可以使液态水这种"万能溶剂"存在,以便进行能产生生命的化学反应。如果地球离开太阳再远些,它可能就变得像火星一样,是一片"冰封沙漠",冰点温度在那里造成了严酷荒凉的地表,水甚至是二氧化碳都通常被冻成固体。即使是在火星土壤下面,人们找到的也是永冻带,一层永久冻结的水。

如果地球和太阳靠得近些,那么它可能就会更像金星,它的大小与地球几乎完全一样,但大家都知道它是个"温室行星"。由于金星太靠近太阳,由于它的大气是由二氧化碳构成的,所以太阳光的能量被金星捉住不放,使温度飙升到 900 华氏度(500℃)。由于这个缘故,在太阳系中平均来看,金星是最热的行星。硫黄酸雨、100 倍于地球的大气压力、炙热的温度,这一切使金星成了太阳系中可能最像地狱的行星,这主要是因为它比地球离太阳近的缘故。

对我的小学二年级老师的论点进行分析的时候,科学家会说,她的说法就是"人择原理"的一个例子,根据此说,自然法则是特意安排的,这样才使生命和精神意识成为可能。这些法则究竟是来自某种更伟大的设计安排,还是意外造成的,一直是个大有争议的话题,尤其是近些年来更是如此,因为发现了大量的"意外事件"或巧合,是它们使得生命和精神意识成为可能。对一些人来说,这证明有一个神,他有意把自然法则安排成使得生命,以及我们人类成为可能。但对另一些科学家来说,这意味着我们是一连串"幸运巧合"的副产品。或者也许,如果你相信膨胀学说及 M 理论的一些流派的话,还存在着由许多宇宙构成的多元宇宙。

要想理解这些观点的复杂性,首先来想一想那些使得地球上的生命成为可能的"意外"和巧合。我们不仅生活在太阳的金凤花区域(适居带)之内,我们还生活在一系列其他的金凤花区域(适居带)之内。例如,我们的月球的大小正好可以稳定地球的轨道。如果月球比现在小得多,即使地球自转中少许的动荡,都会在几千万年期间慢慢积聚,使地球摇晃到灾难性的地步,导致剧烈的气候变化,使生命成为不可能。计算机程序显示,如果月球不够大(大约是地球大小的三分之一),地球的轴线在几百万年期间可能会移动高达 90 度。由于科学家们相信,产生 DNA 需要有几亿年的稳定气候,所以如果地球轴线周期性地倾斜,会给天气造成灾难性的变化,使得 DNA 的创造成为不可能。幸运的是,我们的月球大小"正合适",可以稳定地球的轨道,所以这种灾难不会发生。(火星的几个卫星不够大,不能稳住它的自转。结果,火星正慢慢进入又一个不稳定时期。天文学家相信,过去火星在其轴线上的摇晃可能高达 45 度。)

由于小的潮汐力的作用,月球也在以大约每年 4 厘米的速度离开地球;20亿年以后,它将离开地球太远,不再能稳定地球的自转。这对于地球上的生命会产生灾难性的后果。几十亿年以后,由于地球在其轨道上翻滚,不仅夜空中不再有月亮,我们所看到的星座也会完全不同。地球上的天气会变得无法辨认,使生命无法持续。

华盛顿大学的天文学家彼得·D. 沃德(Peter D. Ward)和唐纳德·布朗利(Donald Brownlee)写道:"没有月亮就会没有月光,没有月份,没有神经病,没有阿波罗计划,诗词的数量会减少,这个世界上每天晚上都会黑暗阴沉。没有月亮还可能就没有了鸟类、红杉、鲸、三叶虫,或其他高级生命来打扮地球。"

同样,我们太阳系的计算机模型显示,太阳系中有木星,对于地球生命来说是个万幸的事,因为它的巨大引力帮助把小行星甩进外太空。35 亿至 45 亿年前的"陨石时代"期间,几乎用了 10 亿年的时间才把小行星碎片和太阳系形成后遗留下来的彗星从我们的太阳系中"清理干净"。如果木星比现在小得多,它的引力弱得多,那么我们的太阳系至今仍会充斥着小行星,它们会栽进我们的海洋,毁灭生命,使地球上的生命产生成为不可能。所以,木星同样也是"大小正合适"。

我们还生活在行星质量的适居带内。如果地球再小一点,它的引力就会太弱,无法保持其氧气。如果它太大,那么它会保持住许多原始的有毒气体,使生命成为不可能。地球的重量"正合适",使它保持住有益于生命的大气成分。

我们还生活在行星容许轨道的适居带内。尤其是,除了冥王星之外,其他行星的轨道都近乎圆形,这意味着太阳系中的行星之间的影响会很罕见。这也就是说,地球不会与任何巨型气体星球靠得太近,因它们的引力会很容易地破坏地球轨道。这又是有助于生命产生的,地球需要几亿年的稳定环境。

同样,地球也存在于银河系的适居带内,离开其中心有2/3的距离。如果太阳系离银河系的中心太近,那里隐藏着一个黑洞,其辐射场强大到使生命不可能。但是如果太阳系离得太远,就不会有足够的高级元素,无法创造生命所必需的元素。

科学家可以举出许多例子,说明地球位于数不胜数的适居带之内。天文学家沃德(Ward)和布朗利(Brownlee)论证说,我们生活在这么多的窄频带或金凤花区域中,说不定地球上的智慧生命的确是银河系中,甚至是宇宙中独一无二的。他们列举一系列令人叹服的事实,说明地球上海洋、板块构造、氧气含量、热含量、地球轴线的倾角,如此等等的数据都"正合适"创造智慧生命。如果地球处于所有这些非常狭窄的频带中的哪怕一个之外,都不会有我们在这里谈论这个问题了。

难道真是因为上帝爱地球,才把它放置在所有这些适居带当中?有可能。然而,我们也可以得出另外一个无需借助神力的结论。也许宇宙中有几百万颗死行星,它们确实离自己的太阳太近,它们的月亮太小,它们的木星太小,或者它们离自己的银河系中心太近。换句话说,对于地球来说存在着适居带未必意味着上帝情有独钟;它可能仅仅是个巧合,是宇宙中几百万个死行星中的一个罕见的特例,其他的都处于适居带之外。

古希腊哲学家德谟克利特(Democritus)提出了存在着原子的假说,他写道:"有无穷数量的世界,大小各异。有些世界既无太阳也无月亮。有些则不止一个太阳和月亮。各个世界之间的距离是不等的,在有些方位上世界的数量多些……如果它们互相碰撞,它们就毁灭了。有些世界中没有动植物生命,没有任何湿度。"

事实上,到了2002年,天文学家已发现了100颗太阳系外行星在围绕着自己的恒星转。现在每两个星期左右就会发现一颗太阳系外行星。由于太阳系外行星自己不发光,天文学家们是通过各种间接方式找到它们的。最可靠的办法是观察母恒星有没有晃动,当有金星大小的行星围绕着它转的时候,它会前后晃动。通过对晃动的恒星所发射的光的多普勒频移(Doppler shift)进行分析,可以计算出它移动得有多快,并可以运用牛顿定律计算出它的行星的质量。

"你可以把恒星和它的大行星看做像舞伴一样旋转到各个方向,手搀在一起向外伸出着。转大一点的圈子时,外侧的小一点的舞伴移动的距离要长一些,内侧的大一点的舞伴则只是在很小的圈子里挪动脚步——而在那个很小的内圈上显示出来的那种挪动就是我们从这些恒星上看到的'晃动'。"卡内基研究所的克里斯·麦卡锡(Chris McCarthy)说。这种方法现在非常精确,对一颗几百光年远的恒星,我们可以探测到以每秒钟3米的速度出现的微小振动(轻健步伐的速度)。

还有人提出了更为别出心裁的方法来发现更多的行星。其中一种是在行星遮挡母恒星的时候找到它,当行星在恒星面前通过时,会使恒星的亮度稍微减弱。而且15到20年之内美国航空航天局(NASA)将把它的干涉空间卫星(Interferometry Space Satellite)送入轨道,它将能够找到外太空中较小的像地球一样的行星。(由于母恒星的亮度盖住了行星,这颗NASA的卫星将利用光干涉来消除掉母恒星强烈的光晕,从而除去类似地球的这颗行星的面纱。)

迄今为止,我们所发现的有木星大小的太阳系以外的行星中没有一颗像我们的地球,而且可能都是死星球。天文学家是在高度偏心的轨道,或者离母恒星非常近的轨道上找到它们的;在这两种情况中,都不可能有位于适居带之内的类似地球的行星。在这种太阳系中,木星大小的行星会穿过适居带,把任何像地球一样的小个行星抛入外太空,阻止我们所知的生命形式产生。

高度偏心的轨道在太空中很普遍,实际上普遍到了当在太空中发现了一个"正常"太阳系的时候,它成了2003年的报纸头条新闻。美国和澳大利亚的天文学家都预言了会发现围绕着HD 70642恒星旋转的一颗木星大小的行星。这颗行星(大约是我们的木星的两倍大)的不寻常之处在于,它有一个圆形轨道,其比例与我们的木星至太阳的比例大致相同。

但是将来,天文学家将能够把附近所有的恒星都归类,从中寻找与太阳系相近的恒星系。"我们正努力把所有距离最近的2 000颗类似太阳的恒星纳入观测,也就是所有150光年以内的类似太阳的恒星。"华盛顿卡内基研究所的保罗·巴特勒(Paul Butler)说。他参与了1995年第一次太阳系以外的行星的发现。他说:"我们的目标是双重的,即,对我们在太空中最近的邻居做侦察,做第一次普查;以及为解答我们自己的太阳系究竟有多普遍或者说有多罕见这个基本问题提供第一手资料。"

宇宙意外

要能够创造生命,我们的行星必定经历了几亿年的相对稳定。但是,要想制造一个稳定几亿年的世界,其难度是惊人的。

首先从原子的结构来看,质子的重量略小于中子。这意味着中子最终会衰变为质子,质子的能态要低一些。只要质子再多重1%,它就会衰变为中子,这样所有的核子(nuclei)就会变得不稳定,并且解体。原子会飞散开来,生命也就不可能了。

另一项使生命成为可能的宇宙意外,是质子是稳定的,不会衰变为反电子(antielectron)。实验证明,质子的寿命绝对是天文数字,它比宇宙的寿命要长得多。为了制造稳定的DNA,质子必须稳定至少几亿年。

如果强核力稍微弱一些,像氘那样的核子就会飞散,那么宇宙中就没有一种元素可以通过核合成在恒星内部成功组合。如果强核力稍微强一些,恒星的核燃料会燃烧得太快,生命就不会存在了。

如果我们改变弱核力的强度,我们会发现,生命又不可能了。中微子是通过弱核力活动的,它们在承载爆发中的超新星的能量方面起着关键作用。这种能量反过来又负责创造比铁更高等的元素。如果弱核力稍弱一些,中微子将很难起任何相互作用,这就意味着超新星无法创造超过铁的元素。如果弱核力稍强一些,中微子就可能无法正常逃脱恒星的核心,因此又不能创造出构成我们的身体及世界的高等元素。

事实上,科学家列出了长长一份这类"惊喜的宇宙意外"的单子。当看着这份不得不接受的单子,看到有那么多熟悉的宇宙常数处在使生命成为可能的非常狭窄的频带之中,真是令人震惊。这些意外中只要有一个被改变,恒星就将永远不会形成,宇宙就会灰飞烟灭,DNA就不会存在,我们所知道的生命就成为不可能,地球就会翻转或者冻结,等等。

为了说明这一切令人惊讶到了什么程度,天文学家休·罗斯(Hugh Ross)把这与"龙卷风在袭击废车场时凑巧完整地装配成一架波音 747 飞机的可能性"相比。

宇宙平行 人择原理

所有上面提出的这些论点回过来又被归入到"人择原理"的名下。关于这项有争议的原理,你可以持几种不同的态度和观点。我前面提到过,我的小学二年级老师觉得这些"惊喜巧合"说明存在着一个宏大的设计或规划。正如物理学家弗里曼·戴森(Freeman Dyson)一次说过的:"似乎宇宙知道我们要来了。"这是"强人择原理"的一个例子,它认为,物理常数是经过精细调节的,它不是意外,而是暗示出存在着某种设计。("弱人择原理"只是简单地说,宇宙中的物理常数本来就有可能创造生命和精神意识。)

物理学家唐·佩奇(Don Page)对多年来提出的各种形式的人择原理进行了归纳:

* 弱人择原理——"我们对宇宙所做的观察,都限于我们作为观察者所需要的生存条件。"
* 强的弱人择原理——"宇宙中存在许多世界……其中至少有一个世界必定会产生出生命。"
* 强人择原理——"宇宙必定具有在一定的时候产生出生命的特性。"
* 最终人择原理——"宇宙中必然会发展出智慧,它一旦产生就再也不会灭绝。"

维拉·基斯佳科夫斯基(Vera Kistiakowsky)是麻省理工学院的一位物理学家,很认真看待强人择原理,宣称这是存在上帝的一个标志。她说:"我们对物理世界的科学认识所揭示的这种精妙秩序只能由神性来解释。"还有一位支持这一观点的物理学家是约翰·波尔金霍恩(John Polkinghorne),他是一位粒子物理学家,放弃了在剑桥大学的职位,成了一位英格兰教会的牧师。他写道:宇宙不是"随便一个什么信手拈来的世界",它是专门为生命而精确调试过的,因为它是造物主的创造,是他让它成为这个样子的。艾萨克·牛顿所提出的概念,是一些颠扑不破的法则,它们无须神的干预就可以应用于行星和恒星,但事实上,他本人相信这些优雅的法则都指向上帝的存在。

但物理学家和诺贝尔奖获得者史蒂文·温伯格(Steven Weinberg)对此不相信。他承认人择原理有其吸引人之处:"人类几乎不得不相信我们与宇宙有某种特殊关系,不得不相信人类的生命不只是宇宙最初3分钟内一系列意外所造成的多少有些可笑的产物,不得不相信在某种意义上我们从宇宙一开始就被安排在其中。"然而他得出的结论是,强人择原理"比神秘主义的晦涩胡说强不了多少"。

其他人对人择原理的力量也不大信服。已故物理学家海因茨·帕格尔斯(Heinz Pagels)一度被人择原理所打动,但最终对它失去了兴趣,因为它不具备预测功效。这个理论是无法测试的,也没有任何办法从中提取新信息。相反,它所能提供的只是无穷无尽的空洞的同义反复,例如:因为我们存在,所以我们存在之类。

古思(Guth)也否定人择原理,他说:"我觉得难以相信,会有什么人在能对事物做更好的解释时还会采用人择原理。我倒是愿意听听世界历史的人择原理……人择原理是一种人们在想不出有什么更有益的事情可做时才会做的事情。"

平行宇宙 多元宇宙

另外一些科学家,像剑桥大学的马丁·里斯(Martin Rees)爵士,相信所有这些宇宙意外证明存在着多元宇宙。里斯(Rees)相信,出现这几百项"巧合"的频率小到难以置信的程度,而我们正生活于其中,这是个事实,要解释这个事实,唯一的办法就是假定存在着几百万个平行宇宙。在这个由许多宇宙组成的多元宇宙中,多数宇宙都是死的。质子是不稳定的。原子从不凝聚。DNA从来没有形成。宇宙还未发育成熟就坍塌,或几乎直接就冻结了。但在我们这个宇宙中,一系列宇宙意外发生了,这并不是因为上帝出手干预了,而是统计学上的平均律使然。

从某种意义上来说,在推崇平行宇宙思想的人中,马丁·里斯爵士是最令人意想不到的一位。他是英格兰皇家天文学家,在代表该机构对宇宙的看法方面负有重大责任。里斯满头银发,仪表出众,穿着方面无懈可击,他不论是谈论宇宙的奇迹还是谈论一般公众关心的话题时都同样雄辩在行。

他相信,宇宙是经过"精心调试"的,以便生命能够存在,这决不是偶然。宇宙能够存在于这样狭窄的允许生命存在的频带中,所需要的意外实在太多了。"这种我们赖以存在的看起来经过精心调试的状态有可能是个巧合,"里斯写道,"我一度这样认为过。但这种看法现在看来过于狭隘……一旦我们接受这一点,我们宇宙中看起来很特殊的一些特性,那些一度为某些神学家引证为存在神性或有目的的设计的特性,就不再令人惊奇了。"

为了支持这些横扫千军的说法,里斯量化了其中一些概念,以使自己的论点具体化。他宣称,宇宙似乎受到 6 个数字的支配,其中每一个都是可测度的,经过精心调节的。这 6 个数字必须满足生命所需要的条件,否则就创造出了一个死宇宙。

第一个数字是艾普西龙(ε。第五个希腊字母 Epsilon),它等于 0.007,这是氢的相对数量,在大爆炸时通过聚变转化为氦。如果这个数字是 0.006 而不是 0.007,核作用力就会被减弱,质子和中子就不能结合在一起。氘(带有一个质子和一个中子)就不能形成,因而永远不能在恒星中创造出更重的元素,我们身体中的原子不会形成,而整个宇宙则熔解为氢。核作用力哪怕稍微减少一点,就会在元素周期表中产生不稳定,能够用于创造生命的稳定元素就会减少。

如果艾普西龙(ε)的值是 0.008,则聚变的速度会快到大爆炸中剩不下一点氢,那么今天就不会有恒星为行星提供能量。或者两个质子会结合在一起,这也使得恒星中的聚变成为不可能。里斯指出,弗雷德·霍伊尔(Fred Hoyle)发现,核作用力中哪怕小到只有 4% 的变动都会使恒星中不可能形成碳,使得高级元素和以其为基础的生命成为不可能。霍伊尔还发现,如果稍稍变动一下核作用力,那么铍(beryllium)就会不稳定到根本无法成为形成碳原子的"桥梁"。

第二个数字是 N,它的值等于 10^{36},这个值代表电力的强度除以引力的强度,引力的强度是表示引力弱到什么程度的。如果引力再弱些,那么恒星就无法凝聚并产生出聚变需要的巨大温度。这样,恒星就不能发光,行星就陷入冰冷的黑暗。

但如果引力稍微强一些,这就会使恒星升温过快,它们的燃料在生命还没来得及出现之前就烧完了。而且,大一点的引力会使星系形成得较早,这样它们会相当小。恒星挤在一起的密度更大,使各种恒星和行星之间发生灾难性的碰撞。

第三个数字是欧米伽值(Ω),代表宇宙的相对密度。如果欧米伽的值太小,那么宇宙扩张和冷却的速度就会太快。但如果欧米伽的值太大,那么宇宙在生命起步之前就会坍塌。里斯写道:"大爆炸之后的第一秒钟,欧米伽的值与统一性(unity)的差别不会超过千万亿分之一(即 $1/10^{15}$),只有这样,在 100 亿年之后的今天,宇宙才能仍在膨胀,欧米伽的值偏离统一性才不太离谱。"

第四个数字是拉姆达(Λ),这是宇宙常数,决定宇宙的加速度。如果它稍微大几倍,它所产生出来的反引力会把宇宙炸飞,并使它直接进入大冻结,使生命成为不可能。但如果宇宙常数是个负数,宇宙就会剧烈地收缩,进入"大坍缩",而生命还没来得及形成。换句话说,宇宙常数和欧米伽值一样,也必须在某个窄频带范围内,这样生命才成为可能。

第五个数字是 Q,代表宇宙微波背景中不均匀分布(irregularities)的振幅,等于 10^{-5}。如果这个数字小一点点,那么宇宙就会极端均匀,成为死气沉沉的一团气体和尘埃,永远不会凝缩为今天的恒星和星系。宇宙会是黑暗、均匀、毫无特性、死气沉沉的。如果这个数字再大些,那么物质就会在宇宙历史中提前凝缩成巨大的超星系结构体。这些"巨大的物质团块就会凝缩成巨大的黑洞",里斯说。这些黑洞会比整个星云团还要重。在这种巨大的气团中不论形成了什么样的恒星,它们都会紧紧地挤在一起,不可能出现行星体系。

最后一个数字是 D,是宇宙维度的数量。由于对 M 理论发生了兴趣,物理学家们又回到了在更高或更低维度中是否可能产生生命的问题。如果空间是一维的,那么,因为这样的宇宙太小了,可能不会有生命。通常,当物理学家们试图把量子理论运用到一维宇宙时,我们发现粒子之间相互穿过对方而不发生相互作用。所以只有一个维度的宇宙可能无法支持生命,因为粒子无法"粘"到一起来形成越来越复杂的物体。

在二维空间中,我们也会有问题,因为生命形式可能会解体。想象一种生活在桌面上的二维的扁平族类,让我们称他们为"平面国人"(Flatlanders)。想象他们会如何吃东西。从嘴到屁股的那条通道会把平面国人一分为二,他就解体了。所以很难想象,平面国人怎能作为复杂的生命体存在,而不解体或分为一块一块的。

还有一项生物学上的论点,说明智慧生命不可能存在于三个维度以下。我们的大脑是由大量互相重叠的神经元构成的,由一张宽广的电力网络连接在一起。如果宇宙是一维的或二维的,那就很难建立复杂的神经网络,尤其如果要把它们一个短接在另一个之上的时候。维度太低的话,大量的复杂逻辑线路和神经元就受到了极大的局限,无法放在很小范围内。例如,我们自己的大脑有大约 1 000 亿个神经元,差不多与银河系中恒星的数量一样多,每个神经元都与 10 000 个其他的神经元相连接。这种复杂程度在更少的维度中是难以再现的。

在四个空间维度中,则又会出现另一个问题:行星围绕太阳的轨道就不稳定了。牛顿的平方反比定律被一种立方反比定律所取代。1917 年,保罗·埃伦费斯特(Paul Ehrenfest),他是爱因斯坦的亲密同事,对在其他维度中物理学会是什么样子进行了猜测。他对所谓泊松-拉普拉斯方程(Poisson-Laplace equation)(支配行星体运动以及原子中的电荷)进行了分析,发现在有四个以上的空间维度时,轨道就不再稳定。由于原子中的电子以及行星不时会受到碰撞,这意味着原子和太阳系可能无法在更高维度中存在。换句话说,三个维度别有意义。

对于里斯来说,人择原理是多元宇宙最有力的论点之一。正像地球有适居带这一事实暗示还存在太阳系以外的行星一样,宇宙有适居带也暗示还存在着平行宇宙。里斯评论道:"如果你有大量的衣服,那么你能从中找出一套合身的来就没什么可奇怪的。如果有许多宇宙,每个宇宙受到一套不同数字的支配,那么其中就会有一套数字特别适合于生命。而我们就在那样一个宇宙中。"换句话说,我们的宇宙之所以是这个样子,是多元宇宙中许多宇宙的平均定律使然,而不是由一个宏大设计使然。

温伯格(Weinberg)似乎在这一点上同意他的看法。事实上,温伯格觉得多元宇宙这个想法从学术上来讲是讨人喜欢的。他从来不喜欢那种认为时间是在大爆炸之时突然冒出来的,在那之前不存在时间的想法。根据多元宇宙学说,有无穷的宇宙不断地被创造出来。

里斯偏爱多元宇宙学说还有另外一个离奇的原因。他发现,宇宙中含有一点点"丑陋"。例如,地球的轨道稍微有点椭圆。如果它是正圆的,那么有人就会像神学家所做过的那样,证明这是神性干预的一个副产品。但它不是,说明在狭窄的适居带中存在一定的随机性。同样,宇宙常数也并非正好为零,而是一个很小的数,这说明我们的宇宙"绝非为我们的存在而专门设置的"。所有这一切,都与我们这个宇宙是意外随机产生的说法相吻合。

宇平宙行 宇宙的演化

由于里斯是一位天文学家而不是哲学家,所以他说,所有这些理论的底线,是它们必须是可测定的。事实上,这就是他倾向于多元宇宙学说的原因,而不喜欢与多元宇宙学说竞争的一些神秘主义理论。多元宇宙理论"实实在在处于科学的范畴之内",因为它是可以测试的。"未来 20 年中,我们有可能使多元宇宙论建立在坚实的科学基础之上,或把它排除掉。"

多元宇宙思想的一个变种实际上现今就可测试。物理学家李·斯莫林(Lee Smolin)走得比里斯还要远,他设想各种宇宙在"进化",如同达尔文进化论那样,最终会演进成像我们的宇宙一样的宇宙。例如,根据混沌膨胀理论,"子代宇宙"(daughter universes)的物理常数与母宇宙的略有不同。如果宇宙可以像一些物理学家相信的那样从黑洞中萌生,那么主宰多元宇宙的那些宇宙就应该是那些黑洞最多的宇宙。这意味着,如同在动物世界中一样,"子女"最多的宇宙最终会占到主导地位,散布它们的"信息基因",也就是大自然的物理常数。如果这是正确的,那么我们的宇宙在过去可能已有过无穷数量的祖先,而且我们的宇宙是亿万年自然选择的副产品。换句话说,我们的宇宙是个"适者生存"的产物,也就是说,它是那些黑洞最多的宇宙的后代。

虽然宇宙间的达尔文进化是个离奇的想法,但斯莫林(Smolin)相信,只须数一数黑洞的数量就可以对此加以验证。我们的宇宙应该是最大限度地适合产生黑洞的。(然而,黑洞数量最多的宇宙是否即是像我们这个宇宙一样适合产生生命,仍有待验证。)

由于这个想法是可测试的,因此可以想出一些反例。例如,或许可以对宇宙的物理参数进行假想调整,来看看没有生命的宇宙是不是很容易产生黑洞。例如,我们或许可以证明,具有强得多的核作用力的宇宙中存在燃烧极快的恒星,创造出大量的超新星,它们很快地坍塌为黑洞。在这样的宇宙中,核作用力的值较大,意味着恒星的寿命短,所以生命无法起步。但这样一个宇宙也可能黑洞更多,这样就否定了他的想法。这个想法的优点在于,它可以被测试、复制或证伪(这是任何真正科学理论的标志)。时间会告诉我们这种理论是否能够站得住脚。

虽然任何涉及到虫洞、超弦以及更高维度的理论,都超出了我们当今的实验能力,但新的试验一直在进行着,未来的试验也在规划中,以便确认这些理论是否正确。我们正经历着一场实验科学的革命,动用了卫星、空间望远镜、引力波探测器和激光的全部威力,来对付这些问题。这些实验的丰富成果将很好地解答宇宙学中一些最深奥的问题。

第9章　寻找来自第11维度的回声

不寻常的观点应有不寻常的证据。

——卡尔·萨根（Carl Sagan）

平行宇宙、空间入口（dimensional portal）以及高维度等这些概念虽然令人叫绝，但需要有严丝合缝的证据来证明它们的存在。正如天文学家肯·克罗斯韦尔（Ken Croswell）评价的："其他的宇宙会令人陶醉！关于它们，你想说什么就可以说什么，只要天文学一天没有找到它们，就一天不能说你是错的。"以前，要对许多这类预言进行测试似乎是毫无指望的，因为我们的试验设备太原始。然而，由于计算机、激光和卫星技术的最新发展，对许多这类理论进行实验验证已经近在眼前。

对这些思想进行直接验证也可能异常困难，但间接验证是可能做到的。我们有时会忘记，天文学中的大部分验证都是间接完成的。例如，从没有人访问过太阳或恒星，但我们还是通过对这些发光体所发出的光进行分析，知道了恒星的构成成分。通过对星光的光谱进行分析，我们间接地知道，恒星主要是由氢和一些氦构成的。同样，从来没有人看到过黑洞，而且事实上，黑洞是无形的，无法直接看到。然而，我们通过寻找吸积盘（accretion disks）以及计算这些死亡恒星的质量，找到了它们存在的间接证据。

在所有这些实验中，我们寻找恒星和黑洞的"回声"，以确定它们的性质。同样，第11维度或许不是我们所能直接接触到的，但由于我们现在有了新的带有革命性的仪器，我们有可能对膨胀理论和超弦理论进行验证。

宇平宙行 GPS 与相对论

卫星技术使相对论的研究得到了革命性的发展,最简单的一个例子就是全球定位系统(GPS),24 颗卫星持续围绕地球运转,发射出精确的同步脉冲,使人可以对自己在地球上所处的位置进行三角测量,准确度惊人。GPS 系统已成为航行、商务乃至战争中的一个要素。所有的东西,从汽车中的电子地图到巡航导弹都要求能在五百亿分之一秒内将信号同步化,以便以 15 码(13.716 米)以内的精确度找到地球上的物体。但是要确保这种难以置信的精确度,科学家必须做出计算,对牛顿定律稍做修正,因为根据相对论,卫星在外太空翱翔时,无线电波的频率会稍有偏移[17]。事实上,如果我们傻乎乎地省略掉根据相对论进行修正这一步,那么 GPS 时钟每天就会走快四十万亿分之一秒(原文 40 000 billions 似应为 40 000 billionths。——译者注),整个系统就变得不可靠了。所以,相对论对于商务和军事是不可缺少的。物理学家克利福德·威尔(Clifford Will)(他曾为一位美国空军将领讲解根据爱因斯坦的相对论对 GPS 系统进行至关重要的修正的问题)曾经评论说:他知道,当连五角大楼的高级官员都需要了解相对论的时候,相对论的时代就到来了。

宇平宙行 引力波探测器

迄今为止,我们对天文学所了解的几乎一切知识都是以电磁辐射的形式得到的,不论它是星光、无线电还是来自宇宙深空的微波信号。现在科学家们正在首次引入一种新的科学发现介质,这就是引力本身。"每次我们用一种新的方式看天空的时候,我们都会看到一个新的宇宙。"引力波项目的副主任、加利福尼亚理工学院的加里·桑德斯(Gary Sanders)说。

是爱因斯坦本人于 1916 年首次提出存在引力波。让我们回想一下前面提到过的一个例子,即,如果太阳消失了,会发生什么。我们应该还记得那个关于保龄球陷在蹦床网中的比喻。如果把保龄球突然取出,蹦床网将立刻弹回原来的状态,产生冲击波,沿蹦床网向外扩散。如果把保龄球换成太阳,那么我们会看到引力的冲击波会以一个特定的速度,即光速扩散。

　　虽然爱因斯坦后来为他的方程找到了一个包含了引力波的精确的解,但令他失望的是,在他的有生之年,他未能看到他的预言得到验证。引力波非常微弱,即使是恒星间的碰撞所产生的冲击波也不足以被当前所能够做的试验测量到。

　　目前,引力波只是被间接探测到了。有两位物理学家,罗索·赫尔斯(Russell Hulse)和小约瑟夫·泰勒(Joseph Taylor, Jr.)推测,如果对在太空中互相追逐旋转的双中子星进行分析,则随着它们的轨道慢慢衰减,每颗星都会放射出一股引力波,与搅动糖蜜时出现的波痕差不多。他们对两颗中子星缓慢盘旋彼此接近过程中的死亡螺旋进行分析。他们把研究集中在离地球 16 000 光年的双中子星 PSR 1913 + 16 上,它们每 7 小时 45 分钟对绕一圈,在此过程中,它们向外太空发射出引力波。

　　运用爱因斯坦的理论,他们发现,这两颗星每公转一圈就应该互相靠近 1 毫米。虽然这个距离小到微乎其微,但一年时间加起来就是 1 码(0.914 4 米),这个 435 000 英里(700 045 千米)的轨道会慢慢变小。他们这项开创性的工作显示,轨道恰好是按照爱因斯坦理论在引力波基础上所做的预言进行衰减的。(爱因斯坦的方程事实上预言,由于能量以引力波的形式向宇宙中辐射消耗,这些恒星最终会在 2.4 亿年内相互栽进对方的怀中。)由于他们的这项工作,他们获得了 1993 年的诺贝尔物理学奖。

　　我们还可以继续回溯,运用这项精确的实验,来测量广义相对论本身的精确性。在进行反向计算的过程中,我们发现,广义相对论的精确度至少达到了 99.7%。

宇宙平行　LIGO 引力波探测器

　　但是,要获取有关早期宇宙的可用信息,必须对引力波进行直接观察,而不是间接观察。2003 年,第一台可操作的引力波探测器,LIGO("激光干涉引力波观测站"的英文首字母缩写,Laser Interferometer Gravitational-Wave Observatory)终于启动了,利用引力波探究宇宙奥秘的长达 10 年之久的梦想得以实现。LIGO 探测器的目标是探测对于地球上的望远镜来说太遥远太微弱的宇宙事件,例如黑洞或中子星之间的碰撞。

　　LIGO 探测器有两项巨型的激光设备,一个设在华盛顿州的汉福德

（Hanford），另一个设在路易斯安那州的利文斯顿（Livingston）教区。这两个设备各有两条长管子，每条长 2.5 英里（4 千米），形成一个 L 形的管道。在每条管子内发射激光，在 L 形的接头处，两个激光束相撞，它们的光波彼此干涉。正常情况下，如果没有干扰，两个光波是同步的，彼此抵消。但是如果黑洞或中子星相撞发射出的最微弱的引力波到达了这个装置，一条管道的收缩和扩张就会与另一条不同。这种干扰足以破坏两股激光束之间精密的抵消过程，结果，两股光束不是互相抵消，而是产生出典型的波状干涉图，可用计算机详加分析。引力波越强，两股激光束之间的不匹配就越强，干涉图形也就越强。

LIGO 探测器是个工程奇迹。由于空气分子会吸收激光，容纳激光的管子必须抽空至万亿分之一大气压力。每个探测器的容积为 300 000 立方英尺（8 495 立方米），也就是说，LIGO 具有世界上最大的人造真空。LIGO 具有这样高的灵敏度，部分地归功于镜子的设计，它们是由非常小的磁体控制的，一共有 6 个，每个都像蚂蚁那么大。镜子打磨得非常光滑，精准到三百亿分之一英寸（113 亿分之一厘米）。"想象一下，如果地球也有那么光滑的话，那么山的平均高度不会超过 1 英寸（2.54 厘米）。"负责监控镜子的加里林恩·比林斯利（GariLynn Billingsley）说。它们非常精密，移动精确到小于百万分之一米，所以 LIGO 探测器的镜子可能是世界上最敏锐的镜子。"多数控制系统的工程师们听说我们想做什么事情的时候，都惊讶得目瞪口呆。"LIGO 探测器科学家迈克尔·朱克（Michael Zucker）说。

由于 LIGO 异常平衡，有时一些最意想不到的振动源发出了轻微的、多余的振动，也会使它不得安宁。例如位于路易斯安那州的那个探测器在白天就不能工作，因为伐木工人在离开现场 1 500 英尺（457.2 米）的地方伐树。（LIGO 灵敏到哪怕在 1 英里〔1 609 米〕以外伐树，也会使它白天不能工作。）即使在夜间，半夜过路运输车辆的振动和早晨 6 点座钟支架的振动也会使它不能工作。LIGO 能连续运转的时间有多长呢？

有时，甚至几英里以外海浪拍岸的轻微振动也会影响到结果。冲击北美沙滩的海浪平均每 6 秒钟冲刷一次海岸，由此产生的低沉咆哮声也能实实在在地被这些激光器捕捉到。实际上，由于这种声响的频率非常低，因此它可以直接穿透陆地。"它感觉起来像一阵隆隆声。"朱克（Zucker）对这种潮汐声这样评价。"在路易斯安那州的飓风季节，这是非常令人头痛的问题。"LIGO 探测器还受到月球和太阳的引力拖拽地球时产生的潮汐的影响，产生几百万分之一英寸的干扰。

为了消除这些令人难以置信的轻微干扰，LIGO 工程师们走了一个极端，把该装置的大部分都与地球其他部分隔绝起来。每个激光系统都架在 4 个巨型的不锈钢平台之上，一个平台摞在另一个之上，每层之间以弹簧分隔以消除任何振动。所有精密的光学设备都有自己的地震绝缘系统；地板是一块 30 英尺（10.44 米）厚的混凝土，不与墙壁接合。

LIGO 探测器事实上是国际联合努力的一部分，其中包括名叫 VIRGO 的法国-意大利探测器，位于比萨；名叫 TAMA 的日本探测器，位于东京郊外；以及一个名叫 GEO600 的英国-德国探测器，位于德国汉诺威。LIGO 的最终造价加起来将达到 2.92 亿美元（再加上 8 000 万美元的调试和升级费用），这使其成为美国国家科学基金会有史以来所出资的最昂贵的项目。

但即使灵敏到了这种程度，许多科学家承认，LIGO 可能仍然不够灵敏，无法在其寿命期限内探测到真正令人感兴趣的事件。对该设施的下一次升级，也就是 LIGO Ⅱ 探测器，如果资金被批准了的话，计划将于 2007 年进行。如果 LIGO 探测不到引力波，人们打赌 LIGO Ⅱ 将能探测到。LIGO 科学家肯尼思·利布雷希特（Kenneth Libbrecht）声称：LIGO Ⅱ 将使该设备的灵敏度翻 1 000 番，"从每 10 年（探测到）一次，这是相当痛苦的，到每 3 天探测到一次，非常惬意。"

要让 LIGO 探测到两个黑洞的碰撞（距离 3 亿光年以内），科学家要等上 1 年到 1 000 年之久。如果说，用 LIGO 来探测这样一个事件，意味着要由天文学家的重重重……重孙的子女才能等得到，那么许多天文学家可能就要对此重新考虑了。但正如 LIGO 科学家彼得·索尔森（Peter Saulson）说的："人们从解决这类技术挑战中获得乐趣，这很像中世纪的教堂建筑师们，明知自己可能看不到建成后的教堂，但还是继续工作。但如果说在我的有生之年无论如何努力也不可能看到引力波，那我可能就不会钻研这个领域了。这不只是在追逐诺贝尔奖……我们为之奋斗的这种精准水平，是我们这项工作的特点；只有这样才算走对了路子。"有了 LIGO Ⅱ，一个人的有生之年发现真正有趣的事件的可能性就大大提高了。LIGO Ⅱ 有可能以每天 10 次到每年 10 次的速率，在 60 亿光年这一大得多的范围内探测到黑洞碰撞。

然而，即使是 LIGO Ⅱ 探测器的威力也不足以探测到宇宙形成那一瞬间发射出的引力波。要达到这个目的，我们必须再等 15 ~ 20 年，等到 LISA 探测器问世。

宇宙平行 LISA 引力波探测器

LISA(激光干涉太空天线,Laser Interferometry Space Antenna)将是下一代的引力波探测器。与 LIGO 探测器不同的是,它将被设在外太空。2010 年前后,NASA(美国国家航空航天局)和欧洲航天局(European Space Agency)计划向太空发射 3 颗卫星,它们将在离地球大约 3 000 万英里(5 080.32 万千米)的轨道上围绕太阳转。这 3 颗卫星的激光探测器将在太空中形成等边三角形(每边500 万千米)。每颗卫星将有两个激光器,使之与另外两颗卫星保持联络。虽然每个激光器只用半瓦能量发射激光束,但其光学灵敏度非常高,能够以十亿万亿分之一(one part in a billion trillion)的精确度探测到来自引力波的振动(相当于移动了单个原子百分之一的宽度)。LISA 应能够探测到 90 亿光年处传来的引力波,穿越了大部分的可见宇宙。

LISA 探测器的精确度将能够探测到大爆炸本身发出的原始冲击波。这将给我们提供宇宙形成一刹那时远为最精确的样貌。如果一切都能按计划进行[18],LISA 应能窥探到大爆炸之后第一个万亿分之一秒时的情形,这或许就使其成为宇宙学中最强大的工具。人们相信,LISA 可能将会找到统一场理论,即包罗万象的理论的确切性质的第一手实验数据。

LISA 探测器的一个重要目的,就是要提供膨胀理论的确凿证据。迄今为止,膨胀学说与所有的宇宙数据都吻合(例如平坦度、宇宙背景的涨落等)。但这并不意味着这个理论就是正确的。为了给这项理论做定论,科学家想要研究由膨胀过程本身所产生出来的引力波。大爆炸一刹那间产生的引力波如同指纹一样,将能够显示出膨胀学说和任何其他待选理论之间的区别。有些人,例如加利福尼亚理工学院的基普·索恩(Kip Thorne)相信 LISA 还可能显示某些版本的弦理论是否正确。如我在第 7 章中解释过的,宇宙膨胀理论预言:从大爆炸中产生的引力波应该相当猛烈,与宇宙早期迅猛的膨胀相符;而火劫宇宙模型(ekpyrotic model)则预言:膨胀过程要温和得多,引力波也平缓得多。LISA 应能排除各种有关大爆炸的待选理论,对弦理论做出至关重要的测试。

宇宙 平行 爱因斯坦透镜和爱因斯坦环

在探测宇宙方面的另一个强大的工具是使用引力透镜和"爱因斯坦环"。早在1801年,柏林天文学家约翰·乔治·冯·佐尔德纳(Johan Georg von Soldner)就已经能够计算出,太阳的引力可能使恒星的光发生偏转。(尽管由于佐尔德纳严格采用了牛顿学说,他少了一个关键的因数2。爱因斯坦写道:"这种偏转一半是由于太阳的牛顿引力场造成的,另一半是由太阳对空间的几何修正〔'曲率'〕造成的。")

1912年,就在他完成广义相对论之前,爱因斯坦还考虑过是否可以把这种偏转当做一个"透镜",就像你的眼镜在光线到达你的眼睛之前使它发生偏转一样。1936年,一位捷克工程师鲁迪·曼德尔(Rudi Mandl)写信给爱因斯坦,问他引力透镜是否可以把来自附近恒星的光线放大。回答是可以,但是由于他们的技术所限,还不能探测到。

爱因斯坦还特别意识到,你可能会看到光学错觉,例如同一个客体的双影,或一个因光线畸变而形成的光环。例如,当从非常遥远的星系发出的光经过我们的太阳时,光束会先从太阳的左右两侧经过,再合拢来达到我们的眼睛。当我们盯住遥远星系看的时候,我们看到的会像一个光环,这是由广义相对论造成的光学错觉。爱因斯坦的结论是:"直接观察到这一现象的希望不大。"事实上,他写道:这项工作"没什么价值,只是能让可怜人(曼德尔)有点成就感"。

40多年以后,在1979年,英格兰乔德雷尔班克(Jodrell Bank)天文台的丹尼斯·沃尔什(Dennis Walsh)首次发现了透镜作用的局部证据,他是双类星体Q 0957＋561的发现者。1988年,从射电源MG 1131＋0456观测到第一个爱因斯坦环。1997年,哈勃空间望远镜和英国的MERLIN射电天文望远镜阵通过对遥远星系1938＋666进行分析,捕捉到了第一个完整圆形的爱因斯坦环,再一次证实了爱因斯坦的理论。(这个环非常小,只有1弧秒〔1″≈〈1/3 600〉°〕,或大致相当于从两英里〔3.22千米〕以外看一枚一便士硬币的大小。)目睹了这一历史性事件的天文学家们这样描述他们的兴奋心情:"第一眼看去,它像是人为造成的,我们还以为它是图像中的某种缺陷,但后来我们意识到,我们看到的正是一个完善的爱因斯坦环!"曼彻斯特大学的伊恩·布朗(Ian Brown)博士说。

今天,爱因斯坦环已成为天体物理学家手中一件必不可缺的武器。在外太空中已经发现了约 64 个双类星体、三类星体以及多类星体(爱因斯坦透镜作用造成的幻象),或者说,每 500 颗观察到的类星体中就有一颗。

　　甚至不可见形式的物质,如暗物质,也可以通过分析它们所造成的光波畸变而"看到"。用这种方法,人们可以凑成一些显示宇宙中暗物质分布情况的"地图"。由于爱因斯坦透镜作用会扭曲星系团,造成大的弧形(而不是环形),这就有可能对这些星系团中暗物质的分布情况进行估计。1986 年,美国国家光学天文台(National Optical Astronomy Observatory)、斯坦福大学以及法国南比利牛斯天文台(Midi-Pyrenees Observatory)发现了首批巨大的星系弧(galactic arcs)。从那以后,已经发现了大约 100 个星系弧,其中最令人惊叹的是在 Abell 2218(埃布尔 2218)星系团中。

　　爱因斯坦透镜还可以被当做一种独立的方法,对宇宙中 MACHOs(大质量致密晕轮天体,包括死恒星、黄矮星和尘埃云)的数量进行测量。1986 年,普林斯顿大学的博赫丹·帕钦斯基(Bohdan Paczynski)意识到,如果 MACHOs 在恒星面前经过的话,它会放大它的亮度,造成第二个图像。

　　20 世纪 90 年代初期,几支科学家队伍(如法国的 EROS,美国-澳大利亚的 MACHO,以及波兰-美国的 OGLE)把这一方法应用到银河系的中心,并发现了 500 多个微透镜现象(比预料的要多,因为其中有些物质是由低质量恒星构成的,而不是真正的大质量致密晕轮天体[MACHOs])。这种方法还可以用来寻找围绕其他恒星转的太阳系以外的行星。由于行星可以对其母恒星的光产生微弱但观察得到的引力作用,所以原则上爱因斯坦透镜作用是可以探测到它们的。用这一方法已经找到几个太阳系以外的行星候选对象,其中有些位于靠近银河系中心的地方。

　　利用爱因斯坦透镜甚至可以测量到哈勃常数和宇宙常数。哈勃常数可以通过做一项微妙的观察测得。类星体会随着时间而忽明忽暗;由于双类星体是同一个对象的两个影像,我们可以预料它会以同样的速率摆动。实际上,这些双类星体摆动的步调并不十分统一。利用对物质分布的已有了解,天文学家可以计算时间延迟与光线达到地球的全部时间之比。通过测出双类星体亮起来的时间延迟,就可以进而计算出它离开地球的距离。知道了它的红移,就可以计算出哈勃常数。(这个方法被应用到了双类星体 Q 0957 + 561,发现它离地球大约有 140 亿光年。自那以后,又对另外 7 颗类星体进行了分析,用以计算哈勃常数。在误差范围之内,这些计算都与已知结果相符。有意思的是,这种方法完全不依赖于恒星的亮度,像造父变星和 I a 型超新星,从而成为对结果进行单独核对的方法。)

　　宇宙常数可能掌握着通往我们这一宇宙未来的钥匙,它也可以用这种方法测得。计算方法有些粗糙,但也还是与其他一些方法相吻合的。由于宇宙的总体积在 10 亿年前要小一些,在过去找到能够形成爱因斯坦透镜的类星体的可能性也更大些。因此,测定宇宙演进过程中各个不同时期双类星体的数量,就可以大体计算出宇宙的总体积,由此而得出在推进宇宙膨胀方面起作用的宇宙常数。1998 年,哈佛大学史密森天文中心(Harvard-Smithsonian Center for Astrophysics)的天文学家对宇宙常数做了第一次粗略估算,并得出结论,它可能构成了不超过宇宙全部物质/能量含量的 62%。(实际的 WMAP 卫星结果为 73%。)

宇宙平行 客厅中的暗物质

　　暗物质如果的确遍布宇宙的话,就不会只存在于冰冷的宇宙真空中。事实上,它应该也能在你的客厅中找到。今天,若干科研队伍正在竞相角逐,看谁能第一个在实验室中捕获第一个暗物质粒子。人们下的赌注很高,哪支队伍如果能够捕捉到一个在他们的探测器中一闪而过的暗物质粒子,就将成为在 2 000 年内第一个探测到新物质形式的人。

　　这些实验的中心想法,是制造出一大团、暗物质粒子可以在其中相互作用的纯物质(例如,碘化钠、氧化铝、氟利昂、锗、硅等)。一个暗物质粒子或许偶尔会与原子核相撞,由此产生出一种特有的衰变图形。通过把这一衰变过程中粒子的轨迹拍照,科学家就可以确认暗物质的存在。

　　实验者们都持谨慎的乐观态度,因为他们的设备非常灵敏,迄今为止最有可能使他们观察到暗物质。我们的太阳系以每秒 220 千米的速度围绕着银河系中心的黑洞旋转。因此,我们的行星正穿越相当多的暗物质。物理学家们估计,我们这个世界中的每平方米中,包括我们的身体,每秒钟都有 10 亿个暗物质粒子穿过。

　　虽然我们生活在席卷我们这个太阳系的"暗物质风"中,但在实验室中做寻找暗物质的实验一直异常困难,因为暗物质粒子与普通物质的相互作用非常弱。例如,科学家估计,在实验室中,从每克物质中找到这种现象的几率每年在 0.01 次到 10 次之间。换句话说,你需要花上好多年的时间仔细观察大量的这种材料,才可能发现一些含有暗物质碰撞的现象。

迄今为止,一些以首字母为代号的实验项目,如英国的 UKDMC、西班牙坎弗兰克(Canfranc)的 ROSEBUD、法国吕斯特尔(Rustrel)的 SIMPLE、法国弗雷瑞斯(Frejus)的 EDELWEISS,都还没有发现任何这类现象。1999 年罗马郊外的一项称为 DAMA(暗物质)的实验引起了一阵轰动,有报道说那里的科学家看到了暗物质粒子。由于 DAMA 使用了 100 千克的碘化钠,所以它是世界上最大的探测器。但是,当其他探测器试图再现 DAMA 的结果时,它们什么也没有找到,这就给 DAMA 实验的发现打上了问号。

物理学家大卫·B. 克莱因(David B. Cline)评论道:"如果这些探测器确实找到并验证了这样一个信号,那它将成为 21 世纪最伟大的成就之一而载入史册……现代天文学中的最大奥秘可能不久就将揭晓。"

如果暗物质能像许多物理学家希望的那样很快找到,那么也可能不需要使用原子击破器就能为超对称学说提供支持(甚至随着时间推移,可能支持超弦理论)。

宇宙平行 超对称(SUSY)暗物质

对超对称学说所预言的粒子稍加留意就可以看出,有几种可能的候选对象可以解释暗物质。其中一个是"中性子(neutralino)",粒子中的一个族系,其中包含质子的超对称伙伴。从理论上来看,中性子似乎与数据相吻合。它不仅在负荷方面是中性的,因而是不可见的,也不仅是有质量的(因此会受引力影响),而且它还是稳定的。(这是因为它在这一族系的所有粒子当中质量最轻,因而不能衰变为任何更低的状态。)最后,也可能是最重要的一点,宇宙中应该充满了中性子,这就可能使它们成为暗物质的最理想候选对象。

中性子有一大优势:它们可能解答为什么暗物质构成宇宙中物质/能量成分的 23%,而氢和氦仅占到微不足道的 4% 这个奥秘。

我们知道,当宇宙还是 380 000 岁时,大爆炸的极高温度下降到原子不再互相碰撞而破裂。那时,这个膨胀中的火球开始冷却,凝缩,形成稳定完整的原子。今天的大量原子大致起源于那一时期。我们所了解到的情况是,宇宙中的大量物质起源于宇宙冷却到足以使物质稳定下来的那个时期。

这一学说也同样可以应用于计算中性子的数量。大爆炸之后不久,温度高到连中性子都因碰撞而破坏。但随着宇宙冷却,在一定的时候,温度降低到连中性子都可以形成而不被破坏。大量的中性子就起源于这个早期时代。当我们进行这项计算的时候,我们发现,中性子的数量远高于原子,事实上它大致对应于今天暗物质的实际数量。由于这个原因,我们可以用超对称粒子(supersymmetric particles)来解释,为什么宇宙中各处都充斥着压倒多数的暗物质。

宇宙平行 斯隆巡天观测

虽然在21世纪,装备方面的进步大部分都将与人造卫星有关,但这并不意味着,以地球为基地的光学望远镜和射电天文望远镜研究被搁在了一边。事实上,由于数字革命的冲击,光学望远镜和射电天文望远镜的用法改变了,对数以几十万计的星系进行统计分析成为了可能。望远镜技术由于出现了这项新技术而迸发了生命的第二春。

在历史上,天文学家们需要经过奋争才能获得允许,在有限的时间内使用世界上最大的望远镜。他们十分珍惜能够使用这些仪器的宝贵机会,争分夺秒,在冰冷潮湿的房间里通宵达旦地工作。这种陈旧的观测方式效率非常低,在觉得自己被独揽天文望远镜使用时间的"神职人员"冷落了的天文学家们之间经常激起痛苦的争斗。随着因特网和高速计算技术的出现,所有这一切都改变了。

今天,许多望远镜都已完全自动化,并且可以由远在不同大陆上的天文学家们从几千英里以外编程控制。这些巨量的恒星观测结果可以被数字化,然后放到因特网上,由强大的超级计算机对数据进行分析。

"在家搜寻地外文明(SETI@home)"就是这种数字化方式的一个例子。这是一个以加利福尼亚大学伯克利分校为基地的项目,用于信号分析,寻找外星智慧。位于波多黎各的阿雷西博(Aricebo)射电天文望远镜收集到的海量数据,被分割为很小的数据段,通过因特网发送到全球各地的个人电脑,主要都是业余爱好者。个人电脑不用的时候,有一个屏保软件程序会对数据进行分析。利用这种方法,研究组建立了世界上最大的计算机网络,连接着分布在全球各点的大约500万台个人电脑。

当今对宇宙进行数字化探索的一个最突出的例子,是斯隆巡天观测(Sloan Sky Survey),这是有史以来对夜晚天空所进行过的最为雄心勃勃的观测。以前的帕洛玛巡天观测(Palomar Sky Survey)使用的是老式的照相底片,体积庞大,而斯隆巡天观测将建立起一个天空中精确的天体图。这项观测计划已经建立起一个遥远星系的三维图像,用5种颜色显示,包括100多万个星系的红移现象。斯隆巡天观测产生了一幅宇宙的大比例结构图,比所有以前做过的都要大几百倍。它将为整个天空的四分之一绘制出详尽的天文图,确定1亿个天体的位置和亮度。它还将测定100多万个星系和大约10万个类星体的距离。该项观测所产生的信息将达到15兆兆位字节(15 terabytes),可与美国国会图书馆所储存的信息量媲美。

斯隆观测的核心是一台设在新墨西哥州的直径2.5米的天文望远镜,它装备着有史以来最先进的照相机。它有30个叫做CCD(电荷耦合元件 charge-coupled devices)的高度灵敏的电子感光器,每个有2英寸见方(12.9平方厘米),密封在真空中。每个感光器都用液氮冷却至 $-80℃$,有400万像素。因此,由望远镜所采集到的光可以当即被CCD转换为数字,然后直接输入计算机进行处理。该项观测所绘制出的宇宙图令人惊叹,其成本不到2 000万美元,仅为哈勃空间望远镜的百分之一。

该观测项目然后把这种数字化数据的一部分放到因特网上,供全世界的天文学家潜心研究。用这种方法,我们还可以挖掘全世界科学家的智慧潜能。在过去,第三世界的科学家不能获得最新的望远镜数据及刊物,这成了家常便饭。这是对科技人才的巨大浪费。现在,由于有了因特网,他们可以下载巡天观测的数据,有关文章一经在因特网上登出就可以读到,并且以光速在网上发表文章。

斯隆观测正在改变天文学研究的方式,通过对几十万个星系进行分析得出了新的结论,这在仅仅几年以前都是难以想象的。例如,2003年5月,一群西班牙、德国和美国科学家宣布,他们为寻找暗物质的证据,对25万个星系进行了分析。在这一庞大的数量之中,他们把研究焦点集中在有星团围绕其旋转的3 000个星系。通过运用牛顿运动定律对这些卫星的运动进行分析,他们对中央星系(central galaxy)外围应该有多少暗物质进行了计算。目前,这些科学家已经排除了一项待选理论。(这项待选理论是1983年首次提出的,它试图通过对牛顿定律本身做修正,从而解释星系中恒星的反常轨道〔anomalous orbits〕。也许根本就没有暗物质,这只是由于牛顿定律的内部错误造成的误解。但观察数据对这项理论提出了疑问。)

2003年7月,另一组德国和美国科学家宣布,他们利用斯隆观测对12万个附近的星系进行了分析,以便解开星系与它们内部的黑洞之间的关系之谜。所提出的问题是:这二者之中哪个出现在先,是黑洞还是含有黑洞的星系? 这项调查的结果显示:星系和黑洞的信息数据密不可分,它们有可能是一起形成的。他们证实,在通过该项观测分析的 12 万个星系中,足足有 2 万个含有仍在长大的黑洞(这与银河系中的黑洞不同,银河系中的黑洞似乎是静止不动的)。他们的结论显示,含有正在长大的黑洞的星系尺度要比银河系大得多,它们吞噬下星系中相对较冷的气体,从而长大。

宇宙平行 补偿热涨落

还有一项使光学望远镜获得新生的方法,是用激光对由大气造成的失真进行补偿。恒星并不因为它们有振动而闪烁;恒星的闪烁主要是因为大气层中有微弱的热涨落。这意味着,在远离大气层的外太空,恒星会一眼不眨地瞪着我们的宇航员。虽然美丽的夜空主要是由这种闪烁造成的,但对天文学家来说它却像噩梦般挥之不去,使天体的图像模糊不清。(我记得在孩提时代看着火星的模糊图片发愣,希望能有什么办法得到这颗红色行星的水晶般清澈的图像。我想,只要能重新安排光束,把大气干扰消除,可能就可以解决外星生命之谜了。)

解决这个问题的办法之一,就是利用激光和高速计算机,把这种失真现象去除。这种方法运用了"自适应光学"(adaptive optics),它是由劳伦斯-利弗莫尔国家实验室(Lawrence Livermore National Laboratory)的克莱尔·马克斯(Claire Max)博士等人首创的,他是我在哈佛大学的同班同学,使用了设在夏威夷的巨型的 W. M. 凯克(W. M. Keck)天文望远镜(世界上最大的望远镜),以及一个小一点的设在加利福尼亚里克天文台的直径 3 米的谢恩(Shane)望远镜。举例来说,把一束激光射入外太空,我们可以测定大气中的微弱温度涨落。这一信息由计算机分析之后,对望远镜的镜子进行细微的调整,对星光的失真现象进行补偿。这样就可以大致消除掉大气造成的失真现象。

1996 年对这一方法进行了成功的测试,从那以后,我们就得到了如水晶般清澈的行星、恒星和星系的图像。这个系统用一个使用 18 瓦电力的可调谐染色激光器向空中发射光束。该激光器装在直径 3 米的天文望远镜上,它的可变形反射镜可以调节,对大气造成的失真现象进行修正。所得到的图像本身被 CCD 照相机捕捉并数字化。以一笔低廉的预算,该系统所得到的图像几乎可以与哈勃空间望远镜相比。用这种方法,我们可以看到外太空行星精细入微的细节,甚至可以窥探到类星体的核心,为光学望远镜注入了新生命。

这一方法还使凯克望远镜的分辨率提高了一个 10 的系数。凯克天文台坐落于夏威夷死火山冒纳凯阿(Mauna Kea)之巅,海拔将近 14 000 英尺(4 267 米),有两台各 270 吨重的姊妹望远镜。每个反射镜直径 10 米(394 英寸),由 36 个六边形镜面组成,每个都可以通过计算机单独操控。1999 年,凯克 II 望远镜装上了一个自适应光学系统,由一个可以每秒钟 670 次改变形状的小型可变形反射镜构成。这一装置已经捕捉到了围绕着我们这一银河系中心处的黑洞旋转的恒星图像,以及海王星和泰坦(土星的一颗卫星,土卫六)的图像,甚至一颗太阳系以外的行星,它在离开地球 153 光年的地方遮挡其母恒星。当这颗行星从恒星 HD 209458 面前经过时,光线正如预言的那样变暗,分毫不差。

将射电天文望远镜绑在一起

计算机革命同样也焕发了射电天文望远镜的生命。过去,射电天文望远镜受到它们碟形天线尺寸的限制。碟形天线越大,从太空中收集到可供分析的无线电信号就越多。然而,天线越大,它就越昂贵。解决这一问题的一种方法就是把若干碟形天线绑在一起,来模仿超级射电天文望远镜的无线电收集能力。(地球上可以绑在一起形成的最大的射电望远镜,就是地球本身那么大。)过去德国、意大利和美国在捆绑射电天文望远镜方面所做过的一些努力局部证明是成功的。

这种方法的一个问题是,需要把所有这些射电天文望远镜收集到的信号精确地组合起来,然后再输入计算机。过去,这项工作极其困难。然而随着因特网以及廉价的高速计算机的出现,成本大大降低了。在今天,建立起有效规模像地球本身一样大的射电天文望远镜已不再是幻想。

在美国,采用这项干涉技术(interference technology)的最先进的装置是 VLBA(甚长基线阵列,very long baseline array),这是一组有 10 个射电天线,设置在不同地点,包括新墨西哥、亚利桑那、新罕布什尔、华盛顿、得克萨斯、维尔京群岛和夏威夷。每个 VLBA 站都有一个巨型的 82 英尺(25 米)直径的碟形天线,重 240 吨,像一座 10 英尺(3.048 米)高的建筑那样耸立着。每个站点都把无线电信号小心地录在磁带上,然后送到新墨西哥州的索科罗运行中心(Socorro Operations Center)进行拼接和分析。这一系统耗资 8 500 万美元,1993 年投入使用。

把这 10 个站点的数据拼接起来以后,就形成了一个实际长达 5 000 英里 (8 047 千米)的巨型射电天文望远镜,可以产生出地球上可以得到的最清晰的图像。这相当于站在纽约城去读一张位于洛杉矶的报纸。目前,VLBA 阵列已经制作出宇宙喷流和超新星爆发的"电影",以及对银河系以外的一个天体的距离做了迄今为止最精确的测量。

在将来,甚至光学望远镜也将能够利用干涉测量法的威力,尽管由于光的波长很短,这项工作的难度相当大。有一项计划是把夏威夷凯克天文台的两台望远镜的光学数据放在一起进行干涉,由此实际造成一个比这两者之中哪个都要大得多的巨型望远镜。

宇宙平行 对第 11 个维度进行测量

除了探索暗物质和黑洞,对于物理学家来说,最具诱惑力的是探寻高维度空间-时间。在试图验证是否存在一个附近的宇宙方面,位于丹佛的科罗拉多大学做了一项更为大胆的尝试。那里的科学家试图测量出对牛顿那著名的平方反比定律的偏差。

根据牛顿的引力理论,任何两个物体之间的引力随着两者之间的距离的平方而减弱。如果你把地球到太阳的距离加长 1 倍,则引力就会降低 2 的平方倍,也就是 4 倍。这反过来又用于测量空间的维度。

迄今为止,牛顿的引力定律在包括大型星系团在内的宇宙距离上都是适用的。但还没有人把他的引力定律在微小尺度上进行充分测试,因为在过去要做这项工作是极其困难的。因为引力是一种非常弱的作用力,即使是最轻微的干扰也会把实验破坏。即使过路卡车的振动也足以使测量两个小型物体之间的引力的实验作废。

科罗拉多大学的物理学家们制造了一个精巧的仪器,叫做高频共振器 (high-frequency resonator),它所能测试的引力定律的最小距离可达十分之一毫米,这是有史以来第一次在如此微小的距离上做这项实验。这项实验有两根悬在真空中的极细的钨簧片。其中一个簧片以每秒 1 000 个周期的频率振动,看起来像一个振动着的跳水台板。物理学家然后观察有什么振动会穿越真空传达到第二个簧片。这个装置极其灵敏,即使是一粒沙子的十亿分之一重的力量引起了第二个簧片的动作也会被探测到。如果牛顿的引力定律中有了偏差,那么

205

第二个簧片中就会记录到轻微的干扰。然而,在逐次分析到1.08亿分之一米的距离上以后,物理学家们仍没有找到这种偏差。"到目前为止,牛顿的学说经受住了考验。"意大利特伦托(Trento)大学的 C. D. 霍伊尔(C. D. Hoyle)说,他在《自然》杂志上对这个实验发表了分析文章。

这是个否定的结论,然而这却更加吊起了其他物理学家的胃口,使他们想在微观层面上测试有没有偏离牛顿理论的现象。

普渡大学(Purdue University)正在计划另一项试验。那里的物理学家不是要在毫米级对牛顿引力的微小偏离进行测试,而是要在原子层面上进行测试。他们计划运用纳米技术,对镍-58 和镍-64 之间的差别进行测量。这两种同位素的电气及化学特性相同,但其中一个同位素比另一个多了 6 个中子。从原则上来说,这两种同位素之间的唯一差别就是它们的重量。

这些科学家设想建立一个卡西米尔装置(Casimir device),它有两套用这两种同位素制作的中子板。正常情况下,当这两块板紧靠在一起时什么也不会发生,因为它们没有负荷。但如果使它们相互非常靠近,就会发生卡西米尔效应,两块板会轻微地互相吸引,这是一种已在实验室中测量到的效应。但由于这两套平行放置的板子是由不同的镍同位素制造的,依据它们的引力不同,它们之间的吸引会有轻微的不同。

为使卡西米尔效应最大化,这些板子须放置得极端靠近。(这种效应与它们之间隔开的距离的负四次方成正比。所以,当把这些板子靠近时,这种效应就迅速提高。)普渡大学的物理学家将采用纳米技术,制造由原子距离间隔开的板子。他们将使用最先进的"微电动机械扭矩振荡器"(microelectromechanical torsion oscillators)来测量板子中的微弱振荡。镍-58 和镍-64 之间的任何差异都可以归咎于引力。这样,他们希望能在原子距离上测量到对牛顿运动定律发生的偏差。如果他们用这一创意精巧的装置找到了对牛顿著名的平方反比定律的偏离,这将是一个信号,说明存在着一个更高维度的宇宙,与我们的宇宙相隔着一个原子的距离。

宇平宙行 大型强子对撞机

但是,有可能对许多这类问题做出决定性解答的装置是 LHC(大型强子对撞机),它设在瑞士著名的 CERN 核实验室(European Organization for Nuclear

Research,欧洲粒子物理研究所,世界最大的粒子物理研究中心),在日内瓦郊区,现在已经接近完工。与以前那些针对我们这个世界中自然出现的奇异形式的物质所进行的实验不同,LHC 可能会有足够强大的能量,直接在实验室中把它们创造出来。LHC 将能够对小到 10^{-19} 米的微小距离进行探测,也就是说,只有质子的一万分之一,并制造出自大爆炸以来所没有见到过的温度。"物理学家们相信,大自然隐藏着新的秘密,只有通过那些碰撞才能揭示出来,这也可能是一种被称为希格斯玻色子(Higgs boson)的奇异粒子,也可能是证明存在一种叫做超对称性的奇妙效应的证据,或者也可能是某种令人意想不到的东西,把理论粒子物理学翻个底朝天。"前欧洲粒子物理研究所(CERN)理事长,如今的伦敦大学学院院长克里斯·卢埃林·史密斯(Chris Llewellyn Smith)这样写道。日内瓦的 CERN 目前已有 7 000 人在使用其设备,这已超过了全球所有实验粒子物理学家人数的一半以上。而且其中有许多人将直接参与到 LHC 实验中去。

大型强子对撞机(LHC)是一台强大的圆形机器,直径 27 千米,世界上有许多城市都可以被它整个围起来。它的管道之长,实际上是骑跨在法国-瑞士边界上的。LHC 非常昂贵,要由几个欧洲国家合力建造。2007 年当它最终投入运转时,圆形管道中安置的强大磁力将迫使一束质子以越来越高的能量循环,直至达到 14 万亿电子伏特的能量。

这台机器有一个巨大的环形真空舱室,在沿线精心计算过的位置上安置着巨大的磁体,将强大的粒子束(beam)运转成一个圆圈。当粒子束在管道内循环时,能量将被注入到舱室中,使质子加速。当粒子束最终打到目标上的时候,它会爆发出巨大的辐射。通过这种撞击产生的碎块被成组的探测器拍照,寻找存在新的、奇异的亚原子粒子的证据。

大型强子对撞机(LHC)实实在在是一个庞然大物。如果说 LIGO 和 LISA 引力波探测器是扩展了灵敏度的极限,那么 LHC 则是把纯粹的蛮力推到了极限。它的强大的磁体把质子束弯成一个优雅的弧,产生出一个 8.3 特斯拉(Teslas)的磁场,比地球的磁场高 16 万倍。为了产生这一大得吓人的磁场,物理学家要通过一系列线圈输入 12 000 安培的电流,并要把这些线圈冷却至 -271 摄氏度,使线圈失去一切电阻,成为超导体。它一共有 1 232 个 15 米长的磁体,沿着这台机器 85% 的周长安放。

在管道中,质子被加速到光速的 99.999 999%,直到它们撞上在沿管道设置的 4 个位置上的目标,从而制造出每秒几十亿次的撞击。这些地方安置着巨型的探测器(最大的有 6 层楼那么大),对碎块进行分析,并捕捉一纵即逝的亚原子粒子。

如前面史密斯提到过的那样,LHC的目标之一就是要找到一纵即逝的"希格斯玻色子",这是标准模型中迄今仍未被捕获到的最后一种粒子。这项工作之所以重要,是因为这一粒子导致粒子理论中的自发对称性破缺(spontaneous symmetry breaking),并使量子世界有了质量。希格斯玻色子的质量,估计在1 150亿至2 000亿电子伏特之间(相比之下,质子的重量大约为10亿电子伏特)。(1万亿电子伏加速器〔Tevatron〕是芝加哥城外费米实验室〔Fermilab〕的一座小得多的机器,其实有可能成为第一个捕捉到飘忽不定的希格斯玻色子的加速器,只要这种粒子的质量不太重。1万亿电子伏加速器(Tevatron)如果能按计划运行的话,原则上有可能产生多达10 000个希格斯玻色子。而LHC产生粒子所需要的能量要高7倍。有了14万亿电子伏可玩,LHC可以想见会变成一个希格斯玻色子的"制造工厂",通过它的质子碰撞制造出几百万个这种粒子。)

大型强子对撞机(LHC)的另一个目标,是创造出自大爆炸以来未曾有过的一些条件。尤其是,物理学家们相信,大爆炸本来由一些极端高温的夸克和胶子集合而成,称做"夸克-胶子等离子体"。LHC将能够产生出这种夸克-胶子等离子体,它在宇宙产生后的头10微秒中充斥着宇宙。在LHC中,我们可以用1.1万亿电子伏特的能量使铅的核子对撞。在这种强大的对撞之下,可以把这400个质子和中子"熔化",把夸克释放到这种高温等离子体中去。这样,宇宙学可能逐步从某种程度上变为不再仅仅是一种观察科学,而更多地是一种实验科学,直接在实验室中就可以对夸克-胶子等离子体做精确的实验了。

LHC还有希望像第7章所说的那样,通过极高的能量把质子撞在一起,从产生的碎片中找到微型黑洞。一般情况下,黑洞要在普朗克能量下才能产生,这种能量超过LHC的百万之四次方倍(10^{24}倍)。但如果有平行宇宙存在于距离我们的宇宙1毫米之内,这就会降低所需要的能量,使得量子引力效应具备可测性,使微型黑洞成为LHC力所能及的。

最后,还有一种希望,LHC可能能够找到超对称性的证据,这将成为粒子物理学中的一项历史性突破。这些超粒子(sparticles)据信是我们在大自然中所能看到的普通粒子的伴子(partners)。虽然弦理论和超对称性学说预言,每个亚原子粒子都有一个自旋值不同的"孪生对",但在自然界中还从来没有观察到超对称性,也许是因为我们的机器还没有强大到足以探测到它。

超对称粒子的存在可以帮助回答两个一直纠缠着我们的问题:

第一,弦理论是否正确?虽然要直接探测到弦非常困难,但要探测到弦理论的低八度音阶或共鸣则是有可能的。如果发现了超对称粒子,那么就在从实验上证实弦理论方面取得了长足的进展(虽然这还不能直接证明其正确性)。

第二,有可能由此产生出最解释得通的待定暗物质。如果暗物质是由亚原子粒子构成的,那么它们必须稳定,有中性负荷(否则就能看到它们了),并且必须在引力上互相作用。弦理论所预言的超对称粒子中能够找到所有这三种特性。

LHC 作为最强有力的粒子加速器,一旦最终投入运行,对于多数物理学家来说实际是个第二选择。早在 20 世纪 80 年代,罗纳德·里根总统就批准了超导超级对撞机(SSC),这是一个周长 50 英里(80.48 千米)的巨无霸机器,本来要建在得克萨斯的达拉斯郊外,会使 LHC 相形见绌。相比 LHC 以 14 万亿电子伏特的能量产生粒子碰撞,SSC(超导超级对撞机)的设计是以 40 万亿电子伏特产生对撞。这个项目最初获得了批准,但在最后几天的听证会中,美国国会猝然取消了这个项目。这对高能物理学是个巨大打击,使这个领域的工作整整倒退了一代人。

辩论主要围绕着这台机器的 110 亿美元造价和科学中更重大的优先课题进行。科学界本身就对超导超级对撞机(SSC)存在着严重分歧,一些不同领域中的物理学家宣称,SSC 可能会把他们自己的研究经费抽走。争议激烈到连《纽约时报》都发表了评论性社论:说"大科学"有可能扼杀"小科学"。(这些论点有误导作用,因为 SSC 的预算与小科学的预算在来源上是不同的。真正在争夺资金的是空间站,许多科学家觉得这才是真正浪费金钱。)

但是,回想起来,这次争议也涉及到应该学会用公众能够理解的语言讲话的问题。从某种意义上,物理学界已经习惯于请国会来批准原子击破器这种庞然大物,因为俄罗斯人也在建造它们。事实上,俄罗斯人当时在建造他们的 UNK 加速器,来与超导超级对撞机(SSC)竞赛。这事关国家地位及荣誉。但苏联解体了,他们的机器被取消了,SSC 项目能借助的东风也渐渐失势。[19]

桌面加速器

出现了 LHC,物理学家逐渐接近了当今一代加速器可达到的能量的上限,它使许多现代城市都相形见绌,并且要耗费几百亿美元。它们巨大到了只有由几个国家组成财团才能造得起。如果想推倒这种常规加速器所面临的障碍,就需要找到新的想法和原理。对于粒子物理学家来说,他们的"圣杯"就是建造一个"桌面"加速器,它的规模和成本是常规加速器的一个零头,可以用几十亿电子伏特的能量产生粒子束。

要理解这个问题,可以试想一场接力赛跑,参赛者沿着一个非常大的环形跑道分布。参赛者沿着跑道赛跑时交接接力棒。现在设想,每次接力棒从一个选手交到另一个选手手中时,选手都会获得一股额外的能量,这样他们依次沿着跑道越跑越快。

这与粒子加速器相像,它的接力棒就是一束亚原子粒子沿着环形跑道运动。每次粒子束从一位选手递到另一位选手时,这个粒子束就被注入一股射频电流(RF)能量,使它的速度越来越快。过去半个世纪中粒子加速器就是这样建造的。常规粒子加速器的问题是,我们已经接近了可以用来驱动加速器的射频电流(RF)能量的极限。

为解决这一难题,科学家们在试验一些有本质不同的方法,把能量泵入粒子束中,例如强大的激光束,它的强度按指数上升。激光的一个优点,在于它的"相干性",也就是,所有的光波振动都精确一致,这就可能产生出极为强大的激光束。目前,激光束可以产生出几万亿瓦(terrawatts)的突发脉冲能量,持续短暂的一段时间。(与此相比,核电厂产生的只是微不足道的几十亿瓦能量,但很稳定。)现在能够产生 1 000 万亿瓦(quadrillion 瓦,或 1 petawatt[拍瓦])的激光器也出现了。

激光加速器的工作原理如下:激光的热度足以产生等离子气体(电离原子的集合),它会像波浪般起伏着高速运动。然后一束亚原子粒子在这一离子波产生的余波上"冲浪"。通过注入越来越多的激光能量,等离子波的行进速度越来越快,激发起在其上冲浪的粒子束的能量。

最近,通过用一个 50 万亿瓦的激光器对一个固体靶子冲击,英国卢瑟福-阿普尔顿实验室(Rutherford Appleton Laboratory)的科学家得到了从该靶子发出的一束质子,在准直射束中负载了高达 4 亿电子伏特(400 MeV)的能量。在巴黎理工学校,物理学家们在 1 毫米的距离上把电子加速到 200 MeV(2 亿电子伏特)。

迄今为止所建造的激光加速器都还很小,也不够强大。但是设想一下,这种加速器被放大了尺寸,它不是在 1 毫米的距离上工作,而是达到了整整 1 米,那时会怎么样。那时,这个加速器将能够在 1 米的距离上把电子加速到 200 GeV(2 000 亿电子伏特),实现桌面加速器的目标。2001 年实现了另一个里程碑式的成就,SLAC(斯坦福线形加速器中心,即美国国家加速器实验室)的物理学家们在1.4米的距离上加速了电子。他们没有使用激光束,而是通过注入一束带电粒子(charged particles)产生出等离子波。虽然取得的能量较低,但它证明等离子波可以在1米距离上加速粒子。

在这一大有希望的研究领域中,进展异常迅速:由这些加速器获得的能量以每五年增长10倍。按照这种速度,桌面加速器原型机的出现可能已近在咫尺。如果它能够成功,它会使大型强子对撞机(LHC)看起来像是最后一只恐龙。虽然大有希望,但是摆在这样一种桌面加速器面前的障碍当然还有许多。如同冲浪者在凶险的海浪中被"掀翻"一样,要使粒子束稳当地驾在等离子波上是困难的(这些难题包括聚焦好粒子束,保持其稳定和强度)。但这些难题中似乎没有一样是无法克服的。

平行宇宙 未来

要证明弦理论还有一些较大的风险。威滕坚信,在大爆炸的瞬间,宇宙膨胀得极为迅速,可能会有一根弦与之一起膨胀,结果太空中飘荡着一根巨大的宇宙比例的弦。他思忖道:"虽然听起来有些离奇,但这是我最希望的证实弦理论的一种场景,因为要解决这个问题,没有什么比在望远镜中看到一根弦更有戏剧性了。"

布莱恩·格林列举出五种可能证实弦理论的实验数据,或至少使它获得可信度:

1.难于捕捉的鬼魅般的中微子的微小质量可通过实验确定,并且弦理论可以对它进行解释。

2.可以找到违反标准模型的小现象,它们违反了点状粒子物理学的规则,比如某些亚原子粒子的衰变。

3.可以从实验中找到新的长程力(不包括引力和电磁力),这将意味着可以对卡拉比-丘流形作一定的选择。

4.实验室中可以找到暗物质粒子,并可以与弦理论的预言做比较。

5.弦理论或许可能对宇宙中暗物质的数量进行计算。

我个人的观点是,对弦理论的验证可能会完全来自于纯数学,而不是实验。由于弦理论号称要成为包罗万象的理论,因此它也应该是一种既包括日常能量也包括宇宙能量的理论。这样的话,如果我们最终能够完全解出这个理论,那么我们就应该能够计算普通物体的性状,而不只是那些只有在外太空才能找到的奇异的物体。例如,如果弦理论可以从基本原理计算出质子、中子和电子,这将是头等的成就。

在所有的物理学模型中(弦理论除外),这些熟悉的粒子的质量是手工放进去的。从某种意义上来说,我们不需要 LHC 来对这个理论进行验证,因为我们已经知道了几十种亚原子粒子的质量,所有这些都应该由弦理论在不加任何可调节参数的情况下确定。

正如爱因斯坦说的:"我相信,我们可以通过纯数学模式发现概念和定理……以它们作为理解自然现象的钥匙。经验或许可以暗示出相应的数学概念,但数学概念多数肯定是不能从经验中推导出来的……因此,在某种意义上我认为,纯思维是能够像古人梦想的那样把握现实的。"

如果这是真的,那么也许 M 理论(或者不论是什么最终把我们引向量子引力理论的其他理论)将使寻找宇宙中所有智慧生命的最终之旅成为可能,使我们几万亿几万亿年后逃离这个濒临死亡的宇宙,找到一个新的归宿成为可能。

PART THREE

ESCAPE INTO HYPERSPACE

第三部分

遁入超空间

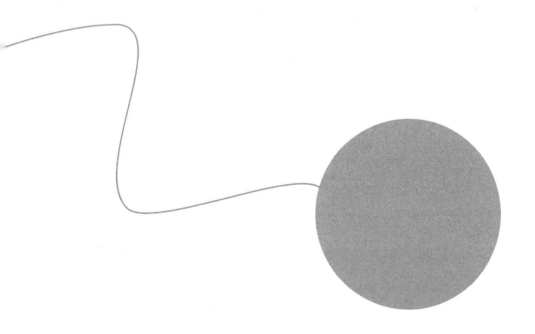

第 10 章　万物之终结

（让我们考虑一下）现在大多数物理学家的观点，也就是，太阳及其所有的行星最终将变得对于生命来说过于寒冷，除非真的有什么大型天体冲进太阳系，重新赋予其生命——由于我相信，在遥远的未来，人类将变得比现在完美得多，所以，人类和其他生物在经历如此漫长的进化之后最终会注定归于灭绝这种想法是不可接受的。

——查尔斯·达尔文（Charles Darwin）

根据挪威传说，最后审判日，或者叫做"Ragnarok"（世界末日，善恶大决战所导致的世界毁灭。——编者注），意思是天神隐没时分，将会伴随着大洪水。尘世（Midgard）与天堂都将像被铁钳夹住般陷入彻骨冰寒之中。刺骨的寒风、扑面的暴风雪、毁灭性的地震和饥荒在大地上肆虐，男女老少大批死亡。有三个这样的冬天就会使地球瘫痪，没有喘息的机会，贪婪的狼群会吞掉太阳和月亮，使世界完全陷入黑暗。天上的群星坠落，大地颤抖，山崩地裂。乱世之神洛基（Loki）逃逸，群魔挣脱束缚，在荒凉的大地上散布战争、混乱和不和。

众神之父奥丁（Odin）将在瓦尔哈拉殿堂（Valhalla）最后一次召集他的勇士进行最后一搏。最终，随着众神逐个死去，邪神苏尔图尔（Surtur）喷出火和硫黄，点燃巨大的地狱之火，吞灭整个天地。当整个宇宙陷入火海之中的时候，大地陷入海洋，时间停止。

但从这场劫后灰烬之中，新的起始在孕育。与过去不一样的一个新的大地从海中升起，新的果实和奇异的植物从肥沃的土壤中泉涌而出，催生出一个新种族的人类。

在维京人（Viking）的传说中，世界末日的凄惨景象是严寒、烈焰和最终的厮杀。在世界各地的神话中，类似的题材都可以找到。世界的末日伴随着巨大的天灾，通常是大火、地震或是暴风雪，最后是一场正义与邪恶的战斗；但也包含着希望的信息，从灰烬中一切重新开始。

科学家们面对无情的物理定律,现在也必须面对同样的主题。与篝火旁传播的神话不同,科学家们对宇宙终结的看法要由硬数据说了算。但是,科学界恐怕也要普遍接受类似的景象。从爱因斯坦方程得出的各种解中,我们同样看到,未来可能也要包括严寒、烈火、天灾以及宇宙的终结。但是最终的再生又在哪里呢?

根据从 WMAP 卫星得到的一幅照片,有一股神秘的反引力正在使宇宙的膨胀加速。如果这一情况持续几十亿年到几万亿年,宇宙最终将达到"大冻结",与预兆着众神隐没的大暴雪相似,使所有我们所知的生命终结。这种把宇宙推开的反引力与宇宙的容积成正比。于是,宇宙变得越大,把星系互相推开的反引力就越大,这反过来又使宇宙的容积更大。这一恶性循环无止境地重复下去,直至宇宙进入失控状态,并以指数幂的速度增长。

最终,这将意味着,由于几十亿个邻近星系飞速越离了我们的事件穹界(event horizon),整个的可见宇宙中只剩下本星系团(Local Group)中的 36 个星系。随着星系间的空间以比光速更快的速度膨胀,宇宙将变得孤寂到令人恐怖的地步。温度将随着能量在空间中散布得越来越稀薄而跌落。当温度跌到接近绝对零度的时候,智慧生命的大限就到了:他们将被冻死。

宇宙平行 热力学三定律

如果整个世界像莎士比亚所相信的那样是个大舞台,那么最终一定会有个"第三幕"戏。在第一幕中,我们有了大爆炸,最终在地球上产生了生命和意识。在第二幕中,可能我们还活着,对恒星和星系进行探索。最后,到了第三幕,我们面临着宇宙在大冻结中最终死去。

最终,我们将发现,这个剧本只能遵循热力学定律。19 世纪,物理学家们计算出了支配热物理学的热力学三定律,并开始思索宇宙的最终之死。1854 年,伟大的德国物理学家赫尔曼·冯·亥姆霍兹(Hermann von Helmholtz)发现,热力学定律可以应用于整个宇宙,也就是说,我们身边的一切,包括恒星和星系,最终都不免消耗殆尽。

第一条定律说[20],物质和能量的总量守恒。虽然能量和物质可以相互转换(通过爱因斯坦的著名方程式 $E = mc^2$),但物质和能量的总量永远不能被创造或销毁。这条定律反过来又意味着,根据已知的物理学定律,号称可以"无代价获利"的"永动机"是不可能的。

第二条定律是最神秘也是最深奥的。它说宇宙中熵（混沌或无序）的总量只能永远增加。换句话说，万事万物最终必然老化和耗尽。森林起火、机器生锈、帝国消亡、咖啡混合、人体老化，所有这一切都代表宇宙中的熵增加了。例如，要点燃一张纸是很容易的。这对总的混沌世界造成净增加。然而，要把燃起的烟再恢复为纸则是不可能的。（加上机械作用之后，熵可以被降低，例如冰箱，但这只是在很小的邻近范围内；整个体系中熵的总量，这指的是冰箱再加上它所在的整个环境，永远只会增加。）

亚瑟·爱丁顿有一次谈论到第二定律："我认为，熵永远增加的定律，也就是热力学第二定律，在大自然法则中占到至高无上的地位……如果你的理论被发现违反了热力学第二定律，我可以告诉你，你的理论是没有希望的；除了在奇耻大辱中失败，你什么也得不到。"

（起初，地球上存在着形形色色的复杂生命这一现象看来似乎违反了热力学第二定律。在早期地球的混沌之中出现了复杂的生命形式，种类多到难以置信，甚至还孕育出了智慧生命和意识，这似乎完全是一种无中生有的过程，它使熵的总量降低了，这看起来令人惊异。有些人认为这一奇迹证明有仁慈的造物主在插手其间。但是不要忘了，生命是由自然进化法则推动的，而且熵的总量仍在增加，因为太阳在不断地为生命添加燃料。如果我们把太阳和地球包括进去，熵的总量还是增加了。）

第三条定律说，没有任何冰箱可以达到绝对零度。你可以达到离绝对零度只有毫厘之差，但你永远达不到零运动的状态。（而且，如果我们把量子原理包括进去的话，这意味着分子中将永远有一小点能量。这是因为，零能量意味着我们可以知道每个分子的准确位置和速度，而这就会违反了测不准原理。）

如果把第二定律应用于整个宇宙，那就意味着宇宙最终将耗尽。恒星将耗尽其核燃料，星系将停止照亮天空，宇宙中将只剩下一堆无生命的死矮星、中子星和黑洞。宇宙将陷入永恒的黑暗。

有些宇宙学家想要借助一种振荡宇宙学说来逃避这一"热寂"（heat death）。随着宇宙膨胀以及最终收缩，熵会继续增加。但在大坍缩之后，还不清楚宇宙中的熵会发生什么变化。有些人认为，也许宇宙在下一个周期只是原样再重复一次。更现实的想法是，熵会在下一个周期中延续，这意味着宇宙的生命周期会随着每增加一个周期而逐步加长。但不论人们怎样看这个问题，振荡的宇宙与开放的和封闭的宇宙一样，最终结果都是毁灭一切智慧生命。

宇宙平行 大坍缩

用物理学来解释宇宙终结的第一次尝试,是1969年由马丁·里斯爵士写的一篇论文,题名"宇宙的坍塌:末世论的研究"。在那个时候,欧米伽的值还基本没人知道,所以他把它假定为2,这意味着,宇宙最终将停止膨胀,并在大坍缩中,而不是大冻结中死去。

他计算出,宇宙的膨胀终将停息,星系间的距离将是今天的两倍远,引力终于克服了宇宙原来的膨胀。我们现在看到的太空中的红移现象,将因为星系竞相朝我们飞来而变为蓝移。

根据这一说法,距今大约500亿年以后,天灾事件将会发生,预示宇宙的垂死挣扎。最终大坍缩之前1亿年,宇宙中的星系,包括我们自己的银河系,将开始互相碰撞,最终融合。他发现奇怪的是,由于有两个原因,单个的恒星甚至在发生互相碰撞之前就会自行解体。第一,太空中其他恒星的辐射将随着宇宙收缩而提高能量,这样,恒星将浸没在其他恒星炙热的蓝移光中。第二,微波背景辐射的温度将随着宇宙的温度急剧攀升而大为加强。这两种作用加在一起所产生出来的温度将超过恒星的表面温度,使其吸收热的速度快于释放热的速度。换句话说,恒星可能会解体,变成超高温度的气体云而消散。

在这样的环境下,智慧生命受到邻近恒星和星系倾泻而下的宇宙高温炙烤,将不可避免地消失,无可逃遁。正如弗里曼·戴森所写的:"我不得不承认,在这种情况下我们不可能逃脱被煎炸的命运。不管我们向地球内部挖得多深,以求遮避蓝移背景辐射,我们也只能把悲惨的终结推迟几百万年。"

如果宇宙最终走向大坍缩,那么剩下的问题就是,宇宙会不会像振荡宇宙学说那样坍塌而后再生。这是波尔·安德森(Poul Anderson)的小说《τ-零度》(Tau Zero)中所采用的场景。如果宇宙完全符合牛顿学说,那么,如果星系被互相向对方挤压的时候有足够的侧向运动,这是有可能的。在这种情况下,恒星可能不会被挤压成一个单一的点。它们可能在挤压力最大的点上互相错开,然后弹开,而不是互相碰撞。

然而宇宙遵循的不是牛顿学说,而是爱因斯坦的方程式。罗杰·彭罗斯(Roger Penrose)和斯蒂芬·霍金证明,在最寻常的条件下,一堆坍塌挤压的星系必然被挤压成一个奇点。(这是因为星系的侧向运动有能量,因此会与引力相互作用。这样,爱因斯坦理论中的引力就要比坍塌宇宙学说所运用的牛顿理论中的引力大得多,于是宇宙就坍塌为一个单一的点。)

宇宙五行 宇宙的五个阶段

然而,最近从 WMAP 卫星得到的数据倾向于大冻结说。为了分析宇宙的寿命,科学家们,如密歇根大学的弗雷德·亚当斯(Fred Adams)和格雷格·拉夫林(Greg Laughlin)试着把宇宙的年龄分为了 5 个分明的阶段。由于我们探讨的是真正的天文时间尺度,我们要采用对数时间框架。这样,10^{20} 年就以 20 来表示。(这个时间表是宇宙在加速这一概念的意义被完全认识清楚之前提出的。但是宇宙阶段的大致划分并没有变。)

挥之不去的一个问题是:智慧生命有没有能力运用智慧从这些阶段中存活下来,从一系列的天灾乃至宇宙的死亡中存活下来?

第一阶段:原始时期(-50 至 5 之间,或 10^{-50} 至 10^5 秒之间)

在第一阶段,也就是原始时期,正如我们已看到的,宇宙经历了快速地膨胀但同样也是快速地冷却。随着它的冷却,宇宙中曾一度统一在一个总的“超级作用力”中的各种作用力,逐步分崩离析,形成我们今天所熟悉的四种力。首先分离出来的是引力,然后是强核作用力、电磁力,最后是弱核作用力。起初,宇宙是不透明的,天空是白色的,因为光在产生出来之后很快就会被吸收。但是在大爆炸 380 000 年之后,宇宙已经冷却到足以使原子形成,而不再被剧热所打碎。天空于是转为黑色。微波背景辐射就是源自这个时期。

在这一时期,原始的氢聚变为氦,产生出目前散布在宇宙各处的星际混合燃料(current mixture of stellar fuel)。在宇宙演化的这一阶段,我们知道的生命是不可能的。温度极高,任何 DNA 或其他自催化分子,即使形成了也会在与其他原子的随机碰撞中破坏,使生命所需的稳定化学成分成为不可能。

第二阶段:群星遍布时期(6 至 14 之间,或 10^6 至 10^{14} 秒之间)

如今我们正生活在第二阶段,即群星遍布时期(stelliferous era),氢气被压缩,恒星已点燃,照亮苍穹。在这一时期,我们看到富含氢的恒星熊熊燃烧几十亿年,直至耗尽它们的核燃料。哈勃空间望远镜拍摄到了处于各个演化阶段的恒星,包括一些由旋涡盘状的尘埃和碎片围绕的年轻恒星,它们可能就是以后形成行星和太阳系的前身。

这一阶段具备创造 DNA 和生命的理想条件。既然在可见宇宙有巨量的恒星,那么天文学家就试图提出在已知科学定理的基础上解释得通的论点,来说明其他行星系统也可以产生智慧生命。但是,任何智慧生命形式都面临着若干宇宙障碍,其中有许多是智慧生命自己造成的,例如环境污染、全球变暖以及核武器。假设智慧生命还没有自我毁灭,那么它还要面对一系列难于克服的自然灾害,其中任何一项都具有毁灭性。

在几万年的时间尺度上,可能会出现冰河时期,与曾经把北美洲埋在几乎 1 英里(1 609 米)的冰层之下的那次差不多,使人类文明成为不可能。1 万年以前,人类生活得如同狼群一般,以小而孤立的族群为单位寻觅着一星半点的食物,不可能有知识和科学方面的积累。没有书面文字。人类一门心思只有一个目的:活下来。然后,由于某些我们至今仍不明白的原因,冰河期结束了,人类开始迅速从寒冰中崛起,成为明星。然而,这一短暂的"间冰期"不可能永久延续。也许再过 1 万年,会再有一次冰河期覆盖地球的大部分地区。地理学家们相信,地球围绕其轴线自转中微小变化的效应最终会积聚起来,使来自冰盖的喷射流降临到低纬度,把地球覆盖在严寒的冰层之下。那时我们说不定需要躲入地下才能保暖。过去地球曾一度完全被寒冰覆盖。这也许会再次发生。

在几千年至几百万年的时间尺度上,我们必须有准备以应付与陨星和彗星相撞。6 500 万年以前灭绝了恐龙的极有可能是发生了与陨星和彗星的碰撞。科学家们相信,一个直径可能不到 10 英里(16.09 千米)的地外天体,一头栽进了墨西哥的尤卡坦半岛,掏出了一个 180 英里(290 千米)直径的陨石坑,碎片四射,进入大气层,遮蔽了太阳,使地球陷入黑暗,造成严寒气候,使植被和恐龙这一当时在地球上占主宰地位的生命形式灭绝。在不到一年的时间里,恐龙和地球上的大多数物种就灭绝了。

从过去发生碰撞的频率来推测,今后 50 年中,小行星撞击地球造成世界灾难的可能性有十万分之一。在几百万年时间里发生重大碰撞的可能性说不定高达近 100%。

(在地球所在的内太阳系,可能有 1 000 到 1 500 颗直径在 1 千米以上的小行星,以及 100 万颗直径在 50 米以上的小行星。小行星观测报告以每天 15 000 份的速率涌入位于美国剑桥的史密森天体物理天文台〔Smithsonian Astrophysical Observatory〕。幸运的是,只有 42 颗小行星可能撞上地球,其概率很小,但比较确定。过去曾有过几次有关这些小行星的"虚惊",最著名的一次是小行星1997XF11,天文学家们误以为它会在30年内撞上地球,这一消息成了全世界的头版头条。但是经仔细研究一颗叫做1950DA的小行星的轨道,科学家们计算出,它有可能在2880年3月16日撞上地球,其概率虽然很小,但却不是零。在加利福尼亚大学圣克鲁斯〔Santa Cruz〕分校所做的计算机模拟显示,如果这颗小行星撞上海洋,它会激起400英尺〔122米〕高的浪潮,以排山倒海般的洪水淹没大部分的沿海地区。)

在几十亿年的尺度上,我们就要为太阳吞噬掉地球而担忧了。今天的太阳温度已然比其幼年时期提高了30%。计算机研究显示,35亿年以后,太阳的亮度将比现在提高40%,这意味着地球将逐步升温。白天在天空中看到的太阳将越来越大,直至把地平线以上的部分几乎完全填满。从短期上来讲,生物将拼命躲避太阳的烘烤,可能被迫退回海洋,使这颗行星上的进化进程逆转。最终海洋本身也会沸腾,使得我们所知道的生命形式成为不可能。50亿年以后,太阳核心中氢的供给将消耗殆尽,从而变异为一颗巨大的红巨星。有些红巨星非常之大,如果把它们放在我们这颗太阳的位置上的话,它可以把火星吞没其中。然而,我们的太阳可能只能向外膨胀到地球轨道那么大,把水星和金星吞没,并使地球上的山脉熔化。这样说来,我们的地球有可能在大火中死去,而不是在寒冰中死去,遗留下一团燃烧干净的灰烬围绕太阳转。

有些物理学家论证,在这一情况发生之前,就算我们还没有乘坐巨大的宇宙方舟从地球移居到其他行星上,我们也应已能够运用先进技术使地球在更大的轨道上围绕太阳旋转了。"只要人类技术提高得比太阳变亮的速度更快,地球就能保持生命旺盛。"天文学家和作家肯·克罗斯韦尔如是说。

科学家提出了若干种把地球从它现在围绕太阳旋转的轨道上移开的办法。其中一种简单的办法是,小心翼翼地使一系列小行星从小行星带中改道,让它们围绕着地球飞快旋转。这种弹弓效应会把地球轨道抻开,使它与太阳之间的距离加大。抻开的距离只能逐次加码,但我们还有足够的时间使几百颗小行星改道,完成这一壮举。"在太阳膨胀为红巨星之前的几十亿年时间内,我们的后代将能够捕获一颗过路的恒星,把它放到围绕太阳旋转的轨道上,再使地球跨出太阳轨道,转入围绕新恒星旋转的轨道。"肯·克罗斯韦尔接着写道。

我们的太阳将遭遇与地球不同的命运,它将不是死于火,而是死于冰。最终,作为一颗红巨星,以氦为燃料燃烧7亿年之后,太阳的大部分核燃料都将耗尽,引力将把它压缩为一颗如地球般大小的白矮星。我们的太阳太小,不会经历那种称做超新星的灾变而变为黑洞。我们的太阳变为白矮星之后,最终将冷却,发出淡淡的红光,然后是棕色,最后变为黑色。它将变为一块死寂的核灰烬在宇宙空间漂浮。我们身边所见的差不多所有的原子,包括我们自己的身体以及我们所钟爱的人们的身体中的原子,未来的归宿都在一团烧净的灰烬上,围绕着一颗黑矮星旋转。由于这颗矮星的重量将只有 0.55 个太阳质量,地球遗骸将在一个比今天远出 70% 的轨道上安顿下来。

在这个尺度上,我们看到,地球上的动植物繁盛期将只不过延续了 10 亿年(如今这个黄金时期已经过了一半)。"大自然母亲生来不是要让我们快乐的。"天文学家唐纳德·布朗利(Donald Brownlee)说。与整个宇宙的寿命相比,生命之花只能持续不能再短的一瞬间。

第三阶段:退化时期(15 至 39 之间,或 10^{15} 至 10^{39} 秒之间)

在第三阶段,也就是在退化时期,宇宙中恒星的能量将最终耗尽。先燃烧氢后烧燃氦这一看似永恒的过程最终停止下来,只剩下一块块了无生气的、已经死去的核物质,其形式是矮星、中子星和黑洞。天空中的恒星不再闪耀,宇宙逐渐陷入黑暗。

在第三阶段中,随着恒星失去其核动力,温度大幅度下降,围绕着死恒星旋转的任何行星都将陷入冰冻。假设地球仍然完好,那么不论地球表面成了什么样子,它都将变成一块冻结的冰层,迫使智慧生命寻找新的家园。

巨星可能持续几百万年,像我们的太阳那样燃烧氢的恒星可持续几十亿年。与此不同,微小的红矮星则实际可燃烧几万亿年。这就是为什么重新将地球轨道安置在红矮星身边的想法在理论上讲得通。离地球最近的恒星,半人马比邻星,是一颗红矮星,离地球只有 4.3 光年。我们这个最近的邻居,其重量只有太阳质量的 15%,亮度只有太阳的 400 分之一,所以,任何围绕着它旋转的行星都必须离得非常近才能享受到它那微弱的星光。地球围绕这颗恒星的轨道要比现在围绕太阳的近 20 倍才能接受到同样多的阳光。一旦在围绕红矮星的轨道上旋转,行星就可以得到持续几十亿年的能量。

最终,唯一继续燃烧核燃料的恒星将是红矮星。然而到了一定的时候,即使是它们也会变暗。100 万亿年以后,最后的红矮星也将绝迹。

第四阶段:黑洞时期(40 至 100 之间,或 10^{40} 至 10^{100} 秒之间)

在第四阶段,也就是黑洞时期,唯一的能源将是从黑洞缓慢蒸发的能量。正如雅各布·贝肯斯坦(Jacob Bekenstein)和斯蒂芬·霍金证实的那样,黑洞并不真是黑色的,它们实际辐射出微量的能量,这被称做"蒸发"(evaporation)。(在实践中,这种黑洞蒸发非常小,难以通过实验观察到,但是在长时间尺度上,蒸发最终决定黑洞的命运。)

蒸发中的黑洞可有不同的寿命。像质子那么大的微型黑洞在太阳系寿命那么长的时间内可以辐射出100亿瓦的能量,像太阳一样重的黑洞将蒸发10^{66}年,像星系团一样重的黑洞将蒸发10^{117}年;然而,当黑洞缓慢地释放出辐射,最后接近其生命尾声的时候,它会猛然爆炸。智慧生命有可能像无家可归者挤坐在即将熄灭的余烬周围一样,聚集在蒸发中的黑洞所释放出的微弱热量周围,摄取一点温暖,直至它们蒸发完毕。

第五阶段:黑暗时期(超过101,或超过10^{101}秒)

在第五阶段,我们进入了宇宙的黑暗时期,所有热源都最终消耗殆尽。在这一阶段,宇宙缓慢地向终极的热寂(heat death)漂移,温度逼近绝对零度。这一时刻,原子本身几乎停顿。说不定连质子本身也衰变了,只剩下一片漂浮着的光子海,以及稀薄的互相微弱作用的粒子汤(中微子、电子和它们的反粒子,即正电子)。宇宙可能由一种新的叫做正电子素(positronium)的"原子"构成,它由互相对绕旋转的电子和正电子构成。

有些物理学家猜测,这种由电子和反电子构成的"原子"说不定能在这一黑暗时期成为一种新的基本要件,形成智慧生命。然而这种想法面临着难以逾越的困难。正电子素原子的大小可与普通原子媲美。但在黑暗时期的正电子素原子的直径会达到10^{12}百万秒差距(megaparsecs),这要比我们今天的可见宇宙大上几百万倍。所以在这种黑暗时期,即使这种"原子"能够形成,它们也会像整个宇宙那么大。由于在黑暗时代,宇宙可能已膨胀到了极远的距离,它将很容易容纳这些巨大的正电子素原子。但是由于这些正电子素原子非常大,这意味着任何以这些"原子"为基础的"化学反应"将在惊人的时间尺度上进行,与我们所知道的任何东西都完全不同。

正如宇宙学家托尼·罗斯曼(Tony Rothman)写的:"于是,10^{117}年以后,整个宇宙最终就是几个拴在笨重轨道上的电子和正电子,从重子衰变后剩下的中微子和光子,以及从正电子素中湮灭和黑洞中逃逸的质子。因为这也是写在命运之书中的。"

宇宙平行 智慧生命能幸免于难吗?

　　根据大冻结时期终结时令人头脑发麻的条件,科学家们争论,有没有什么智慧生命可以幸免于难。乍看起来,讨论在第五阶段智慧生命有没有可能存活下来似乎毫无意义,因为那时温度跌到了接近绝对零度。然而,实际上物理学家们对智慧生命能否存活下去进行了热烈的讨论。

　　这场讨论集中在两个关键问题上。第一个问题:当温度接近绝对零度的时候,智慧生命能否开动他们的机器? 根据热力学定律,由于能量从较高温度向较低温度流动,可以利用能量的这种流动完成有用的机械任务。例如,利用一台连接两个不同温度层的热引擎,可以做机械工作。温差越大,引擎的效能就越高。这是带动了工业革命的那类机器的基础,例如蒸汽机和机车。初看起来,在第五阶段要利用热引擎做任何工作都是不可能的,因为所有温度都将是一样的。

　　第二个问题:智慧生命形式能够发送和接收信息吗? 根据信息理论,可以发送和接收的最小单位与温度成正比。当温度降到接近绝对零度,处理信息的能力也会受到极大的破坏。随着宇宙冷却,可以传递的信息比特将会变得越来越小。

　　物理学家弗里曼·戴森(Freeman Dyson)等人重新分析了在垂死宇宙中度日的智慧生命面临的物理条件。他们问道,能不能找到别出心裁的方法,使温度即使降到接近绝对零度时智慧生命也能存活?

　　当宇宙中温度开始普遍下降时,起初生物将试图利用基因工程降低自身的体温。这样,他们将能够大大提高日见其少的能源的效率。但最终体温将达到水的结冰点。这时,智慧生命可能将不得不放弃他们脆弱的血肉之躯,换上机器身体。机器身体远比血肉之躯更能抵挡严寒。但机器也必须遵循信息理论和热力学定律,即使对机器人来说生存条件也将异常艰辛。

　　即使智慧生命放弃其机器躯体,转变为纯意识,信息处理的问题仍然存在。随着温度继续下降,唯一活命的办法就是"思维"放慢。戴森(Dyson)的结论是,通过把处理信息所需要的时间拉长,并通过冬眠保持能量,智慧生命形式还将能够无限期地进行"思维"。虽然思维和信息处理的物理时间也可能会延展为几十亿年,但智慧生命感受到的"主观时间"仍将保持不变。他们将永远觉察不到这当中的区别。他们仍将能够进行深度思索,只是时间尺度大大地放慢了。戴森以虽然奇怪但乐观的调子得出结论,以这种方式,智慧生命将能够无限期地处理信息并进行"思维"。对哪怕单独一个念头进行思索都可能要耗费几万亿年的时间,但从他们的"主观时间"来看,思索过程仍是正常进行的。

但是如果智慧生命思维放慢,说不定他们会目睹宇宙中发生宇宙量子跃迁。一般来说,这种宇宙跃迁,例如新宇宙诞生,或向另一个量子宇宙跃迁,要以几万亿年的时间跨度来发生,因此是纯理论上的。但是在第五阶段,"主观时间"中的几万亿年将被压缩,对于这些生物来说可能只相当于几秒钟;他们的思维如此之慢,以至于在他们看来奇异的量子事件一直都在发生。他们可能会时常目睹泡泡宇宙从虚无中产生出来,或量子跃迁进入另类宇宙。

但是根据最近的发现,宇宙正在加速,物理学家们重新研究了戴森的著作,这又点燃了新一轮的辩论,得出了相反的结论,即,智慧生命必然在加速的宇宙中灭绝。物理学家劳伦斯·克劳斯(Lawrence Krauss)和格伦·斯塔克曼(Glenn Stackman)得出结论说:"几十亿年以前,宇宙太热,生命不能存在。从现在起无数岁月之后,它又会变得极冷极空,不管多么聪明的生命都将灭绝。"

在戴森原来的著作中,他设想宇宙中 2.7 度(K)的微波辐射将继续无止境地下降,这样智慧生命也许可以利用这些微小的温差做有用功。只要温度持续下降,总是可以提取到有用功的。然而,克劳斯和斯塔克曼指出,如果宇宙有宇宙常数,那么温度就不会像戴森设想的那样无止境地下降,而是会最终达到一个下限,也就是吉本斯-霍金温度(Gibbons-Hawking temperature)(约 10^{-29} 度)。在遥远的未来,一旦达到这个温度,宇宙各处的温度都将完全一样,因此智慧生命将无法利用温差提取有用的能量。一旦整个宇宙达到统一的温度,一切信息处理过程都将停止。

(20 世纪 80 年代,人们发现某些量子系统〔例如液体中的布朗运动〕可以作为计算机的基础,而不论外界的温度有多冷。所以,即使温度跌落,这些计算机仍能利用越来越少的能量工作。这对于戴森来说是个好消息,但这里面有个问题。它必须满足两个条件:第一,它必须与其环境保持平衡,它必须永远不丢弃信息。但如果宇宙在膨胀,那么平衡就是不可能的,因为辐射会被稀释,其波长会被延展。加速中的宇宙变化太快,系统无法达到平衡。第二,永远不丢弃信息的这项条件意味着智慧生命永远不能忘记任何东西。最终,一个不能丢弃记忆的智慧生命会发现自己一遍又一遍地生活在过去的记忆之中。"所谓'永恒'只会变成一座监狱,而不会使创造和探索的领域无止境地变得越来越宽广。它也可能是涅槃,但那还是生命吗?"克劳斯和斯塔克曼问。)

归结起来,我们看到,如果宇宙常数接近于零,那么在宇宙冷却的时候,智慧生命可以通过蛰伏以及放慢"思维"而无限期地"思维"下去。但是在像我们这样一个加速的宇宙中,这是不可能的。根据物理定律,一切智慧生命注定了要消亡。

从这种宇宙视野的制高点来看,我们可以看出,我们所知道的生命所拥有的生存条件不过是一个大得多的场景中的一个瞬息即逝的小插曲。只有一扇微小的"窗口",那里的温度"正合适"支持生命,既不太热,也不太冷。

宇宙 平行 逃离这个宇宙

死亡可以定义为最终停止处理一切信息。宇宙中的任何智慧物种从开始理解物理学基本定律的时候起,就将被迫认识到,宇宙及其可能容纳的任何智慧生命最终都将死亡。

幸运的是,我们还有充分的时间积聚起能量完成这样一个旅程,而且,就像我们在下一章中将要看到的那样,还存在其他选择。我们要探讨的问题是:物理学定律允许我们逃往平行宇宙中去吗?

第 11 章　逃离宇宙

任何足够先进的技术都与魔法无异。

——阿瑟·C. 克拉克(Arthur C. Clarke)

　　在小说《亘》(*Eon*,又译《永世》)中,科幻作家格雷格·贝尔(Greg Bear)讲述了一个从支离破碎的世界中逃进平行宇宙的惊险故事。一颗庞大的小行星从空间接近了行星地球,来势汹汹,人们惊恐万状和歇斯底里。然而,它没有击中地球,而是奇怪地在一个围绕地球的轨道上安顿了下来。成群结队的科学家被派往太空进行调查。不过,科学家们找到的不是一片荒凉、了无生气的地面,而发现这颗小行星实际上是空心的,它是一艘被一个拥有高级技术的族类放弃的巨型太空船。在空无一人的太空船内部,这本书的女主人公,理论物理学家帕特里夏·瓦斯克斯发现了 7 个极为宽广的舱室,它们通往一些不同的世界,其中有湖泊、森林、树木甚至整座城市。接下来,她偶然找到了一座巨大的图书馆,记载了这些奇异人们的完整历史。

　　她随意捡起一本旧书,发现它是马克·吐温写的《汤姆·索亚历险记》(*Tom Sawyer*),不过是 2110 年重印的。她意识到,这颗小行星根本不是来自于一个异类文明,而是来自地球本身,来自 1 300 年以后的未来。她了解到如下这个令人心悸的真相:这些陈旧的记录告诉人们在遥远过去爆发的一场古代核战争,杀死了几十亿人,它还引发了核冬天,又杀死了几十亿人。经过对这场核战争的日期进行确认,她吃惊地发现它就发生在两个星期以后! 她毫无能力阻止这场即将消灭整个地球的不可避免的战争,她所钟爱的亲人们即将被杀死。

　　她从这些旧档案中惊恐地找到了她个人的历史记录,发现她在未来所做的空间-时间研究后来会为这颗小行星中一个巨大的隧道奠定基础,这个隧道被称做"道",它能让人们离开小行星进入其他宇宙。她的理论证明存在着无穷数量的量子宇宙,代表了所有可能的现实。此外,她的理论还可以用来沿着"道"建立许多出入口,使人进入这些宇宙,它们各自都有不同的历史。最后,她进入了隧道,沿着"道"旅行下去,遇到了逃到小行星上的人们,他们是她的后代。

这是个奇怪的世界。几个世纪之前,人们放弃了严格意义上的人类外形,现在可以换上各种各样的形状和身体。即使是早已死去的人们也把他们的记忆和个性储存在计算机数据库中,从而可以使他们起死回生。他们可以多次被复活并下载到新的身体中。他们身体中的植入体可以让他们获得几乎无穷的信息。虽然这些人几乎可以拥有他们想要的任何东西,但我们的女主人公还是在这个技术的天堂中感到悲哀和孤独。她思念她的家庭、男朋友以及属于她的那个地球,而所有这一切都在核战争中摧毁了。最后,她被允许搜索沿着"道"安排的多元宇宙,找出一个核战争被避免、她的亲人还活着的平行地球。最终她找到了一个,一跃而入。(不幸的是,她犯了一个小小的数学错误,在她选定的这个宇宙中的埃及帝国始终没有崩溃。她以她的余生企图逃离这个平行地球,找到她真正的家。)

虽然《亘》中描绘的维度空间入口纯属虚构,但它提出了一个有趣的问题,与我们有关:如果在我们自己的宇宙中,条件变得无法忍受,我们能找到一个平行宇宙作为庇护所吗?

我们这个宇宙最终会解体为一团无生命的电子、中微子和光子雾,这似乎预示着一切智慧生命最后的命运。在宇宙尺度上,我们看到生命是何等脆弱和短暂。允许生命兴旺的时期集中在一个非常狭窄的频带中,与照亮夜空的恒星的寿命相比,瞬息即逝。随着宇宙变老和冷却,似乎生命不可能再继续。物理学和热力学定律很清楚:如果宇宙像奔命一样地继续加速膨胀,我们所知道的生命最终将难逃厄运。但是,当宇宙的温度在亿万年中继续下降的时候,先进的文明会不会试图拯救自己?通过动用它所拥有的一切技术,以及宇宙可能存在的任何其他文明所拥有的技术,它能不能逃脱不可避免的大冻结?

由于宇宙各阶段演变的速率是以几十亿年到几万亿年来衡量的,勤奋智慧的文明还有充足的时间来迎接这些挑战。虽然还难以想象先进文明能拿出何种技术来延长他们的生存,还只能做一种纯粹的猜测,但我们可以运用已知的物理学定律来探讨,几十亿年以后会有多么丰富的办法可供他们选择。物理学不会告诉我们,一个先进的文明会采用哪些具体的计划,但它有可能告诉我们,能够帮助我们逃生所需的参数能有多大的范围。

对于一位工程师来说,离开宇宙的主要问题在于我们是否有足够的资源来建造一架能够实现这一奢望的机器。但对于一位物理学家来说,主要的问题不在于此:物理学定律是否允许这些机器的存在才是第一位的。物理学家要求有"原理的证明"(proof of principle),也就是,我们要求证明,在你拥有足够先进的技术的情况下,根据物理学定律,逃往另一个宇宙是可以做到的。我们是否拥有足够的资源这个问题,相对是个较小的具体细节,只能留给几十亿年以后的未来,面临着大冻结的那些文明来解决。

根据皇家天文学家马丁·里斯爵士的说法:"虫洞、额外的维度以及量子计算机,给人类提供了遐想的空间,它们最终说不定能把我们的整个宇宙改造成一个'有生命的宇宙'。"

宇宙平行 Ⅰ、Ⅱ、Ⅲ 类文明

为了理解各种文明今后几千年到几百万年间的技术水平,物理学家们有时根据它们对能量的消耗以及热力学定律来对它们进行划分。在对天空进行扫描,寻找智慧生命的迹象时,物理学家们不是在寻找"绿色小矮人",而是寻找具备Ⅰ、Ⅱ、Ⅲ类文明的能量产出特征的文明。这几个档次的概念是20世纪60年代由俄罗斯物理学家尼古拉·卡尔达舍夫(Nikolai Kardashev)在对外太空可能存在的文明所发出的射电信号进行分类时提出的。每种文明类型所释放的辐射都有其特有的形式,可以被测量和分类。(即使一个先进的文明想掩盖其存在,我们的仪器也能把它们探测到。根据热力学第二定律,任何先进文明都将产生以废热为形式的熵,它不可避免地要漂入外太空。即使它们想掩盖它们的存在,也不可能把由它们的熵而造成的轻微辐射掩盖起来。)

Ⅰ类文明应已掌握了行星级别的能量。它们对能量的消耗可以被精确测量到:从定义上来说,它们能够利用到达它们星球的全部太阳能,相当于10^{16}瓦。拥有了这种行星能量,它们应可以对天气进行控制或更改,使飓风改道,或在海洋上建立城市。这种文明真正成了它们行星的主人,并建立了一个行星级的文明。

Ⅱ类文明应已耗尽了单独一颗行星的能量,并已掌握了整个一颗恒星的能量,大约相当于10^{26}瓦。它们能够利用它们的恒星的全部能量输出,因而也可以想象,它们能够控制太阳耀斑,并点燃其他恒星。

Ⅲ类文明已耗尽了一个单一太阳系的能量,并已在其本星系的广大范围内进行殖民。这种文明能够利用100亿颗恒星的能量,大约相当于10^{36}瓦。

每类文明与比其低一个级别的文明之间的差别为100亿倍。因此,一个Ⅲ类文明由于掌握了几十亿颗恒星系的能量,它可以利用的能量产出量是Ⅱ类文明的100亿倍,而Ⅱ类文明掌握的能量输出则为Ⅰ类文明的100亿倍。虽然这些文明之间的差距似乎到了天文数字,但还是有可能计算出要达到第Ⅲ类文明的地位估计需要多少时间的。假设一个文明以每年2%~3%的低速度在能量产出方面增长。(这种假设是有道理的,因为经济增长是可以相当准确地计算出来的,而它是与能量消耗直接联系的。经济规模越大,它的能量需求就越大。由于许多国家的国内生产总值,也就是GDP,是以每年1%~2%之内的速度增长,我们可以预期它的能量消耗大致也是按同样的速率增长的。)

按照这种平缓的速率来算,我们可以估计,我们现在的文明还需要大约100年到200年的时间才能达到Ⅰ类文明的地位。要达到Ⅱ类文明的水平需要5 000到10 000年的时间,要达到Ⅲ类文明的水平需要10万到100万年的时间。以这样一个尺度来看,我们今天的文明可以分类为0类文明,因为我们主要从死去的植物获取能量(石油和煤炭)。一场飓风可以释放出几百枚核武器的能量,但即使对飓风进行控制也超出了我们的技术能力。

为了对我们目前的文明进行描述,天文学家卡尔·萨根提出在各类文明之间设置更具体的等级。我们已经看到,Ⅰ、Ⅱ、Ⅲ类文明各自的能量产出大致是10^{16}、10^{26}和10^{36}瓦。他提出,比方说,可以分出一个Ⅰ.1类文明,它的能量产出量是10^{17}瓦,一个Ⅰ.2类文明,它的能量产出量是10^{18}瓦,诸如此类。把每种Ⅰ类文明分为10个子类,我们就可以把我们自己的文明归类了。在这个尺度上,我们当今的文明多半像个0.7类文明——真正的行星文明已经在我们的"射程之内"了。(0.7类文明在能量生产方面仍然只有Ⅰ类文明的千分之一。)

虽然我们的文明仍然相当原始,但我们已经可以看到,向Ⅰ类文明过渡正在我们眼皮底下发生。当我注目报纸头条的时候,我时刻注意到这种历史过渡正在进行之中。事实上,我觉得能够亲历这一过程真是三生有幸:

* 因特网是一种正在崛起的Ⅰ类文明电话系统,它有能力成为无所不能的全球通讯网络的基础。
* Ⅰ类文明社会的经济将不是由国家主宰,而是由像欧盟那样的大型贸易集团主宰,它是因为与NAFTA(北美国家自由贸易协议)竞争而形成的。
* 英语有可能成为我们这个Ⅰ类文明社会的通用语言,它现在已经是地球上的第二大语言了。今天在许多第三世界国家,上层阶级和受过大专教

育的人往往既讲英语也讲本地语。Ⅰ类文明的全部人口可能就像这样，都讲双语，一种本地语，一种全球通用语。[21]

* 国家虽然可能还会以某种形式继续存在几个世纪，但随着贸易壁垒的倒塌，整个世界在经济上的相互依存度加强，国家的重要性会降低。（现代的国家部分地来说是被资本主义者以及那些希望有统一货币、国界、税收法律以便从事经济活动的人划分出来的。随着经济活动本身越来越国际化，国家边界的重要性照理会降低。）没有任何一个单独的国家能够强大到足以阻止这一迈向Ⅰ类文明的进程。

* 我们也许将永远不会没有战争，但随着全球中产阶级的出现，人们更感兴趣的是旅游和积累财富及资源，而不是压制其他国家的人民、控制市场和地理区域，因此战争的性质会改变。

* 污染问题将越来越多地放在全球层面上来解决。温室气体、酸雨、热带雨林失火等灾害不会尊重任何国家的边界，邻近国家会对主犯国施加压力，要求它约束自己的行为。由于全球环境问题的存在，这将促进加速找到全球解决方案。

* 由于过度开发和消费，资源渐渐枯竭（例如鱼类和粮食的收获量、水资源），会有越来越大的压力要求在全球层面上对资源进行管理，否则就要面临饥荒和崩溃。

* 信息将几乎成为免费的，促使社会大幅度提高民主程度，让没有说话权力的人获得新的发言权，给专制制度施加压力。

　　所有这些力量都不是任何单独个人或国家能够左右的。因特网是无法被封杀的。事实上，任何想要封杀因特网的措施只会招致更多的嘲笑，而不是恐惧，因为因特网是通向经济繁荣、科学进步以及文化娱乐的道路。

　　但是从0类文明向Ⅰ类文明的过渡也是最艰险的，因为我们身上还带着从森林中崛起时就有的野性。从某种意义上来说，我们文明的进步就是一种与时间赛跑的过程。一方面，走向Ⅰ类全球文明将给我们带来前所未有的和平和繁荣。另一方面，熵的力量（温室效应、污染、核战争、原教旨主义、疾病）仍有可能将我们毁灭。马丁·里斯爵士把这些威胁，以及由于恐怖主义、生物工程开发出来的微生物和其他由技术进步带来的噩梦造成的威胁看做是人类面临的最大挑战。他指出，我们成功解决这些问题的几率只有50%，这毫无疑问是一剂清醒剂。

这也许是我们为什么不能从太空中看到地外文明的原因之一。如果它们确实存在,那么也许它们太先进了,很难对我们这种0.7类文明的社会产生兴趣。也有一种可能,也许它们已在战争中毁灭,或在迈向Ⅰ类文明的过程中被自己造成的污染所灭绝。(从这个意义来说,现在活着的这一代人也许是所有在地球表面行走过的人中最重要的一代;我们能不能安全地过渡到Ⅰ类文明很可能要取决于这代人。)

但是正如弗里德里希·尼采(Friedrich Nietzsche)曾经说过的那样,如果能够大难不死,那我们就会变得更强大。我们从0类向Ⅰ类文明的艰难过渡必将是一次火的考验,要经历几个命悬一线的回合。但如果我们能够从这一挑战中挺住,我们将会以更强大的形象崛起,正如锤打熔化的钢只是使它得到了锻炼。

宇宙平行 Ⅰ类文明

当达到了Ⅰ类文明以后,还不大可能立刻奔向恒星;更有可能的是继续在本土行星生活几个世纪,要有足够长的时间来解决过去遗留下来的民族主义、原教旨主义、种族及宗派的热情。科幻作家们经常低估宇宙航行和宇宙殖民的难度。今天,要把任何东西放上近地轨道,每磅(0.453 6 千克)重量的费用是 10 000 到 40 000 美元。(要能想象出太空旅行有多么昂贵,可以想象一下用实心的金子打造一个约翰·格林需要多少钱。)每次发射航天飞机的费用在 8 亿美元以上(按把航天飞机计划的全部成本除以发射次数算)。太空旅行的费用有可能会降低,但在今后几十年中也只能降低十分之一,这要等有了在一次发射完成之后可以立刻再用的可重复使用运载火箭(RLVs)问世以后。在整个 21 世纪,太空旅行除了对最有钱的个人及国家来说,将始终是个昂贵得高不可攀的话题。

(这方面可能会有一个例外:开发出"太空电梯"。由于最近在纳米技术方面的进步,已经有可能制造出由超强超轻碳纳米管纺成的线。从原理上来讲,这些碳原子线将有足够的强度将位于离地球 20 000 英里〔32 187 千米〕处的轨道上的地球同步卫星连接在地面上。如同《杰克与魔豆》〔*Jack and the Beanstalk*〕中所描写的那样,你花费通常价格的一个零头就可以沿着这根碳纳米管做成的缆线到达外太空。历史上,太空科学家否定过太空电梯的想法,因为任何已知的纤维都经受不住这种缆线上的拉力。然而,碳纳米技术可能会改变这种状况。NASA 已经出资对这种技术进行初步研究,今后将密切分析其进展情况。但是,即便这种技术被证明是可行的,太空电梯最多也只是把我们带到围绕地球的轨道,而不能到达其他行星。)

宇宙殖民的梦想必须降温,因为通往月球和其他行星的载人航行将比近地航行贵许多倍。与几个世纪前哥伦布和早期西班牙探险家在地球上所做的航行不同,那时一艘帆船的费用只是西班牙国内生产总值中很小的一个零头,而其潜在的经济回报非常巨大;但要在月球和火星上建立殖民地会使多数国家破产,同时几乎不会带来任何直接的经济效益。向火星进行一次简单的载人航行,其费用少说1 000亿美元,多说5 000亿美元,却很难说能有什么经济上的收获。

同样,还必须考虑人类乘员所面临的危险。半个世纪以来的液体燃料火箭经验表明,火箭发射中灾难性失败的几率大约为每70次中有一次(事实上,这个比值中还包括了两次航天飞机惨剧)。我们经常忘记,太空旅行与旅游是不同的。装载着这么多挥发性燃料,人类的生命面临着这么多致命威胁,未来几十年中太空旅行将继续是个冒险的话题。

然而从几个世纪的尺度上来讲,这种局面可能会逐渐发生变化。随着太空旅行的成本持续缓慢下降,火星上也许会逐步建立几个太空殖民地。以这种时间尺度而论,有些科学家甚至创造性地提出了一些机制,来把火星改造得像地球一样,例如令一颗彗星改道,使之在大气中蒸发,从而在大气中增加水蒸气。另外一些人提出在大气中注入甲烷,以便在这颗红色星球上人为创造出温室效应,提高温度,逐渐融化火星表面以下的永冻土,几十亿年以来第一次在火星的湖泊和溪流中灌进水。有些人还提出了采用一些更为极端和危险的措施的可能性,例如在冰盖下引爆一枚核弹头,把冰融化(这将对未来的太空殖民者造成健康危害)。但这些设想仍然过于异想天开。

更为可能的情况是,在最近的几个世纪中Ⅰ类文明将把太空殖民作为一种遥远的选项。但是对于在时间上要求并不很高的远距离行星际航行来说,开发一种太阳能/离子发动机可能为星际间航行提供一种新形式的推动力。这种慢速发动机提供的推进力不大,但一次可使这种推进力维持好几年。这种发动机把来自太阳的太阳能集中起来,把一种像铯这类的气体加热,然后从排气管中把这种气体喷出,提供一种几乎可以无限期维持的适度推进力。由这种发动机提供动力的运载工具说不定可以很理想地在行星际间建立一个连接各颗行星的"州际公路系统"。

最终,Ⅰ类文明说不定可以向邻近的恒星发射几个实验性的探测器。由于化学燃料火箭的速度最终受到火箭排气管中气体的最大速度所限,如果物理学家们想要达到几百光年远的地方,就必须找到更奇特形式的推动力。其中一个可能的设计,就是创造一种聚变冲压喷气发动机(ram-jet),这是一种从星际空间收集氢,然后把它聚变,在此过程中无止境地释放能量的方法。然而,质子-质子聚变即使在地球上也很难做到,更不要说是在外太空中的一艘星际飞船上了。这样的技术至少也要等到一个世纪以后的未来。

Ⅱ 类文明

能够运用整个恒星能量的Ⅱ类文明,可能会像《星际迷航》(Star Trek)连续剧中的那种行星联邦,只是没有那种"曲速引擎"(warp drive)。它们已经在银河系中的一小块区域进行殖民,能够点燃恒星,因此够得上一个新兴的Ⅱ类文明地位。

为了充分利用太阳的输出能量,物理学家弗里曼·戴森(Freeman Dyson)猜测说,Ⅱ类文明可能会建造一个硕大无比的球体围绕着太阳转,以便吸收它的光线。例如,这一文明将能够把一个木星大小的行星解体,把它的质量配置在一个围绕太阳转的球体中。由于热力学第二定律,这个球体最终会热起来,发射出特有的红外线,从外太空可以看得到。位于日本的文明研究所的寿岳润(Jun Jugaku)和他的同事们对远达 80 光年的天空进行了搜索,试图找到其他这种类似的文明,但是没有找到这种红外线发射(尽管我们记得我们银河系的直径有100 000 光年)。

Ⅱ类文明有可能对在它们太阳系中的一些行星进行殖民,甚至有可能启动一个计划来开发恒星际旅行。由于Ⅱ类文明能够掌握的资源非常多,它最终有可能开发出一些奇异形式的推进力,例如为它们的星际飞船装上反物质/物质推进器,使接近光速的航行成为可能。从理论上来讲,这种形式的能量具有100%的能源效率。在Ⅰ类文明的水平上,这在实验中也是可以做到的,只是昂贵得令人却步(需要动用原子击破器来创造反质子束,用以制造反原子)。

对于Ⅱ类文明社会将会怎样运转,我们只能猜测。然而,它们将有几千年的时间来把财产、资源和权力方面的争端梳理清楚。Ⅱ类文明有可能永不消逝。有可能,科学已知的任何东西都不能毁灭这种文明,唯一的可能,或许是其居民自己做出了疯狂的举动。彗星和陨星将被改道;气候格局被改变,避免了冰河期;甚至在受到邻近的超新星爆炸威胁时,也只需放弃自己的本土行星,把整个文明迁移出伤害范围之外就可以了——乃至有可能对垂死恒星的热核反应机制进行修改。

宇宙平行 Ⅲ类文明

当一个社会达到Ⅲ类文明的水平时,由于有了令人难以置信的能量,它有可能开始考虑空间-时间变得不稳定的问题。我们知道普朗克能量,在这种能量水平上,量子效应起主导作用,空间-时间变成"泡沫"状,充满了泡泡和虫洞。普朗克能量如今还远在我们的能力范围之外,但这只是因为我们是从 0.7 类文明的视角来对能量进行评判的。到了Ⅲ类文明的时候,它所拥有的能源将比当今地球上能找到的多几百亿的几百亿倍(或者说 10^{20} 倍)。

伦敦大学学院(University College)的天文学家伊恩·克罗福德(Ian Crawford)在谈到Ⅲ类文明的时候写道:"假定典型的殖民范围为 10 光年,飞船的速度为光速的 10%,建立一个星际殖民地以及由这个殖民地派生出的殖民地之间有 400 年的时间间隔,那么殖民化的波阵面将以每年 0.02 光年的速度扩张。由于我们银河系的直径为 100 000 光年,在大约不超过 500 万年的时间里,整个银河系就被殖民化了。这虽然对人类来说是个很长的时间,但它只是星系年龄的 0.05%。"

科学家们已经认真尝试过探测我们自己银河系中Ⅲ类文明的射电源。位于波多黎各的巨型阿雷西博(Aricebo)射电望远镜已经对银河系的大部分区域进行过扫描,寻找接近氢气发射谱线的 1.42 千兆赫(gigaherz)射电源。在那个频带中,他们没有发现任何辐射出 10^{18} 至 10^{30} 瓦能量(即 Ⅰ.2 类到 Ⅱ.4 类)的文明。然而,这并不排除有一些文明刚好超过我们的技术水平,处于 0.8 至 Ⅰ.1 类之间,或比我们先进得多,例如在 Ⅱ.5 类以上。

它也不排除其他通讯方式。例如,先进的文明也可能通过激光,而不是无线电来发射信号。如果它们采用无线电的话,它们采用的频率也可能不是 1.42 千兆赫。例如,它们有可能把信号散布在许多频率上,然后在接收端重新组合。这样的话,过路的恒星或彗星就不会对整个信息造成干扰。任何接收到这种分散信号的人所听到的可能只是杂音。(我们自己的电子邮件也是分解成许多片断的,每个片断都通过一个不同的城市发出,最后重新组合起来到达你的个人电脑。与此类似,先进文明有可能决定把信号分解,然后在另一端把它重新组合起来。)

如果宇宙中存在着III类文明，那么它们迫切关心的事情之一就是要建立一个连接整个星系的通讯系统。这当然取决于它们是否能够通过某种方式掌握了高于光速的技术，例如通过虫洞。假定它们还不能够，那么它们的发展会受到相当大的阻碍。物理学家弗里曼·戴森在援引让-马克·列维-勒布朗（Jean-Marc Levy-Leblond）的著作时猜测，这样的社会可能生活在一个"卡罗尔式"的宇宙中，这是以刘易斯·卡罗尔（Lewis Carroll）的名字命名的（《爱丽丝梦游仙境》的作者）。他写道，过去，人类社会是以部落为基础的，在那时空间是绝对重要的，而时间只是相对重要。这意味着分散部落之间的通讯是不可能的，在人的一生当中，我们的祖辈只能冒险离开自己的出生地点很短的一段距离。每个部落都被广大的绝对空间阻隔着。随着工业革命的到来，我们进入了牛顿宇宙，在这里空间和时间成为绝对重要的因素，也就是，我们有了船和车，把分散的部落连接为国家。到了 20 世纪，我们进入了爱因斯坦宇宙，这时空间和时间都变成了相对的，也就是，我们开发出了电报、电话、无线电和电视，可以进行即时通讯。III类文明有可能再度退回到"卡罗尔"宇宙，太空中孤立的殖民点被巨大的恒星际距离阻隔，由于存在光速这一障碍而无法进行沟通。为了避免出现这种分散的卡罗尔宇宙，III类文明可能需要开发虫洞，在亚原子层面上进行高于光速的通讯。

平行宇宙 IV类文明

一次我在伦敦天文馆作讲演时，一个 10 岁小男孩来到我面前，坚持说肯定存在着IV类文明。我提醒他说，因为只有行星、恒星和星系，只有它们才是萌生智慧生命的唯一平台。[22]但他声称，IV类文明可以利用整个空间（continuum）的能量。

我意识到，他说的没错。如果能有IV类文明存在，它的能量可能超出星系，比方说，我们身边看到的暗物质构成了宇宙中物质/能量含量的73%。虽然它有可能是一种巨大的能量储备——宇宙中远为最大的——但这种反引力场散布在宇宙中广大的虚空地带，因此在空间中的任何一个点上都是极度微弱的。

尼古拉·特斯拉（Nikola Teslas）是个电气天才，也是托马斯·爱迪生（Thomas Edison）的竞争对手，曾写过大量的文章论述如何利用真空能量。他相信真空中蕴藏着难以计数的能量资源。他认为，如果我们能有办法开启这一看不见的能量,那它就会引起整个人类社会的革命性变化。然而,要想利用这种神奇的能量是极端困难的。就如要在海洋中寻找金子。海洋中分布的金子,可能比诺克斯堡(Fort Knox,美国国家黄金储藏地)以及世界上所有其他金库中的黄金还要多。然而,要在如此广袤的区域中采掘这种黄金,其费用高到令人望而生畏。因此,躺在海底的黄金从来没有人去采掘过。

与此一样,暗物质中隐藏的能量超过了恒星和星系的全部能量总量。然而它散布在几十亿光年的区域中,难以集中起来。但是,根据物理学定律,我们还是可以想象,先进的Ⅲ类文明在耗尽了星系中恒星的能量之后,可能会想出办法来开采这种能源,从而过渡到Ⅳ类文明。

宇宙平行 信息分类

以新技术为基础,可以对这种分类进一步细化。卡尔达舍夫(Kardashev)是在20世纪60年代第一次写出这一分类的,那时计算机微型化进程还没有开始,纳米技术还没有取得进步,还没有意识到环境恶化问题。根据这些新发展,先进的文明可以以一种稍微不同的方式进步,对我们今天经历的这种信息革命加以充分利用。

由于先进文明是以几何级数般的速度发展的,所产生的巨量废热会把行星的温度提高到危险的程度,造成气候问题。皮氏培养皿中的细菌菌落会以几何级数增长,直至耗尽食物来源,毫不夸张地淹死在它们自己排出的废物中。与此类似,由于太空旅行在未来几个世纪仍将昂贵到令人望而却步,要想对附近的行星进行地球化改造,即使可能的话,也将是一场艰巨的经济和科学挑战,一个演进中的Ⅰ类文明要么淹死在自己的废热中,要么把它的信息产品微缩化和简约化。

要了解这种微缩化的效率,想一想人类的大脑:它包含了大约1 000亿个神经元(与可见宇宙中星系的数量一样多),却几乎不产生任何热量。大脑显然可以毫不费力地进行每秒百万之四次方(10^{24})比特的运行,以此类比,如果我们今天的计算机工程师也要设计出有这种能力的电子计算机的话,它可能就要像几个街区那样大,而且还需要有一座水库的水来给它冷却降温。然而我们的大脑可以进行最为深邃的思索,而不会出一滴汗。

大脑能够做到这一点,得益于它的分子和细胞结构。首先,它根本不是个计算机(也就是标准意义上的图灵〔Turing〕机,有输入磁带,输出磁带以及一个中央处理器)。大脑没有操作系统,没有 Windows(视窗操作系统),没有 CPU(中央处理器),没有奔腾芯片,没有这些通常与计算机相联系的东西。与之相反,它是一个高效的"神经网络",是个学习机器,记忆和思维模式分布在整个大脑中,而不是集中在一个中央处理器中。大脑的计算速度甚至并不十分快,因为沿神经元传达的电信号是化学性质的。但由于它能够进行多重处理,并能够以天文数字般的高速度对新任务进行学习,因此弥补了这些不足,而且绰绰有余。

为了对电子计算机的粗笨效率进行改进,科学家正试图采用一些新颖的想法,许多都取法大自然,从而建造出下一代的微缩计算机。普林斯顿大学的科学家们已经能够在 DNA 分子上进行计算了(把 DNA 作为一段计算机磁带,其基础不是二进制的 0 和 1,而是四种核苷酸:A[腺嘌呤]、T[胸腺嘧啶]、C[胞嘧啶]和G[鸟嘌呤]);他们的 DNA 计算机解出了包括几座城市之间的"货郎担问题"(也就是计算出连接 N 座城市的最短路径的问题)。同样,分子晶体管也已在实验室中建成,甚至连第一个原始的量子计算机(可以以一个个原子为基础进行计算)也已经建成了。

鉴于纳米技术方面的进步,可以想象,先进的文明会找到比这远为更高效的方法进行发展,而不是制造出巨大的废热,危及它们的生存。

宇宙平行 A 至 Z 类

卡尔·萨根(Carl Sagan)提出了另一种方法,按照它们的信息容量对先进文明进行排序,这些信息对于任何试图离开这个宇宙的文明都是必不可缺的。例如,A 类文明能够处理 10^6 比特的信息。这对应于没有书面文字,只有口头语言的原始文明。为了理解 A 类文明中含有多少信息,萨根以一个叫做"二十个问题"的游戏为例。在这个游戏中,你可以问 20 个只能以"是"或"否"来回答的问题,从而辨认出一种神秘的东西。其中一种做法是,问一些可以把世界分为两大类的问题,例如,"它是活的吗?"问过 20 个这样的问题以后,我们就已经把世界分成了 2^{20} 份,或者说 10^6 份,而这就是一个 A 类文明所包含的全部信息。

一旦发明了书面文字,全部信息量就开始迅速爆炸。麻省理工学院的物理学家菲利普·莫里森(Phillip Morrison)估计,古希腊时代全部遗存下来的书面遗产大约为 10^9 比特,或者相当于萨根排序中的 C 类文明。

　　萨根对我们当今的信息含量进行了估计。通过对全世界所有图书馆的藏书数量(数以千万计),以及每本书的页数进行估计,他的结论是有 10^{13} 比特的信息。如果把照片包括进去的话,这个数量可以达到 10^{15} 比特。如果这样的话,那我们就是一个 H 类文明。由于我们的能量和信息产出量低,我们可以被归类为0.7 H 类文明。

　　他预测,我们第一次接触到的地外文明至少将属于 1.5 J 或 1.8 K 类文明,因为它们已经掌握了恒星星际旅行的动力学。这样的文明最低限度也要比我们的先进几个世纪到几千年。同样,一个星系级的 Ⅲ 类文明的标志,将是每颗行星上的信息容量乘以该星系中能够支持生命的行星的数量。他估计,这样一个 Ⅲ类文明应属于 Q 类。他预测,一个能够掌控十亿个星系,也就是可见宇宙的大部分信息容量的先进文明可以够得上 Z 类文明。

　　这不是一项可有可无的学术演算。任何即将离开这个宇宙的文明都必将计算宇宙另一边的条件。爱因斯坦方程是出了名的困难,因为要计算出任何一个点上的空间曲度,你必须知道宇宙中所有物体的位置,每一个物体都影响到空间的曲度。你还必须知道对黑洞的量子修正值,而这在目前还是无法计算的。由于这项工作的难度大大超出了我们计算机的能力,现今的物理学家通常是研究只含有一个已经坍塌的恒星的宇宙,来对黑洞进行近似计算。要对黑洞的事件穹界之内或靠近虫洞洞口处的动力学有一个更为接近实际的理解,我们必须知道所有邻近恒星的位置和能量,并对量子涨落进行计算。这又是困难到了令人生畏的事情。要解开一个处在空寂宇宙中单独一颗恒星的方程已然十分困难,更不要说漂浮在已膨胀的宇宙中的几十亿个星系了。

　　这就是为什么任何一个想要进行穿越虫洞之旅的文明必须具备远远超过像我们这种 0.7 H 类文明的计算能力。也许到了 Ⅲ Q 类文明才能够具备最低限度的能量和信息来认真考虑进行这种跃迁。

　　同时也可想象得到,智慧生命的分布也可能不限于卡尔达舍夫分类的范围,正如马丁·里斯爵士说的:"不难想象,即使现在生命只存在于地球上,它最终还是会遍布银河系,并超出银河系。所以,生命不会永远都只是宇宙中无关紧要的示踪染色剂,即便它现在是。事实上,我觉得这是个非常吸引人的观点,而且我觉得如果人们能广泛持有这种观点,那将是值得庆幸的。"但是他告诫我们:"如果我们自己把自己断送掉,那我们就毁灭了宇宙真正的潜力。所以,即便我们现在相信,生命是地球所独有的,那也并不意味着生命将永远是宇宙中无关紧要的一部分。"

一个先进的文明准备离开他们的垂死的宇宙时,会做那些方面的考虑呢?它必须要克服一系列大的障碍。

平行宇宙 第一步:创立一种万物理论,并对其进行测试

想要离开这个宇宙的文明所遇到的第一个障碍就是要完成一个万物理论。不管它是不是弦理论,我们都必须有一种办法来对爱因斯坦方程做出可靠的量子修正,否则我们的理论就都没有用。幸运的是,由于 M 理论进展迅速,全球一些最有创造力的头脑都在对这个问题攻关,用不了多久,在几十年中,甚至更短的时间内,我们就将得出结论,它究竟是一个真正的万物理论,还是什么都不是。

一旦找到了万物理论,或叫量子引力理论,我们就需要运用先进的技术对这个理论所能带来的后果进行测试。有几种可能性,包括建造大型原子击破器来制造超粒子,甚至在太空中,或在太阳系范围内各颗行星的卫星上建立巨型引力波探测器。(行星的卫星是相当稳定的,寿命很长,不受侵蚀,没有大气干扰。所以,一个行星际引力波探测系统应能窥探到大爆炸的细节,解决我们在量子引力以及创建新宇宙方面所存有的任何问题。)

一旦找到了一个量子引力理论,而且巨型原子击破器和引力波探测器也证明了它的正确性,那么我们就可以开始回答有关爱因斯坦方程和虫洞的一些至关重要的问题了:

1. 虫洞稳定吗?

穿越克尔(Kerr)旋转黑洞时的问题在于,正是你本身的存在扰乱了黑洞;在你通过爱因斯坦-罗森桥,还没有完全穿越它的时候,它就会坍塌。这项稳定性的计算必须根据量子修正重新计算,量子修正可能会使计算结果完全不同。

2. 存在发散吗?

当我们从连接两个不同时间区域的可穿越性虫洞通过时,虫洞入口处的辐射会积聚到无穷大,造成灾难性结果。(这是因为,辐射可以穿越虫洞,沿着时间倒流,经过许多年之后再第二次进入虫洞。这一过程可以无穷次地重复,造成无穷大的辐射积聚。但是,如果多世界理论成立的话,那么这个问题就可以解决,辐射每穿越一次虫洞,宇宙就分裂一次,这样就不会有无穷大的辐射积聚。

我们要有了万物理论才能解决这一奥妙问题。)

3. 我们能够找到大量的负能量吗?

负能量是打开虫洞并使之稳定下来的关键因素,现在已经证明是存在的,但只有很少的数量。我们能够找到足够数量的负能量,打开虫洞并使之稳定下来吗?

如果能找到这些问题的答案,那么先进文明就可以认真考虑如何离开这个宇宙,否则就注定消亡。这有几种可能性。

宇宙平行 第二步:找到自然出现的虫洞和白洞

虫洞、维度出入口和宇宙弦可能在外太空中自然存在。在大爆炸的一瞬间,当巨量的能量释放到宇宙中的时候,虫洞和宇宙弦可能就自然形成了。然后,早期宇宙的膨胀可能使这些虫洞扩张到宏观尺度。此外,外太空中也有可能存在奇异的物质或负物质。这将对我们逃离垂死宇宙的努力起到极大的帮助。然而,我们无法保证自然界中确实存在这些物质。从来没有任何人见过这些物质,而且要把所有智慧生命的命运押在这个假设上,风险实在太大。

其次,通过对天空进行扫描,有可能找到"白洞"。爱因斯坦的方程式中有了白洞这个解,时间就可以倒转,物体就会以被黑洞吸进去的同样方式,被从白洞中弹出。白洞也许可以在黑洞的另一端找到,这样,进入黑洞的物质最终会从白洞出来。迄今为止,所有的天文搜索都还没有找到白洞的证据,但是有了下一代建立在太空的探测器以后,它们的存在可能被证实。

宇宙平行 第三步:发射探测器穿越黑洞

利用像虫洞这类的黑洞绝对有优越性。我们现在已经发现,宇宙中的黑洞相当多;如果能够解决大量的技术难题,任何先进的文明一定会认真考虑将黑洞作为脱离我们宇宙的逃生舱口。同时,如果穿越黑洞的话,我们就不受不能回到时间机器被创造出来之前的时代的这项约束了。处于克尔环(Kerr ring)中心的虫洞可能把我们的宇宙与很不相同的宇宙连接起来,或连接到同一个宇宙的不同点上。解惑的唯一办法是用探测器进行试验,并用超级计算机计算宇宙中物质的分布情况,计算出穿过虫洞时所需要的对爱因斯坦方程的量子修正。

目前,大多数物理学家相信,穿越黑洞之旅会是致命的。然而,我们对黑洞物理学的理解还只是在初级阶段,还从来没有人对这一猜想进行测试。为了辩明论点,可以假设穿越黑洞之旅是可能的,特别是穿越一个旋转着的克尔黑洞。那么,任何先进文明都会认真考虑对黑洞内部进行探测。

由于穿越黑洞之旅是有去无回的,由于靠近黑洞的地方存在着巨大的危险,先进文明有可能先找一颗邻近的恒星黑洞,首先发射一个探测器来穿越它。在它最终穿过事件穹界并失去一切联系之前,探测器可以发回宝贵的信息。(穿越事件穹界可能相当危险,因为事件穹界周围有强大的辐射场。落入黑洞的光线会发生蓝移,因此在接近中心的时候它们会获得能量。)任何近距离经过事件穹界的探测器必须具备完善的防护罩,以抵御这种强大的辐射场。此外,这还有可能破坏黑洞本身的稳定,使事件穹界变为一个奇点(singularity),从而关闭虫洞。探测器将精确测定事件穹界附近有多少辐射,以及在存在所有这种能量流的情况下,虫洞是否仍然保持稳定。

探测器进入事件穹界之前收集到的数据必须以无线电发射到附近的太空船上,但这就又出现了另一个问题。对于这些太空船上的观察者来说,随着探测器离事件穹界的距离越来越近,它在时间上似乎放慢了。当它进入事件穹界的时候,探测器事实上看起来似乎在时间中冻结了。为了避免这个问题,探测器必须在离开事件穹界一定距离的地方发射其数据,否则无线电信号会红移得非常严重,以致无法辨认它的数据。

宇宙平行 第四步:创建一个慢动作的黑洞

一旦通过探测把黑洞事件穹界附近的特性详细调查清楚了以后,下一步可能就要实际建造一个慢动作的黑洞,用它来做试验。Ⅲ类文明可能会把爱因斯坦论文提示的那些结果再现出来,也就是,黑洞永远不会从尘埃和粒子形成的旋涡中产生。爱因斯坦曾试图证明,聚集在一起的旋转粒子,仅凭它们自己是达不到史瓦西半径的(因此也就不可能形成黑洞)。

旋转的物质本身可能不会收缩成黑洞,但这就开启了一种可能性,让我们可以人为地慢慢向这个旋转中的系统注入新的能量和物质,强制这些物质逐渐在史瓦西半径之内通过。这样,先进文明就可以以可操控的方式操纵黑洞的形成。

例如,我们可以想象,一个Ⅲ类文明把大小与曼哈顿差不多,但比太阳还要重的中子星围拢起来,让这些死恒星形成旋涡在一起旋转。引力会逐渐把这些恒星拉得越来越近。但正如爱因斯坦已经证明的,它们将永远达不到史瓦西半径。这时,这一先进文明的科学家将小心翼翼地往这个"混合料"中加进新的中子星。这可能就足以打破平衡,造成这团旋涡状的中子物质坍塌到史瓦西半径以内。结果,这个恒星集会坍塌成一个自旋的环,也就是克尔黑洞。通过对各种中子星的速度和半径进行控制,这样一个文明将能够使克尔黑洞按照它所想要的慢动作打开。

再不然,一个先进的文明可能会试着把小型中子星汇集成一个单一不动的物质团,直至它的大小达到3个太阳质量,这大致相当于中子星的钱德拉塞卡尔极限(Chandrasekhar limit)。超过这个极限,这颗星就会因其自身的引力而内向爆裂成一个黑洞。(先进文明必须小心,不使制造黑洞的过程引发一次像超新星一样的爆炸。收缩成黑洞的过程必须非常小心、非常精确地逐步进行。)

当然,不论什么人穿越事件穹界,那都将只能是有去无回,没有其他可能。但对于面临注定灭绝的先进文明来说,有去无回的旅程也许是唯一的选择。然而,当人穿越事件穹界的时候,还有一个辐射问题。跟随我们穿越事件穹界的光束,它们的频率会越来越高,强度也随之变得越来越大。这有可能造成辐射雨,可以对穿过了事件穹界的任何宇航员造成致命伤害。任何先进文明都必然要精确计算这种辐射的程度,以便建造合适的保护罩,防止不被煎熟。

最后,还有一个稳定性问题:克尔环中心的虫洞是否足够稳定,可以完全掉落下去?这个问题的数学解还没有完全弄清楚,因为我们需要运用量子引力理论才能进行正确的计算。也许,克尔环只有在某些非常严格的条件下才是稳定的,让物质从虫洞中掉落下去。这个问题必须运用量子引力数学并通过对黑洞本身进行试验来小心地解决。

总之,穿越黑洞无疑是一次非常困难和危险的旅程。从理论上来说,在进行了广泛的实验,并对所有的量子修正都做了正确计算以前,不能把它排除。

宇平宙行 第五步：创建一个婴宇宙

到现在为止，我们一直假定穿过黑洞是有可能的。现在让我们来做相反的假设，也就是，黑洞太不稳定，充满了致命的辐射，那么人们可能就想走一条更为艰难的道路：建立一个婴宇宙。先进文明能够建立一个通向另一个宇宙的逃生舱口这一概念，引起了像艾伦·古思这样一些物理学家的极大兴趣。由于在膨胀理论中，建立一个假真空是极为关键的一步，古思猜想，某些先进文明是否会建立一个假真空，并在实验室中创造出一个"婴宇宙"。

一开始，建立一个宇宙的想法看似荒诞。因为说到底，正如古思指出的那样，要建立我们这样一个宇宙，你要有 10^{89} 个光子、10^{89} 个电子、10^{89} 个正电子、10^{89} 个中微子、10^{89} 个反中微子、10^{89} 个质子和 10^{89} 个中子。这虽然听起来使人望而生畏，但古思提醒我们，虽然宇宙中的物质/能量含量相当大，但它受到由引力中派生出来的负能量的制衡。全部的净物质/能量可能只有 1 盎司（28.349 5 克）那么多。古思谨慎地说："这难道意味着物理定律真的能允许我们随心所欲地创造一个新宇宙吗？如果我们真的打算照这个方子抓药，我们会立刻遭遇一个恼人的难题：由于一个 10^{-26} 厘米直径的假真空的质量是 1 盎司，它的密度就会达到惊人的每立方厘米 10^{80} 克！……如果整个观察到的宇宙的质量被压缩到假真空的密度，那它的体积会比一个原子还小！"假真空应该是空间-时间中很微小的一个区域，那里会发生不稳定，会在空间-时间中出现断裂。在假真空中，可能只需要几盎司的物质就可以创造一个婴宇宙，但你必须把这微量的物质以天文数字的程度压缩到极小尺度。

可能还可以有其他办法来创造婴宇宙。你可以把空间的一小块区域加热到 10^{29} 开氏度（degrees K），然后把它迅速冷却。据推测，在这个温度上，空间-时间变得不稳定；微小的泡泡宇宙开始形成，由此创造出一个假真空。这些微小的婴宇宙随时都在产生着，但寿命很短，但在这种温度下则可能会变成真正的宇宙。这一现象在普通电场效应中已经司空见惯。（例如，如果我们创造一个足够大的电场，真空内外不断出现的虚拟电子-反电子对会突然变成真实的，使这些粒子一跃而成为现实存在的。这样，空无所有的空间中所集中的能量会把虚拟粒子转化为真实粒子。同样，如果我们对一个单一点施加足够的能量，从理论上来说，虚拟的婴宇宙可能会无中生有，一跃而成为现实存在。）

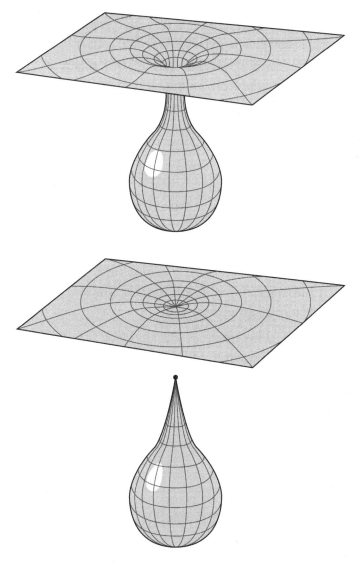

图 13　先进文明可能会有若干种方法来人工创建婴宇宙。可以
　　　　把几盎司的物质聚集到极高的密度和能量水平,或者也
　　　　可能把物质加热到接近普朗克温度。

　　假设可以达到这种难以想象的密度或温度,那么婴宇宙的形成过程可能就
会像上面这个样子。在我们的宇宙中,可以用强大的激光束和粒子束把一小点
物质压缩和加热到难以置信的能量和温度。我们永远也不会看到婴宇宙开始形

245

成的样子,因为它是在奇点的"另一边"膨胀,不在我们这个宇宙中。这个备用婴宇宙将有可能通过其自己的反引力在超空间中膨胀起来,从我们这个宇宙"萌生"出去。因此,我们将永远看不到在奇点的另一边有一个新宇宙正在形成这一现象。但是虫洞会像脐带一样地把我们与婴宇宙连接起来。

然而,这种在炉子里炮制宇宙的方法存在一定的危险。把我们这个宇宙与婴宇宙连接在一起的这根脐带最终会蒸发,产生出相当于 500 千吨(kiloton)核爆炸的霍金辐射,大约相当于广岛原子弹能量的 25 倍。所以,想在炉子里炮制新宇宙是要付出代价的。

这种建立假真空的学说中最后的一个问题是,稍一不慎新宇宙将直接坍缩成一个黑洞,大家还记得,根据我们的假说,这将是致命的。其原因是彭罗斯定理,根据这个定理,在各不相同的许多情景下,足够大量的物质一旦大量集聚,就不可避免地会坍塌为黑洞。由于爱因斯坦的方程具有时间反演不变性(time-reversal invariant),也就是说,可以从时间上向前或向后演算,这意味着,任何从婴宇宙中掉落出去的物质都会在时间上反演,从而造成黑洞。这样,人们在建造婴宇宙时必须非常小心,以避免彭罗斯定理。

彭罗斯定理是基于这样的假设,向下塌落的物质具有正能量(与我们身边熟悉的世界一样)。然而,如果我们有了负能量或负物质,彭罗斯定理就不能成立了。这样,即使是对于膨胀学说,我们也需要获得负能量来创立婴宇宙,如同我们在建造可穿越性虫洞时一样。

宇宙 平行 **第六步:建造巨型原子击破器**

在我们可以不受限制地获得高科技的情况下,怎样才能建造一台可以离开我们这一宇宙的机器呢? 我们到什么时候才有望掌握普朗克能量呢? 达到Ⅲ类文明的程度时,这个文明从定义上来说就已经拥有了掌握普朗克能量的能力。科学家们应已有能力操控虫洞,并且汇聚起足够的能量在空间和时间中打洞。

先进文明要做这件事,可以有几种办法。正如我在前面提过的,我们的宇宙可能是一片膜,在离开我们 1 毫米远的超空间中漂浮着许多平行宇宙。如果是这样的话,那么大型强子对撞机(LHC)就可能在最近几年中探测到它们。当我们达到Ⅰ类文明的时候,我们说不定甚至已经具备了必要的技术,对邻近宇宙的性质进行探索。所以,与平行宇宙进行接触这种观念也可能并不是遥不可及的想法。

但是让我们假设一种最不理想的情况,也就是,能够产生量子引力效应的能量水平确实是普朗克能量,也就是说,它比大型强子对撞机(LHC)的能量大百万之四次方倍(10^{24}倍)。要开发利用普朗克能量,III类文明必须要建立恒星规模的原子击破器。在原子击破器或叫做粒子加速器中,亚原子粒子沿着一个狭窄的管道前进。当向管道中注入能量的时候,粒子被加速到高能量。如果我们用巨型磁体把粒子的路径弯曲成一个巨大的圆,那么粒子可以被加速到几万亿电子伏特的能量。圆的半径越大,粒子束的能量就越大。LHC 的直径是 27 千米,把我们这个 0.7 类文明所能拥有的能量推到了极限。

但是对于III类文明来说,原子击破器的规模可以制造到太阳系那么大,甚至是一个恒星系那么大。可以想象,先进文明说不定可以把一束亚原子粒子射入外太空,把它们加速到普朗克能量。我们还记得,有了新一代的激光粒子加速器,几十年之内物理学家就将有可能建造出一个桌面加速器,可在 1 米的距离内达到 200 GeV(2 000 亿电子伏特)。把这些桌面加速器一个接一个地叠加在一起,可以想象我们有可能达到使空间-时间变得不稳定的能量。

假设未来的加速器只能把粒子加速到每米 200 GeV 这样一个保守的估计,我们将需要一个 10 光年长的粒子加速器才能达到普朗克能量。虽然这对于 I 类或 II 类文明来说是难以想象之大,但对于III类文明来说这是完全做得到的。要建造这样一个庞大的原子击破器,III类文明要么是把粒子束的路径弯曲成一个圆,这样大量地节省空间,要么是让这条路径延伸到远远超过了最近的恒星。

例如,人们可以建造一个原子击破器,沿着位于小行星带以内的一个环形路径发射亚原子粒子。你不必要建造昂贵的圆形管道,因为外太空的真空条件比我们可以在地球上所制造的任何真空都更好。但你必须要建造巨型磁体,按一定的间隔安放在太阳系或其他恒星系中遥远的卫星和小行星上,以便周期性地把粒子束弯曲。

当粒子束到达一颗卫星或小行星时,设在那上面的巨型磁体将把粒子束的方向稍稍拽偏。(月球站或小行星站还必须在一定间隔上把粒子束重新聚焦,因为随着粒子束走得越来越远,它将逐渐发散分叉。)当粒子束越过几颗卫星(moons)之后,它将逐渐形成一个弧形。最终这个粒子束会以一个近似圆形行进。我们还可以想象有两个粒子束,一个沿太阳系顺时针转,另一个沿太阳系逆时针转。当两个粒子束相撞时,物质/反物质碰撞释放出的能量达到接近普朗克能量。(可以算得出来,要把这种强大的粒子束弯曲,所需要的磁场强度远远超过了我们今天的技术。然而,可以想象,先进文明可能会使用爆炸物,把强大的能量冲击波送入线圈,产生出巨大的磁脉冲。这种巨大的爆发性的磁场能量只能释放一次,因为它很有可能把线圈毁坏掉。所以,在粒子束下次经过之前必须快速更换磁体。)

建造这样一个原子击破器,除了有令人生畏的工程难题外,还有一个微妙的问题,也就是,粒子束的能量有没有极限。任何强大的粒子束最终都会撞上那些构成2.7度(K)背景辐射的光子,从而造成能量流失。从理论上来说,由于粒子束的这种能量流失,在外太空所能得到的能量最终会有一个事实上的上限。这个结论现在还没有得到实验证实。(事实上,有一些迹象表明,高能宇宙射线的影响已经超过了这一最大能量值,给全部这一计算打上了问号。)如果这一点是正确的,那么就要对这种装置进行代价更为高昂的修改。首先,要把整个粒子束封装在带有保护罩的真空管道中,把2.7度背景辐射挡在外面。或者,如果在遥远的未来能做一次试验的话,证明背景辐射实际上不大,因此无关紧要。

平行宇宙 第七步:创建内向聚爆机制

还可以想象第二种装置,它以激光束和一种内向聚爆机制为基础。在自然界中,巨大的温度和压力是通过内爆方式获得的,也就是,垂死的恒星在引力作用下突然坍塌。这是可能的,因为引力只向内吸,不向外推,因此坍塌的过程是均匀的,最终把恒星均匀地压缩成难以置信的密度。

这种内爆方式在地球上是非常难以再现的。例如,氢弹必须设计得像一块瑞士手表,这样才能把氢弹中的活性组分氘化锂压缩到几千万度,达到劳森判据(Lawson's criteria),引发聚变过程。(其做法是,引爆氘化锂旁边的原子弹,然后把X射线均匀地聚集在一块氘化锂的表面。)然而这个工艺只能以爆发形式释放能量,而不能对其加以控制。

在地球上,利用磁力压缩富氢气体的尝试失败了,主要是因为磁力不能均匀地压缩气体。由于我们还从来没有在自然界看到磁单极子,磁场都是像地球磁场那样,是偶极的,所以它们是惊人地不均匀。要用它们来挤压气体,就如同想要挤压气球一般。只要我们挤压一头,另一头就鼓起来。

另一种控制聚变的方法,有可能是利用一组激光束,把它们排列在一个球面上,这样,激光束放射状地发射到位于中心的氘化锂小球上。例如,在利弗莫尔

(Livermore)国家实验室有一个用于模拟核武器的强大的激光/聚变装置。它沿着一个管道平射出一系列的激光束。然后,设在管道尾端的反射镜精密地反射每个光束,把它们呈放射状地指向一个微小的球体。小球体的表面立即蒸发,使它发生内爆,产生巨大的温度。以这种方式,聚变实际是在小球体的内部发生的(只是,机器消耗的能量比它创造出来的还要大,因此不具备商业价值)。

同样,我们可以想象Ⅲ类文明会在多个恒星系统中的小行星和卫星上建造大型激光光束库。然后把这些激光聚合同时发射,释放出一系列强大的光束,聚集于一个点上,创造出使空间和时间变得不稳定的温度。

原则上来说,可以在激光束上加载的能量是没有理论极限的。然而,要创造出极高强度的激光存在着一些操作困难。其中一个主要问题是激光材料的稳定性,它经常会过热,在高能量的时候破裂。(这可以补救,可以用像核引爆那样的一次性爆炸方式驱动激光束。)

发射这种球面激光集束(spherical bank of laser beams)的目的是加热一个舱室,在里面创建一个假真空,或产生内爆并压缩一组板,通过卡西米尔(Casimir)效应创造负能量。要建造这样一个负能量装置,需要压缩一套安排在 10^{-33} 厘米普朗克距离之内的球形板(spherical plates)。由于原子之间隔开的距离为 10^{-8} 厘米,在核子之内隔开质子和中子的距离是 10^{-13} 厘米,可以看出,这些板压缩得非常厉害。由于在激光束上可以聚集的总瓦数本质上是无限的,那么主要的问题就是建造合适的装置,它要具备足够的稳定性,抵御得住这种巨大的挤压。(由于卡西米尔效应在板与板之间产生净吸引,我们还需要在板上加上电荷,以免它们坍塌。)从原则上来说,球形壳中会形成一个虫洞,它把一个年轻得多、热得多的宇宙与我们垂死的宇宙连接在一起。

宇宙平行 第八步:建造一架曲速引擎机

要组建上面描述的那些装置,一个关键要素,是要有能力进行穿越广袤恒星际距离的旅行。要实现这个目的,一种可能性就是使用阿尔库维雷(Alcubierre)曲速引擎机,它是 1994 年由物理学家米格尔·阿尔库维雷(Miguel Alcubierre)首先提出的。曲速引擎机不是通过在空间中打一个洞,而是改变空间的拓扑结构,然后跃进超空间。它只使你面前的空间缩短,同时把你背后的空间扩大。想象穿过一块地毯走向桌子的情形。如果不从地毯上走过去的话,我们还可以把地毯在我们面前卷起来，一点一点地把桌子拽到我们面前来。这样，我们自己基本没动地方，但我们面前的空间缩短了。

我们知道，空间本身扩展的速度比光速还要快（因为扩展中的真空空间没有传送过任何净信息）。与此同理，通过使空间收缩的方法以比光速更快的速度旅行应该是有可能的。从效果上来看，当我们向邻近的恒星旅行的时候，我们可能基本不用离开地球；我们只须使我们面前的空间坍塌，并使我们身后的空间扩张就行了。要去离我们最近的恒星半人马阿尔法星，我们不是旅行到那里，而是使它来到我们面前。

阿尔库维雷证实，这是爱因斯坦方程的一个可行的解，也就是说，它在物理定律允许的范围内。但这不是无偿的。我们必须能够运用大量的负能量和正能量来驱动恒星际飞船。（可以用正能量来压缩你面前的空间，用负能量来延长你身后空间的距离。）要用卡西米尔效应来生产这种负能量，板之间必须间隔着普朗克距离，即 10^{-33} 厘米，这通过一般手段是无法达到的。要建造这样一艘恒星际飞船，需要建造一个大的球体，把乘员放在里面。在这个大泡泡的边壁上，沿着它的赤道线可以安排一圈负能源。大泡泡中的乘员实际上始终没有动地方，但泡泡面前的空间会以超光速收缩，所以，当乘员从泡泡中出来的时候，他们已经到达了邻近的恒星。

阿尔库维雷在他原来的文章中提到，他的这一办法不仅可以把我们带到其他恒星，它还有可能在时间中旅行。两年以后，物理学家艾伦·E.埃弗里特（Allen E. Everett）证明，如果有两艘这样的星际飞船的话，通过连续应用曲速引擎就有可能实现时间旅行。正如普林斯顿大学物理学家戈特（Gott）所说："如果是这样的话，那么《星际迷航》的创作者吉恩·罗登贝里（Gene Roddenberry）写了那么多有关时间旅行的章节看起来的确没有错！"

但是，后来俄罗斯物理学家谢尔盖·克拉斯尼科夫（Sergei Krasnikov）所做的分析揭示出，这个方法中有一个技术缺陷。他提出，星际飞船的内部与飞船外的空间是断开的，所以信息无法穿越这之间的界限，即，一旦到了飞船里面，你就无法改变星际飞船的航向。它的航向必须在出发之前规定好。这是令人失望的。换句话说，你绝对不可能转动方向盘，把航向定到最近的恒星。但这并不意味着，这么一艘理论上的星际飞船会变成为像一条通往恒星的铁路，一个星际飞船按照固定间隔出发的恒星际系统。例如，所建造的这条"铁路"可以先用亚光速的常规火箭在恒星之间的固定间隔上建立铁路站点，然后恒星际飞船根据时间表以超光速在这些站点之间往返，出发和抵达的时间都是固定的。

戈特(Gott)写道:"未来的超级文明完全有可能像在恒星之间建立虫洞连接那样,在恒星之间铺设曲速引擎通道,让星际飞船通行。曲速引擎通道网络也许会比虫洞网络更容易建造,因为曲速引擎只需要把现有空间做一些改动,而不是建立新的洞来连接遥远的区域。"

但是,正是由于这种星际飞船必须在现有宇宙中航行,所以不能用它来离开宇宙。不过阿尔库维雷引擎有可能帮助建造一个逃离宇宙的装置。比如,这种星际飞船可以在创造戈特所提到的那些碰撞中的宇宙弦的过程中派上用场,它可以把先进文明带回自己的过去,带回宇宙还远比当前温暖的时代。

宇宙平行 第九步:利用来自压缩态的负能量

在第5章中,我提到激光束可以创造出"压缩态",这可以用来产生负物质,负物质又可以用来开启和稳定虫洞。当一束强大的激光脉冲打到一个特殊光学材料上时,它会在它的尾迹中产生出许多的光子对。这些光子轮番加强和抑制真空中的量子涨落,释放出正能量和负能量脉冲。这两种能量脉冲的总和平均下来,永远都是正能量,这样我们就不会违反已知的物理学定律。

1978年,塔夫斯大学物理学家劳伦斯·福特(Lawrence Ford)证实了这种负能量必然遵循的三项法则,从那以后,它们就成了大力研究的课题。首先,福特发现脉冲中负能量的总量与它的空间和时间范围成反比,即,负能量脉冲越强,它的续存期限就越短。所以,如果我们用激光器制造出一束强大的负能量爆发来打开虫洞,它只能持续极短的一段时间。第二,负能量脉冲后面永远跟着一个更大数量级的正能量脉冲(所以它们的总和保持为正的)。第三,这两个脉冲之间的时间间隔越长,正脉冲必然会更大。

在这些普通法则之下,人们可以量化测定激光或卡西米尔板产生负能量所需要的条件。首先,可以尝试向一个盒子内照射激光束,由一个快门在负能量脉冲进来之后立刻关闭,把负能量脉冲和尾随而来的正能量脉冲分隔开。这样,只让负能量脉冲进入盒子。这种方法原则上可以获得巨量的负能量,尾随着更大的正能量脉冲(被快门挡在盒子之外)。两个脉冲之间的间隔会相当长,正脉冲的能量有多大,间隔就会有多长。从理论上来讲,这看来是个理想的为时间机器或虫洞生产无限量的负能量的办法。

不幸的是,这里有个问题。每次关闭快门的行为都会在盒子里面产生出第二个正能量脉冲。除非采取非常谨慎的措施,否则负能量就会被彻底消除掉。这一技术壮举还要留给先进文明来解决——把强大的负能量脉冲与尾随其后的正能量脉冲断开,而不产生第二个脉冲把负能量完全抵消。

这三项法则可以应用到卡西米尔效应。如果我们建立一个 1 米大小的虫洞,我们必须把负能量集中在一个小于 10^{-22} 米的频带(band)中(一个质子的百万分之一大)。这也只有极为先进的文明才能有能力创造出必要的技术,在难以置信的微小距离上,或在难以置信的微小时间间隔上进行操作。

宇宙 平行 第十步:等待量子跃迁

我们在上一章已经看到,智慧生命在宇宙逐渐变冷的时候,可能不得不放慢思维速度,并长时期蛰伏。这一放缓思维速度的过程可能会持续几万亿个几万亿年,长到足以发生量子事件。一般情况下,我们可以排除在建立泡泡宇宙的同时跃迁到其他量子宇宙的想法,因为它们只能是极为罕见的事件。然而,在第五阶段,智慧生命的思维可能变得非常之慢,以至于量子事件相对变为寻常事件。在他们的"主观时间"里,他们的思维速度可能在他们看来是完全正常的,哪怕实际的时间尺度已经变得如此之长,连量子事件也变成正常现象了。

如果是这样的话,这种生命体只须等待虫洞出现和量子跃迁发生,这样就可以逃入另一个宇宙。(虽然这些生命体有可能像家常便饭般地经常看到量子跃迁,但有一个问题是,这些量子事件是完全不可预知的;如果不能准确地知道出入口何时打开或通往何处,要想迁徙到另一个宇宙就很困难。这些生命体也许不得不在虫洞打开的时候,抓住机会离开这个宇宙,来不及充分分析这个虫洞的种种性状。)

宇宙 平行 第十一步:最后的希望

现在,让我们假设,未来对虫洞和黑洞要做的实验都面临一个看来无法逾越的难题,那就是,稳定的虫洞只存在于显微镜下可见的尺寸至亚原子尺寸之间。假设实际的穿越虫洞之旅对我们的身体造成的压力,即使我们身处带保护的乘具中也无法接受。如高强度的潮汐力、辐射场、迎面坠落的碎片等等,任何几样这类挑战都会置人于死地。如果确实是这样的话，我们这一宇宙中的未来智慧生命可能就只剩下最后一项选择了：向新的宇宙中注入足够的信息，从而在虫洞的另一边再造我们的文明。

在自然界中，当生命机体面临敌对环境，它们有时会产生出绝妙的生存方法。有些哺乳动物会冬眠。有些鱼类和蛙类在体液中循环着像是可以防冻的化学物质，使它们可以被冻结，但仍然活着。菌类通过变为孢子而避免灭绝。同样，人类可能也要找到办法，改变我们的物理实体，以便活着进入另一个宇宙。

我们知道，橡树会向四面八方散布微小的种子。这些种子是这样的：(a)既小又韧又紧凑；(b)它们包含了整棵树的 DNA 信息；(c)它们的构造适于传播到离开母树一段距离的地方；(d)它们包含了足够的营养，可以在遥远的地方开始再生过程；(e)它们从土壤中吸取养分和能量，在新的地方生根存活。与此类似，一个文明也可以效法自然，利用自现在起几十亿年以后所具备的最先进的纳米技术把所有这些重要的性状复制下来，把它作为"种子"通过虫洞送出去。

正如斯蒂芬·霍金说过的："看起来……量子理论是允许在微观层面上进行时间旅行的。"如果霍金的说法正确，那么先进文明的成员就可能决定改变他们的物理结构，把碳与硅融合，把意识降解为纯信息，使它成为某种可以在时间倒流的艰难旅程中幸存下来或进入另一个宇宙的东西。说到底，我们这种以碳为基础的身体也许确实太脆弱了，无法承受这种强度的旅程所带来的艰难困苦。在遥远的未来，我们可能会有能力利用先进的 DNA 工程、纳米技术和机器人技术，把我们的意识与我们创造的机器人结合起来。以今天的标准来看，这听起来可能离奇，但是几百万年乃至几十亿年以后的未来文明也可能发现它是唯一的一条生路。

他们也许需要把他们的大脑和个性直接融入机器中。这可以通过几种办法来做。可以编制能够复制我们所有思维过程的精密复杂的软件程序，使它具备与我们完全一样的个性。更大胆的做法，是卡内基-梅隆研究所(Carnegie-Mellon Institute)的汉斯·莫拉韦克(Hans Moravec)提出的计划。他声称，在遥远的未来，我们也许会有能力把我们的大脑结构，逐个神经元地复制到硅晶体管上去。我们大脑中的每个神经连接都被一个相应的晶体管取代，在机器人体内再现神经元的功能。[23]

由于潮汐力和辐射场有可能非常强烈，所以未来的文明只能携带绝对最少的燃料、防护罩和养分，以便在虫洞的另一边再造我们的种群。利用纳米技术，有可能在一个最宽不超过一个细胞的装置中把微型链条送过虫洞。

如果虫洞非常小,以一个原子的尺度计,则科学家将不得不发送由单个原子做成的大量纳米管,其中编码了大量的足够的信息,足以在虫洞的另一边再造整个种群。如果虫洞只有亚原子粒子那么大,科学家可能要设法把核子送过虫洞,在另一边捕获电子,把自己再造成原子和分子。如果虫洞比亚原子粒子还小,也许可以利用小波长的 X 射线或伽马射线做成的激光束把复杂的密码通过虫洞送出去,向另一端发出如何再造文明的操作指南。

这种信息传递的目的,是在虫洞的另一端建造一个微型"纳米机器人",它的任务是找到一个合适的环境再造我们的文明。由于它是在原子尺度上建造的,就不需要巨大的助推火箭或大量的燃料来寻找合适的行星。事实上,它也可能轻而易举地达到光速,因为利用电场很容易把亚原子粒子推进到接近光速。而且它也不需要生命维持系统或其他粗笨的硬件,因为纳米机器人装载的主要内容是再造种族所必需的纯信息。

一旦纳米机器人找到了一个新的行星,它就开始设计和利用新行星上已有的原材料建立一座大型工厂,创造大量的自己的复制品,并开始建造一个大型的克隆实验室。所需的 DNA 序列可以在这个实验室中生产,然后注入细胞中,开始再造全部有机体乃至全部种群的过程。这些实验室中的细胞然后直接被培养成成年个体,并把原来那个人的记忆和个性放置到它的大脑中。

从某种意义上来说,这一过程如同把我们的 DNA(即Ⅲ类文明或更高级文明的全部信息量)注入一个"卵细胞",它承载着能够在另一端再造一个胚胎的基因指令。这个"受精卵"紧凑、坚韧又轻便,同时还装有可供再造一个Ⅲ类文明的全部信息。标准的人类细胞只含有 30 000 个基因,排列在 30 亿个 DNA 碱基对上,但这么简洁的一条信息,充分利用精子外面的资源(例如由母体提供的养分)就足以再造整个一个人。同样的,"宇宙卵"也可以由再造一个先进文明所需要的全部信息构成,然后利用另一端的资源(原材料、溶剂、金属等)把这个先进文明再造出来。这样,一个像Ⅲ Q类的先进文明就可以利用他们令人惊叹的技术把足够的信息(大约 10^{24} 比特的信息)从虫洞送出去,足以在另一端再造他们的文明。

我要强调的是,我所提到的这一过程中的每一步都远远超出了今天的技术能力,给人的感觉肯定是像在读科幻小说。但是在几百万年以后的未来,对于一个面临灭绝的Ⅲ Q类文明来说,这可能是唯一可能的自救途径。肯定的是,物理学法则或生物学中没有一条会妨碍这种结局的出现。我要说的是,虽然我们的宇宙最终会死去,但它未必意味着智慧生命也随着死去。当然,如果有可能获得把智慧生命从一个宇宙转移到另一个宇宙的能力,那么,其他宇宙中的生命形式在面临它们自己的大冻结时,也同样可能试图打洞逃入我们这个宇宙中某些较温暖、更适合居住的遥远区域。

换句话说,统一场理论不是一种精巧的但是无用的奇思妙想,它有可能最终提供出一张蓝图,使得宇宙中的智慧生命得以延续。

第 12 章　超越多元宇宙

《圣经》告诉我们的，是如何生活才能去天堂，而不是在天堂如何生活。

——伽利略在受审期间所复述的巴罗尼乌斯红衣主教的话

世界凭什么只能是"有"，而不能是"无"？世界完全有可能并不存在，正如它也完全有可能确实存在一样，这是个悬念，有了这样一个悬念，形而上学思想的钟才永不停摆。

——威廉·詹姆斯（William James）

神秘感是我们所能拥有的最美丽的体验。它是最根本的情感，有了它才能哺育出真正的艺术和真正的科学。无论是谁，如果对它没有认识，不再好奇，不再有惊异，那就与死无异，而他的目光也就暗淡下来了。

——阿尔伯特·爱因斯坦（Albert Einstein）

1863 年，托马斯·亨利．赫胥黎（Thomas H. Huxley）写道："人类一切问题的问题，隐藏在所有问题背后，而且比它们当中的任何一个都更有趣的这个问题，是确定人在自然界中的位置，以及他与宇宙之间的关系。"

赫胥黎是有名的"达尔文斗士"，他曾与极为保守的维多利亚时代的英国人展开激烈的辩论，维护进化论。对于当时大多数的英国人来说，人类傲然屹立在造化的正中心；不仅太阳系是宇宙的中心，而且人类是上帝创造世界的最高成就，是上帝神圣杰作的巅峰。上帝就是按照他本人的模样创造我们的。

面对宗教势力的万箭齐发，赫胥黎公然挑战这一宗教正统观念，捍卫达尔文理论，从而帮助我们更科学地认识了自己在生命之树中的地位。今天，我们认识到，在科学巨匠当中，牛顿、爱因斯坦和达尔文在帮助确认我们在宇宙中的正确地位方面进行了艰辛的耕耘。

他们为确定人类在宇宙中的角色地位所做的工作，都对神学和哲学造成了冲击,为此他们各自都极力做出了自己的解释。在《原理》一书的结论中,牛顿宣称:"太阳、行星和彗星所构成的最美丽的体系只可能出自于一个智慧和强大的生灵的指引和主导。"如果说,是牛顿发现了运动定律,那么必然有一个神灵的存在,是它制定了这些定律。

爱因斯坦也相信存在着一个他所称的"老家伙"(the Old One),但它并不干预人类事务。他的目标不是颂扬上帝,而是要"读懂上帝的心思"。他常说:"我想知道上帝是如何创造这个世界的。我所感兴趣的,不是这种现象或那种现象。我想知道上帝的心思。其他都属于细枝末节。"对于自己对这些神学问题的浓厚兴趣,爱因斯坦做出的结论性的解释是:"没有宗教的科学是跛子,但是没有科学的宗教是瞎子。"

但是达尔文对人类在宇宙中的角色问题上则是无可救药的莫衷一是。虽然达尔文是公认的把人类从生物宇宙的中心宝座上拉下来的人,但是他在自己的自传中写道:"要把这个无限绝妙的宇宙,包括人类可以回顾过去以及遥想未来的能力都看成是盲目的偶然或必然结果,是极其困难的,甚至可以说是不可能的。"他曾私下对一个朋友说:"我的神学观点完全是一塌糊涂。"

不幸的是,"确定人类在自然界的地位及其与宇宙的关系"也是充满危险的,尤其对于那些敢于挑战占统治地位的正统思想及僵化教条的人来说更是如此。尼古劳斯·哥白尼在 1543 年临终之前写下了其开创性著作《天体运行论》(*De Revolutionibus Orbium Coelestium/On the Revolutions of the Celestial Orbs*),这绝不是偶然的,因为这使他得以免受宗教裁判之苦。伽利略虽然受到了美第奇家族中强有力的保护者的长期庇护,但最终还是不可避免地激起了梵蒂冈的震怒,因为他普及了一种仪器:望远镜,它所揭示出来的宇宙与教会的信条截然不同。

科学、宗教和哲学之间的关系错综复杂,的确是一剂烈药,一触即发。伟大的哲学家乔达诺·布鲁诺(Giordano Bruno)由于拒绝放弃自己的信仰,认为上天有无穷数量的行星,蕴藏着无穷数量的生命体,1600 年竟被在罗马的街道上绑在火刑柱上烧死。他写道:"这样,上帝的美德才得到弘扬,他的王国的伟大之处才得以昭示;他的荣耀不是因为一颗太阳,而是因为有无数的太阳;不是因为只有一个大地,一个世界,而是因为有千千万万,我要说,有无穷数量的世界。"

伽利略和布鲁诺的罪不在于他们敢于探究上天的法则;他们真正的罪在于他们把人类从我们在宇宙中心至高无上的宝座上拉下来。梵蒂冈过了 350 多年,直到 1992 年才向伽利略作了迟来的道歉。对布鲁诺则始终不予道歉。

宇平 历史观念
宙行

　　自伽利略以后,一系列的变革颠覆了我们关于宇宙以及我们在其中的角色的看法。中世纪时,宇宙被看做是一个黑暗的禁地。大地像一个小小的平坦的舞台,充满了腐败和罪孽,由一个神秘的天球包围着。像彗星之类的天体被视为天兆,不论是国王还是农夫一律都会惊恐。而且如果我们对上帝和教会赞扬得不够,我们就会惹来剧评家及自以为是的宗教裁判所成员的震怒,任他们那些令人毛骨悚然的迫害工具发威。

　　牛顿和爱因斯坦把我们从过去的迷信和神秘主义中解放出来。牛顿告诉我们,一切天体,包括我们自己的这个天体,都受到精确的机械法则支配。事实上,这些法则精确到如此地步,以至于人类现在可以如鹦鹉学舌般不假思索地对其加以运用。爱因斯坦使我们对生命大舞台的看法发生了革命性的变化。不仅不可能对时间和空间确定一个一成不变的尺度,就连这个大舞台本身也是有曲度的。这个大舞台不仅被置换成了一张绷紧的橡皮床单,而且它还在膨胀之中。

　　量子革命告诉了我们一个更加奇异的世界。一方面,决定论的破产意味着,被动的木偶们可以扯断它们的牵线,念诵自己的台词。我们又恢复了自由意志,但其代价是,后果不止一个,而且不确定。这意味着,演员可以同时出现在两个地方,而且可以消失和再出现。要想确切地说出演员在什么时间、位于台上的什么地方已经成为不可能。

　　现在,多元宇宙的概念又使我们的思维范式发生了变化,因为英文中的"宇宙"(英文中的"宇宙"一词是 universe,含有"单一"之意)这个词本身也有可能成为过时。多元宇宙中有许多平行舞台,一个叠置在另一个之上,相互间有活门和暗道连通。事实上,一个舞台派生出另一个舞台,是个永无止境的过程。每个舞台上都会形成新的物理法则。很可能,这些舞台中只有很少几个具备承载生命和意识的条件。

　　今天,我们是在第一幕中生活的演员,刚刚开始探索这一舞台的宇宙奇观。到第二幕,如果我们还没有因战争或污染而毁灭了自己的行星,我们也许将有能力离开地球,去探索恒星和其他天体。但是我们现在越来越认识到,会有最后一幕,也就是第三幕,戏结束了,所有的演员都消亡了。在第三幕中,舞台变得如此寒冷,生命成为不可能。唯一可能的拯救办法,是通过一个活门彻底离开这个舞台,在一个新的舞台上重新上演一出新戏。

宇宙平行　哥白尼原理挑战人择原理

很清楚,从中世纪的神秘主义向今天的量子物理学过渡的过程中,我们在宇宙中的角色和位置随着每一次科学上的革命而发生重大变化。我们的世界在按照几何级数扩张着,迫使我们改变对自己的认识。当我仰望苍穹中似无边际的群星,或思索地球上万千不同的生命形式,对这一历史进程进行审视时,我有时被两种相互矛盾的情绪所左右。一方面,我觉得在宇宙面前自己多么渺小。对无垠空寂的宇宙进行遐想的时候,布莱士·帕斯卡(Blaise Pascal)一次写道:"那些无垠的空间中永恒的寂静使我惊恐。"另一方面,色彩缤纷的生命多样性以及我们这一生物精妙复杂的存在使我痴迷。

今天,当我们面临以科学方式确定我们在宇宙中的角色这一问题时,物理学界中存在着两种从某种程度上来说截然相反的哲学观点:一是哥白尼原理,一是人择原理。

哥白尼原理声称,我们在宇宙中所处的地位毫无特别之处。(有些好事者把这称为"平庸原则"。)迄今为止,每一项天文发现似乎都证实了这一观点。不只是哥白尼剥夺了地球作为宇宙中心的地位,而且哈勃空间望远镜还把整个银河系搬离了宇宙中心,告诉我们宇宙正在膨胀,它有几十亿个星系。最近对于暗物质和暗能量的发现突出说明,构成我们身体的这些高等化学元素只占到宇宙中全部物质/能量成分的 0.03%。根据膨胀学说,我们必须把可见宇宙想象成镶嵌在一个大得多的平坦宇宙中的一粒沙,而这个宇宙本身也可能在不断地分裂出新的宇宙。最后,如果 M 理论被证明是正确的,那么我们必须接受这样一种可能:即便是我们所熟悉的空间和时间维度也必须扩大为 11 个维度。我们不仅不再处于宇宙的中心,我们还有可能发现,即使是可见宇宙也只是一个大得多的多元宇宙中的一个微小零头。

面对这一宏大的认识,我们想起内战时期的作家斯蒂芬·克莱恩(Stephen Crane)的诗句,他曾经写道:

一个人对宇宙说:
"先生,我存在着!"

> "然而,"宇宙回答:
> "这一事实并未使我
> 产生什么义务感。"

(这让人想起道格拉斯·亚当斯(Douglas Adams)的科幻奇谈《搭便车者的银河系漫游指南》〔*Hitchhiker's Guide to the Galaxy*〕,其中写到一个叫做全视野涡流〔Total Perspective Vortex〕的装置,它保险能把任何一个头脑健全的人变成一个思维狂乱的疯子。在舱室中有一张宇宙全图,有一个细小的箭头标着"你所处的位置在这里"。)

但在另一个极端,我们还有人择原理,它让我们认识到,只是由于有了一套奇迹般的"意外",生命意识才在我们这个三维宇宙中成为可能。使智慧生命得以成为现实所需要具备的一系列参数,范围狭窄到荒唐的地步,而我们恰恰就在这么狭窄的一个范围内生机盎然。质子的稳定性、恒星的大小、高等元素的存在,诸如此类,都好像经过了精细设定,使复杂形式的生命和意识得以产生。这种幸运的环境究竟是人为设计的还是意外产生的,人们可以辩论。但要使我们的存在成为可能,则需要复杂精确的参数调整,这一点却无可争辩。

斯蒂芬·霍金说:"如果大爆炸发生 1 秒钟之后的膨胀速度哪怕是慢了一千亿分之一,(宇宙)就会在达到其目前的规模之前重新坍塌……像我们这样一个宇宙能够从像大爆炸这类的事件中产生出来,其偶然性实在太巨大了。我认为这很清楚地表明应从宗教上找到解释。"

我们常常不能够充分认识生命和意识究竟有多么宝贵。我们忘记了,像液态水这样一种简单的东西,是宇宙中最珍贵的物质之一。在太阳系,乃至银河系中的这一区域中,只有在地球上(可能还包括木星的卫星欧罗巴)才能找到液态水。人类大脑有可能是大自然在太阳系中,乃至远达最近的恒星范围内所创造的最为复杂的物体。当我们审视拍自火星或金星的逼真照片,它们的大地上了无生机,完全不存在城市及灯火,连构成生命的基本的复杂有机化学物质都没有,我们受到震慑。深邃的太空中无数的世界空无生命,更不用提智慧生命了。这应该令我们认识到生命是多么脆弱,它能够在地球上生机勃勃又是怎样一种奇迹。

从某种意义上来说,哥白尼原理和人择原理是涵盖我们这一存在的两极观点,帮助我们认识到自己在宇宙中所扮演的真正角色。一方面,哥白尼原理迫使我们面对宇宙,也可能是多元宇宙的纯然巨大;另一方面,人择原理则迫使我们认识到,生命以及意识又是多么难得。

但是从根本上来说,哥白尼原理和人择原理之辩是不能确定我们在宇宙中的角色的,除非我们能以更大的视角,以量子理论的视角,来看待这一问题。

宇宙平行 量子意义

量子科学的世界对我们在宇宙中的角色这一问题提供了启示,但它是以另一个角度来看待这个问题的。如果接受维格纳(Wigner)对薛定谔之猫这一问题的解释,那么我们必然会看到意识之手无处不在。在无限多的观察者的链条上,每一位都观察着前一位观察者,最终引向一个宇宙观察者,他可能就是上帝本人。在这幅图景中,宇宙之所以存在,是因为有一位神祇在观察着它。但是如果惠勒的解释是正确的,那么整个宇宙就是被意识和信息所主宰着。在这幅图景中,意识是主宰力量,决定着存在的性质。

维格纳的观点反过来又引发罗尼·诺克斯(Ronnie Knox)写下如下的诗句,它是关于一位怀疑论者与上帝之间的一次遭遇,它思索的问题是,如果没有人在观察,那么庭院中的树是否还存在:

> 曾有人说:"上帝
> 定然十分诧异:
> 既然庭院无人
> 此树缘何兀立。"

有匿名好事者写下了如下的应和:

> 君之所言差矣
> 我何片刻离去
> 此树犹自兀立
> 在下乃是上帝

换句话说,树在庭院中存在,是因为一直都有量子观察者,使波函数坍塌,而这个观察者就是上帝本人。

维格纳的解释把意识问题摆放到了物理学基础的正中心。他与伟大的天文学家詹姆斯·吉恩斯（James Jeans）遥相呼应。詹姆斯·吉恩斯曾经写道："50年前，一般都把宇宙看做是一架机器……但当我们转向尺度的两个极端时，不论是大到整个宇宙，还是小到原子的核心深处，我们却发现对大自然的机械解释失效了。我们面对着的，是绝非机械性的实体和现象。对于我来说，它们与其说是机械过程，不如说是思维过程；宇宙更像是一个巨大的思维，而不是一架巨型的机器。"

这种解释的一种最大胆的形式，可能就是惠勒（Wheeler）的"比特是存在的根本"理论。"不只是我们适应于宇宙。宇宙也适应于我们。"换句话说，我们自己的现实存在是由于我们自己所做的观察造成的。他把这称为"观察者起源论"（Genesis by observership）。惠勒声称，我们生活在一个"参与的宇宙"（participatory universe）之中。

这些话得到了诺贝尔奖获得者、生物学家乔治·沃尔德（George Wald）的呼应，他写道："在没有物理学家的宇宙中当一个原子是可悲的。而物理学家是由原子构成的。物理学家是原子们理解原子的方式。"一神教的教长加里·科瓦尔斯基（Gary Kowalski）概括了这一信念，他说："可以说，宇宙之所以存在，是为了赞美它自己，是为了揭示它自己的美。如果人类是宇宙在认识自己的成长过程中出现的一种现象，那么我们的目的必然就是要保护我们的世界使之永存，并且对它进行研究，而不是把花了如此之长的时间才形成的东西断送或毁灭。"

如果按这个思路来推想，那么宇宙的确有其目的：产生出像我们一样能够对它进行观察的智慧生命，这样它才能存在。根据这个观点，宇宙之所以能够存在，取决于它能否创造出像我们这种能够对它进行观察的智慧生命，从而使它的波函数坍塌。

我们可以从维格纳对量子理论的解释中得到宽慰。然而，还有另外一种解释，也就是多世界解释，它所提出的关于人类在宇宙中的角色的观念是完全不同的。根据多世界解释，薛定谔之猫可以既已死去，同时却也还活着，道理很简单，因为宇宙本身分裂成了两个不同的宇宙。

平行宇宙 多元宇宙的意义

在多世界理论中，人容易迷失在无穷多的宇宙之中。拉里·尼文（Larry

Niven)的短篇小说《万千之路》(*All the Myriad Ways*)对这些平行量子宇宙的道德含义进行了探索。故事中,副侦探吉恩·特林布尔对一连串神秘的轻率自杀案件进行调查。忽然之间,全城有许多过去从没有过精神病史的人,或从桥上跳下去,或打爆自己的脑袋,甚至进行集体谋杀。当建立了"穿越时间公司"的亿万富翁安布罗斯·哈蒙在扑克牌桌上赢了500美元之后,从他的豪华公寓的36层楼上一跃而下时,这种事件的神秘性就更为加深了。他富有,有权势,交际广泛,各种享受生活的条件他全部具备;他的自杀毫无道理。但是特林布尔最终发现了其中的一个规律。穿越时间公司的飞行员中有百分之二十都自杀了;事实上,这些自杀都发生在穿越时间公司成立一个月之后。

随着调查深入,他发现哈蒙是从其祖上继承的巨额财富,但都挥霍在资助一些不靠谱的项目上了。他耗尽了全部的财富,只有一项赌注成功。他聚集了一小撮物理学家、工程师和哲学家,对是否存在平行的时间轨迹进行了调查。最终他们设计出了一种运载工具,可以进入一条新的时间航线,其飞行员很快从"美国南部邦联"带回了一项新发明。穿越时间公司于是出资,对平行时间航线进行了几百次考察,把所发现的新发明带回来并申请专利,很快,穿越时间公司有了亿万美元身价,拥有我们这个时代最重要的世界级发明的专利。看起来,在哈蒙的管理下,穿越时间公司应该成为它那个时代最成功的公司了。

他们发现,每条时间航线都是不同的。他们发现了天主教帝国、美国印第安人统治的美洲大陆、俄罗斯帝国,还有几十个毁于核战争,业已死去的充满放射线的世界。但最后他们发现了某些极为令人不安的东西。他们发现了自己的复本,他们的生活轨迹几乎与他们自己的毫无二致,只是其中有一个离奇的曲折。在这些世界中,他们发现不论他们以前做过什么,任何事情都有可能发生:不论他们以前工作得是否努力,他们都有可能实现自己最离谱的梦想,或是生活在最令人难以想象的噩梦之中。不论他们以前做过什么,在有些宇宙中他们是成功的,在另一些宇宙中则完全失败。不论他们以前做过什么,总有自己的无数个副本,他们做出了相反的决定,而且收获了一切可能的后果。如果做了银行抢劫犯之后,在某个宇宙中你逃脱了追究,那么为什么不做呢?

特林布尔想:"任何地方都不存在侥幸。每项决定都有双向后果。你呕心沥血地做出的每一个聪明选择,也就等于同样做出了一系列相关的选择。整个历史中都是如此。"后来他有了一个刻骨铭心的认识,使他从头到脚失望到底:在一个一切都有可能的宇宙中,没有任何东西具有任何道德意义。他陷入绝望中无力自拔,意识到,我们最终无法掌握自己的命运,不论我们做出什么决定,其后果都无关紧要。

最终他决定效法哈蒙。他拔出枪对准了自己的脑袋。但就在他扣动扳机的时候就存在着无数的宇宙，在其中有些宇宙，枪要么没打响，要么子弹射中了天花板，要么子弹杀死了侦探，等等。特林布尔的最终决定在无穷数量的宇宙中以无穷种方式上演了。

当我们想象量子多元宇宙时，我们就像上面故事里的特林布尔一样，面临着这种可能：虽然在不同的量子宇宙中，我们的平行自身可能具有完全一样的基因密码，但是在我们生涯中的一些关键时刻，我们的机遇，给我们出主意的人，以及我们的梦想都可能把我们引向不同的道路，引向不同的生活轨迹和命运。

这种两难境地实际上差不多已经在我们的生活中出现了。这只是个迟早问题。也许只需几十年，人类基因克隆就会成为生活中的寻常事。虽然把人克隆极端困难（事实上，还没有人能完全克隆出一个灵长类动物，更不要说人类了），其涉及到的伦理问题极为令人不安，但这件事情在某个时候还是不可避免地会发生。当它发生了以后，问题就来了：我们的克隆体有灵魂吗？我们本人要不要对自己的克隆体的行为负责？在量子宇宙中，我们会有无穷数量的量子克隆体。由于我们的量子克隆体当中有许多可能会作恶，那我们要不要对它们负责？我们的量子克隆体所作的孽会不会使我们的灵魂受折磨？

但是，对于与量子相关的存在危机有一个解决办法。如果我们扫视多元宇宙中的无穷世界，我们会发现命运的随机可能性之多令人目眩，难以想象；但在每个世界中，因果规律作为一种常识准则大体上还都是一样的。在物理学家提出的多元宇宙理论中，各不相同的宇宙在宏观上都遵循牛顿式的法则，所以我们大可以放心地生活，知道我们的行为结果大体上还是可以预知的。平均起来看，每个宇宙都是严格遵循因果律的。在每个宇宙中，如果我们犯了法，都难免进监狱。我们可以放心大胆地做自己的事情，不必去担心与我们并存的平行世界中发生的事情。

这使我想起物理学家之间有时互相讲述的一个寓言故事：有一天，一位俄罗斯物理学家被带到了拉斯维加斯。这座罪孽之城充满了资本主义的奢华糜烂，看得他眼花缭乱。他立即走向赌桌，把所有的钱都押在第一个赌注上。有人告诉他，这种赌法太傻了，这种策略完全违反了数学和概率的法则，他回答说："是的，你说的都对，但是在某一个量子宇宙中，我就因此而发了！"这位俄罗斯物理学家可能是对的，在某个平行宇宙中，他可能正在享受超乎其想象的财富。但具体在这个宇宙中他输了，输得一文不名。而且他必须承受这种后果。

平行宇宙 **物理学对宇宙的意义是怎么看的**

这场关于生命意义的辩论,由于史蒂文·温伯格在他的那本书《最初三分钟》(*The First Three Minutes*)提出的一些惹人争议的说法而变得愈发激烈。在那本书中,他直言不讳地声称:"宇宙越是看来可以理解,就越显得毫无意义……人生是场闹剧,只有为数非常有限的几件事可以使它从这种闹剧水平上略有提高,而努力去理解宇宙便是其中之一,可使人生带上一点悲剧性的优雅色彩。"温伯格承认,在他所写下来的所有话中,这句话招引的反应最为激烈。他后来又引发了一场争议,说:"不管有没有宗教,好人照样做事规矩,坏人仍会作恶;但是要让好人作恶的话,那就需要宗教了。"

很明显,温伯格是在有意恶搞,他在挑逗那些号称对宇宙意义有所洞察的人,借而从中取乐。"我在哲学问题上凑趣已经有好多年了。"他供认说。与莎士比亚一样,他相信世界就是个大舞台,"但是,悲剧没有被写成剧本;悲剧在于没有剧本。"

温伯格的话与科学家同事、牛津大学的理查德·道金斯(Richard Dawkins)有异曲同工之妙。道金斯是一位生物学家,他说:"在以盲目的物理作用力构成的宇宙中……有些人要受伤害,另一些人会走运,从中你找不到任何规律或道理,也不存在正义。我们所观察到的这个宇宙的种种特性,恰恰就是在归根结底不存在设计、不存在目的性、不存在恶,也不存在善,只有盲目的毫无怜悯的冷漠这种情况下,它应该就是那副样子。"

实质上,温伯格提出了一项挑战。如果人们认为宇宙有其目的,那么它是什么?天文学家们窥探广阔无垠的宇宙,看到宇宙以爆发速度膨胀了几十亿年,其中一些比我们的太阳大得多的巨大恒星正在诞生或死去。实难令人相信,这怎么可能是经过精心安排的,怎么可能是为了让居住在一颗围绕着一颗默默无闻的恒星旋转的微小行星上的人类有什么目的。

虽然他的说法引起了激烈的争议,但很少有几个科学家站出来回应。但是,当阿兰·莱特曼(Alan Lightman)和罗伯塔·布拉韦尔(Roberta Brawer)采访一组著名宇宙学家,问他们是否同意温伯格的意见时,只有很少几个人接受温伯格对宇宙的这种相当黯淡的估测。坚定地站在温伯格阵营里的科学家当中,有一位是利克(lick)天文台和加利福尼亚大学圣克鲁兹分校的桑德拉·法贝尔

(Sandra Faber)，她说："我不相信地球是为人类创造的。它是由自然过程产生的一颗行星，生命和智慧生命都是这些自然过程的进一步延续。我认为宇宙也与此完全一样，是某种自然过程的产物，我们在其中的出现，完全是我们这一具体区域中物理法则的自然产物。我想，这个问题中暗含着，人类存在之外还有某种带有目的性的推动力量。对此我不相信。所以，我想，从最终意义上我同意温伯格，从人类的视角来看，宇宙是毫无意义的。"

但是在天文学家中有一个大得多的阵营认为温伯格错得离谱，他们认为宇宙确有其目的，虽然他们无法一一说明。

哈佛大学教授玛格丽特·盖勒（Margaret Geller）说："我想我的生活观点是，生命苦短，要享受生活。重要的是应该尽可能多地获得丰富的阅历。这就是我所争取做的。我争取做一些有创造性的事。我争取教育人民。"

而且其中有几个人的确从上帝的杰作中看出宇宙有其目的性。阿尔伯塔（Alberta）大学的唐·佩奇（Don Page）过去是斯蒂芬·霍金的学生，他说："是的，我认为毫无疑问有目的性。我不知道全部的目的都有哪些，但我想，其中之一就是上帝要创造人类来陪伴上帝。更重大的目的可能是，要用上帝的创造来使上帝荣耀。"他甚至在量子物理学的抽象规则中也看出了上帝的杰作："从某种意义上来说，物理法则似乎相当于上帝选择使用的语法和语言。"

马里兰大学的查尔斯·米什内尔（Charles Misner）是早期分析爱因斯坦广义相对论的先行者之一，他与佩奇有共同认识："我感觉，宗教中有非常严肃的东西，例如上帝的存在，人类的手足之情，这些都是严肃的真理，总有一天我们会学会理解它，不过可能要采用另一种语言，站在另一种尺度上……所以我认为，那里面有实实在在的真理，宇宙之所以宏伟壮丽是有其意义的，我们应该对宇宙的创造者心生敬畏。"

由造物主的问题又产生了另一个问题：科学在上帝存在与否方面能有发言权吗？神学家保罗·蒂利希（Paul Tillich）曾经说，科学家中唯有物理学家可以说出"上帝"一词而不必脸红。确实，科学家中唯有物理学家在探究人类最大的问题之一：是否存在一个宏伟的设计蓝图？如果是的话，那么存在不存在一个设计者？找到真理、原因或启示的真正途径是什么？

弦理论允许我们把亚原子粒子看做是振动的弦上的"音符"；化学法则相当于可以在这些弦上奏出的"旋律"；物理学法则相当于适用于这些弦的"和弦"规则；宇宙是这些弦的"交响曲"；而"上帝的心思"则可被视为响彻超空间的宇宙音乐。如果这种类比能站得住脚，那么人就要问出下一个问题：有没有作曲者？

这个理论是不是什么人设计出来的,以便允许我们在弦理论中看到的丰富万千的各种可能宇宙得以存在? 如果宇宙像一只经过精密调节的手表,那么存在不存在这么一个制表匠?

在这方面,弦理论对这个问题有所启示:上帝有其他选择吗? 爱因斯坦在创建他的宇宙理论时,他总是会问这样一个问题,如果是我的话,我会把宇宙设计成什么样子? 他倾向于认为,也许上帝在这个问题上没有选择余地。弦理论似乎支持了这种观点。当我们把相对论与量子理论结合起来的时候,就会形成各种理论,充斥着隐含的但致命的弱点:发散问题会当场发作,异常条件会破坏这个理论的对称性。只有纳入了强大的对称性以后才可以消除这些发散和异常现象,而 M 理论就具备了这当中最强大的对称性。所以,也许会有一种单一的、独一无二的理论,它可以满足我们在一个理论中所要求的所有假定条件。

由于爱因斯坦经常就"老家伙"的问题写大块文章,所以曾被问及上帝存在与否的问题。对于他来说,有两种神。第一种神是有人格的神,他回应人们的祈祷,他是亚伯拉罕、伊萨克和摩西的神,是那个能在水中分出一条路,并创造各种奇迹的上帝。然而,这个上帝未必是大多数科学家相信的。

爱因斯坦一次写道,他相信"斯宾诺莎(Spinoza)的上帝,他通过万物的和谐存在而显示自己,而不是那个关注人类命运和行为的上帝"。斯宾诺莎和爱因斯坦的神是和谐之神,是理性与逻辑之神。爱因斯坦写道:"我无法想象存在着一个能够对其创造物进行赏罚的上帝……我也不相信个人在其身体死亡之后还能存活。"

(在但丁的《神曲·地狱篇》[Inferno]中,最靠近地狱入口的第一层居住着心地善良性情温和但不能全然信仰耶稣基督的人们。但丁在第一层地狱中发现了柏拉图[Plato]和亚里士多德[Aristotle],以及其他伟大的思想家和启蒙者。正如物理学家维尔切克评价的:"我估计许多现代科学家,也可能是其中的大多数都会到第一层地狱去落户。")马克·吐温说不定也在那个群星荟萃的第一层地狱之中。马克·吐温有一次把"信心"定义为"相信连任何蠢货都知道不是那么回事的东西"。

我个人从纯科学的观点认为,要证明爱因斯坦或斯宾诺莎所说的上帝存在,最强大的论据可以出自目的论。如果弦理论最终从实验上被确认是个万物理论,那么我们就必须要问,这些方程本身是从哪里来的。如果统一场论果真如爱因斯坦相信的那样是独一无二的,那么我们必须要问这种独一无二性从何而来。相信这种上帝的物理学家相信,宇宙如此之美、如此之简洁,因此宇宙的终极法则不可能是意外造成的。宇宙完全可以是随机的,或者由无生命的电子和中微子构成,不能产生任何生命,更不要说智慧了。

如果,现实存在的终极法则像我和其他一些物理学家相信的那样,可以用一个不超过 1 英寸(2.54 厘米)长的公式描述的话,那么问题就是,这个 1 英寸长的方程式从何而来?

正如马丁·加德纳(Martin Gardner)所说的:"为什么苹果会落下来? 因为万有引力定律。为什么会有万有引力定律? 因为相对论中的某些部分由这些方程组成。如果哪一天物理学家成功地写出一个终极方程,一切的物理法则都可以由它来描述,那么人们仍然要问,'为什么会有这个方程?'"

平行宇宙 创建我们自己的意义

从根本上来说,我相信,存在着可以有序和谐地描述整个宇宙的一个单一方程式这件事本身,就暗示着存在着某种设计。然而,我不相信对于人类来说它能有什么人格上的意义。不论物理学最终能以何种辉煌或优雅的公式表达,它都不能使几十亿人获得精神升华,给他们以情感上的满足。宇宙学和物理学不会有魔法公式使大众痴迷,使他们的精神生活丰富。

对于我来说,生命的真正意义在于,我们必须找到我们自己存在的意义。从根本上来说,是我们在创造自己的意义;我们的使命就是塑造我们自己的未来,而不是由某种更高的权威把它下发给我们。爱因斯坦一次承认,有成百上千的人心怀良好意愿,给他写了成堆的信,恳求他揭示生命的意义,但他毫无能力对他们进行抚慰。正如艾伦·古思所说的:"提出这些问题本身没有错,但你不应指望一个物理学家能给出什么更智慧的答复。从我个人的情感上来说,我觉得生命归根结底而言有其目的,我觉得它所具有的目的就是我们赋予它的意义,而不是出自任何宇宙设计的目的。"

我相信,西格蒙德·弗洛伊德(Sigmund Freud)对潜意识的黑暗面做了大量的猜测,说使我们的头脑保持稳定并感觉有意义的,是工作和爱,这话最接近真理。工作可以给我们一种责任感和目的感,使我们的工作和梦想有一个具体的焦点。工作不仅使我们的生活井然有序,还给我们提供了自豪感、成就感,以及使我们有所作为的一方天地。而爱则是把我们编织在社会机体中的一个要素。没有爱,我们就迷惘、空虚,失去了根本。我们会漂浮在自己个人的天地中,断绝了他人的关注。

除了工作和娱乐之外，我认为还应该有另外两个因素使生命有了意义。第一，要实现我们与生俱来的才干，不管它是什么。不论命运给了我们多少不同的才能和力量，我们都应该努力去把它发挥到极致，而不要让它们萎缩衰变。在生活当中，我们都知道有一些人，他们没有能够实现孩提时代展现的才华。其中许多人为自己本可以成为什么样子而背上了包袱。我想我们不应该抱怨命运，而应该如实地接受自己，并且在力所能及的范围内努力实现自己的梦想。

第二，当我们离开这个世界的时候，我们应该使它变得比我们降生时更好。作为个人，我们应该可以做出应有的贡献，不论是探索大自然的奥秘、清理环境、为和平和社会正义而工作，还是作为启蒙者和指路人，培养年轻一代的探索和进取精神。

平行宇宙 向 I 类文明过渡

在安东·契诃夫的戏剧《三姐妹》（*Three Sisters*）中，维尔希宁上校在第二幕中宣称："再过一两个世纪，或再过一千年，人们将以新的、快乐的方式生活。我们是看不到了，但这正是为什么我们要生活、为什么我们要工作的目的。这就是为什么我们要受磨难。我们在进行创造。这就是我们存在的意义。我们所能知道的唯一幸福，就是朝着那个方向努力工作。"

从我个人来说，我并不因为宇宙如此浩瀚而悲叹，我为紧挨着我们就存在着许多全新的世界这种想法而激动。在我们所生活的这个时代，我们刚刚开始利用自己的太空探测器、空间望远镜，以及我们的理论和方程式对宇宙进行探索。

我为能够生活在这个时代，我们的世界正在经历如此的英雄壮举而感到庆幸。在我们有生之年，将目睹人类历史上可能是最伟大的一次过渡，向 I 类文明过渡，它有可能是人类历史上最重要的但也是最危险的一次过渡。

过去，我们的祖先生活在一个严酷而不宽厚的世界中。在人类历史中的大部分时间里，他们的生命短促，近乎禽兽，平均预期寿命大约 20 岁。在他们的生活中，对疾病的恐惧无时不在，命运完全不能自己掌控。对先祖们的遗骨进行检验时，显示出它们劳损到难以置信的程度，证明他们每天承受着怎样的重负；它们还刻画着疾病和可怕事故的遗痕。甚至就在上个世纪，我们的祖父辈也没能享受到现代卫生条件、抗生素、喷气式飞机、计算机或其他电子奇迹。

然而,我们的孙辈将迎来地球上第一次全球文明的曙光。如果我们能够不让自己这些经常是粗蛮的自毁直觉把自己吞噬掉,那么到了我们的孙辈所生活的时代,人类就会不再受欲望、饥饿和疾病的纠缠。在人类历史上的第一次,我们既有手段毁灭地球上的一切生命,也有手段在这颗行星上建立起天堂般的乐园。

我在孩提时代经常幻想生活在遥远的未来会是什么样子。今天,我相信如果让我选择生活在人类历史中的哪一个具体时代,我会选择现在这个时代。我们正处于人类历史中最激动人心的时代,处在有史以来一些最伟大的宇宙发现和技术进步的巅峰。我们正在经历着历史性的过渡,从自然之舞的被动观察者,过渡为自然之舞的指挥者,有能力操控生命、物质和智慧。然而,这种令人敬畏的能力也附带着巨大的责任,要确保我们努力的成果得到明智的应用,造福于全人类。

现在活着的这一代人也许是地球上生活过的人类当中最重要的一代。与我们的前代不同,在我们手中掌握着我们种群的未来命运,要么冲天而起,实现我们成为 I 类文明的诺言,要么跌入混乱、污染和战争的深渊。我们所做的决定将影响到整个这一世纪。我们如何解决全球战争、防止核扩散、宗教派别和种族冲突关系到是为 I 类文明奠定基础,还是摧毁它。也许,当前这一代人的生存目的和意义就是要保障顺利过渡到 I 类文明。

何去何从在我们的掌握中。这就是我们现在活着的这代人所能留下的东西。这就是我们的使命。

注　释

[1]（第25页）爱因斯坦认识到：如果时间的节拍可以依赖你的速度而改变……
物体以接近光速移动的时候会收缩这一现象，实际上是由亨德里克·洛伦兹（Hendrik Lorentz）和乔治·弗朗西斯·菲茨杰拉德（George Francis FitzGerald）发现的，比爱因斯坦还要稍早些。但是他们没能理解这一效应。他们想用一种纯牛顿式的理论框架对这一效应进行分析，把它看成是原子穿过"以太风"时受到电磁挤压而造成的收缩。爱因斯坦思想的力量在于，他不仅以一项法则为基础（光速恒定）得出了一整套狭义相对论，而且还将它解释为一项普遍适用的、与牛顿理论相矛盾的自然法则。因此，这种扭曲变形实际上属于空间-时间的内在特性，而不是物质的电磁变形。在得出与爱因斯坦方程式相同的结果方面，伟大的法国数学家亨利·庞加莱（Henri Poincaré）可能是最接近的。然而只有爱因斯坦得出了全套方程式，并且深刻而具体地洞悉了这个问题。

[2]（第31页）这就是电冰箱或空调机的原理。　当气体膨胀的时候，它就会冷却。例如，在你的电冰箱中就有一条连接冰室内外的管子。当气体进入电冰箱内部的时候，气体就膨胀，从而使管子及食品降温。当它离开电冰箱内部时，气体收缩，于是管子就变热。同时还有一个机械泵向管子中泵气。这样，电冰箱的后面就变热，而电冰箱的内部就变冷。恒星的工作原理正好倒过来。引力使恒星收缩，于是恒星就变热，直至达到聚变的温度。

[3]（第47页）"当我15岁的时候，我听了弗雷德·霍伊尔在BBC作的讲座……"
霍伊尔的第五次，也是最后一次讲座是最具争议性的。因为他对宗教提出了批评。（霍伊尔一次以他特有的率直说到，对北爱尔兰问题的解决办法就是把每一个牧师及教士都关进监狱。他说："我所见到过或听到过的宗教争端，没有一个值得哪怕是一个孩子去因它而死。"）

[4]（第54页）当诺贝尔奖忽略了他……时，他感到非常愤怒……　由于自己的科学发现被忽略，兹维基（Zwicky）公开表达了怨恨，一直到死都这样。但伽莫夫在公开场合中却对自己被诺贝尔奖忽略这件事保持沉默，尽管他在私人信件中也表达了巨大的失望。与兹维基不同，伽莫夫把自己充沛的科学才能及创造力转向了对DNA的研究，最终解开了大自然是如何从DNA中制造出氨基酸的这个谜。诺贝尔奖获得者詹姆斯·沃森（James Watson）甚至通过把伽莫夫的名字放进他最新自传的标题中这一方式，表达了对伽莫夫这项贡献的敬意。

[5]（第71页）这个规则的一个明显例外……　科学家一直在寻找宇宙中的反物质，但找到的很少（只是在银河系的核心附近找到了一些反物质流）。由于物质和反物质实质上难以区分，它们都遵循着同样的物理学及化学法则，因此很难

把它们区分开来。但是,有一种办法,那就是寻找带有标志性的 1.02 兆电子伏特的伽马射线放射。这是存在反物质的独特标志,因为这是当一个电子与一个反电子相撞时释放出来的最低限度能量。但当我们对宇宙进行扫描时,我们看不到大量的 1.02 兆电子伏特伽马射线,这就说明反物质在宇宙中是不多见的。

[6](第 76 页)如果白矮星的重量达到太阳质量的 1.4 倍以上……　通过以下推理可以得出钱德拉塞卡尔极限。一方面,引力的作用把白矮星压缩到难以置信的密度,使白矮星中的电子相互靠得越来越近。另一方面,存在着泡利不相容原理,它声称,两个电子不可能具有完全相同的量子数来描述其状态。这就意味着,不可能有性状相同的两个电子来占据完全相同的一个点,所以会有一种净作用力把电子分开(而不止是静电排斥)。这意味着,有一股向外推的净压力,使电子不能进一步互相压向对方。这样,当这两种作用力(一种排斥力,一种吸引力)正好互相抵消时,我们就可以计算出白矮星的质量,而这就是 1.4 倍太阳质量的钱德拉塞卡尔极限。

对中子星而言,由于有引力挤压着一团纯中子球,于是就产生了一种新的钱德拉塞卡尔极限,大约为 3 个太阳质量,这是因为,由于存在这种力的缘故,中子也会互相排斥。但是,一旦中子星的质量超过了其钱德拉塞卡尔极限时,它就会坍塌为一个黑洞。

[7](第 99 页)正如雅各布·贝肯斯坦(Jacob Bekenstein)和斯蒂芬·霍金(Stephen Hawking)指出的……　他们是最早将量子力学应用于黑洞物理学的人之一。根据量子理论,亚原子粒子从黑洞引力下隧穿出来的概率是有定数的,所以,它会缓慢地释放辐射。这是隧穿的一个例子。

[8](第 105 页)性别悖论。　性别悖论有一个广为人知的例子,是由英国哲学家乔纳森·哈里森(Jonathan Harrison)在一篇 1979 年刊登在《分析》杂志中的小说里写的。该杂志向读者提出挑战,看谁能给出合理的解释。

故事的开始是说,年轻的女主人公乔卡斯塔·琼斯有一天发现了一台老旧的冷冻箱。她发现在冷冻箱中有一个处于深冻状态的英俊小伙,而且还活着。把他解冻以后,她得悉他的名字叫杜姆。杜姆告诉她,他有一本书,它既讲述了如何建造能把活人冷冻的冷冻箱,也描述了建造时间机器的方法。两人坠入爱河,结婚,而且不久生下了一名男婴,他们给他起名叫迪伊。

多年后,迪伊长成了一个小伙子,他步父亲的后尘,决定建造一架时间机器。这一次,迪伊和杜姆一起带着那本书回到过去。然而这次旅行以悲剧告终,他们发现自己被困在遥远的过去,食品也用尽了。由于意识到大限将至,迪伊做了一件有可能保住性命的事,那就是杀了他的父亲,把他吃掉。然后迪伊决定按照那本书中所说的办法建造一台冷冻箱。为了保住自己,他进入了冷冻箱,陷入了一种生命停顿状态。

多年以后,乔卡斯塔·琼斯发现了这个冷冻箱,并决定把迪伊解冻。迪伊为了掩盖真相,把自己称作杜姆。他们坠入爱河,后来就有了孩子,他们给他起名为迪伊…… 如此这般周而复始。

　　哈里森的挑战引起了反响，人们提出了十几种应对答案。一名读者认为，"时间旅行的可能性本来就是个令人怀疑的命题，而这个故事就建立在这样一个基础之上，其内容之夸张离谱，足以把它看做是一种反证"。需要注意的是，这个故事中不含祖父悖论。因为迪伊回到过去的方式，是回到过去与他的母亲相识。在任何一个时间点上，迪伊所做的事情都没有一件会使现在成为不可能。（然而，由于那本讲述如何使生命停顿以及如何进行时间旅行的密法的书不知从何而来，因此这里面就有一个信息悖论。但是对于这个故事来说，那本书本身并不是关键）。

　　另一位读者指出，这个故事中蕴涵着一种奇怪的生物学悖论。由于任何一个个体的 DNA 中，有一半来自母亲，另一半来自父亲，这意味着，迪伊的 DNA 中有一半来自琼斯小姐，而另一半来自其父亲杜姆。然而，迪伊就是杜姆。因此，迪伊和杜姆的 DNA 肯定是一样的，因为他们就是同一个人。但这是不可能的，因为根据基因学法则，他们的基因一半来自琼斯小姐。换句话说，在这种时间旅行故事中，一个人回到过去的时间，并结识了自己的母亲，而且成为了自己的父亲，这是违反基因法则的。

　　有人可能会想，如果人能既成为自己的父亲，又能成为自己的母亲，那么就可以在性别悖论中找到漏洞，这样一来，你的 DNA 就全部来自你自己。在罗伯特·海因莱因（Robert Heinlein）的经典故事《你们这些还魂尸》（*All you zombies*）中，一个年轻姑娘做了变性手术，两次回到过去，从而变成了她自己的母亲、父亲、儿子和女儿，也就是说，她的整个家谱就是由她自己一个人构成的。然而，即使是在这样一个离奇的故事中，也隐含着对基因法则的违背。

　　在《你们这些还魂尸》中，一位名叫珍妮的年轻姑娘在孤儿院中长大。一天她遇到了一位英俊潇洒的陌生人，而且爱上了他。她给他生了个女儿，而这个女儿又被莫名其妙地绑架了。珍妮在生孩子的时候出现了并发症，医生们不得不为珍妮做手术，把她变成一个男人。多年以后，这个男人遇到了一个时间旅行者，把他带到过去，在过去，这个新变成的男人遇到了年轻姑娘时代的珍妮。他们相爱，珍妮怀了孕。于是他把自己的新生女儿绑架走了，并且回到更遥远的过去，把新生儿珍妮抛弃在一家孤儿院。珍妮在那里长大，并遇到了一个英俊潇洒的陌生人……这则故事几乎成功地躲过了性别悖论。因为在这里面，一半的基因是来自作为年轻姑娘的珍妮，而另一半基因是来自作为英俊陌生人的珍妮。然而，变性手术不可能把你的 X 染色体变成 Y 染色体，因此这个故事依然存在性别悖论。

[9]（第 107 页）这就消除了霍金发现的无限发散…… 要最终解决这些复杂的数学问题，就需要求助于一种新的物理学。例如，许多物理学家，包括像斯蒂芬·霍金和基普·索恩（Kip Thorne），都采用一种叫做"半经典近似"的方法，也就是说，他们采用一种混合理论。他们假定亚原子粒子遵循量子原理，但他们又

允许引力是平滑的、非量子化的（也就是，在他们的计算中，他们不用引力子）。由于所有的发散现象和异常条件都源自引力子，所以这种半经典近似方法就不受这些无穷数的困扰。但是，通过数学方法可以证明，半经典近似的方法是有缺陷的，它得出的最终答案是错误的，因此，用半经典近似方法得出的结果不足为据，在那些最有趣的领域中尤其如此，例如黑洞中心、时间机器的入口，以及大爆炸的刹那间等。需要注意的是，许多声称时间旅行不可能，或你不可能穿越黑洞的"证据"都是用半经典近似方式计算出来的，因此是不可靠的。这就是为什么我们必须借助像弦理论和 M 理论那样的量子引力理论。

[10]（第 141 页）我们用一个不到一英寸半（3.8 厘米）长的方程式，就可以把弦理论中包含的所有信息都归纳进去。 原则上，所有的弦理论都可以用我们的弦场论来做归纳。但是，这个理论还不是它的最终形式，因为众所周知的洛伦兹不变性被打破了。后来，威滕成功地写出了一种优雅版本的开放玻色弦场论（open bosonic string field theory），它是协变的。再后来，麻省理工学院小组、京都小组以及我自己都成功地构建成了协变封闭玻色弦理论（covarient closed bosonic string theory，然而这个理论不是多项式的形式，因此不便使用）。今天，由于有了 M 理论，人们的兴趣已经转向了膜，但是人们还不知道是不是有可能构建出一种真正的膜的场论。

[11]（第 142 页）与此相似，内沃（Neveu）、施瓦茨（Schwarz）和雷蒙德（Ramond）的超弦模型也只有在具备了 10 个维度的情况下才可能存在。 10 和 11 这两个数字在弦理论和膜理论中之所以受到偏爱，实际上有好几个理由。首先，如果我们以越来越高的维度来研究洛伦兹群的表现，我们发现费米子的数量总的来说是随着维度的增加而呈几何级数增长，而玻色子的数量则随维度的增加而呈线性增长。这样一来，只有在低维度下我们才能得到费米子和玻色子数量相同的超对称理论。如果我们对群论做仔细的分析，我们会发现，如果我们有 10 个或 11 个维度的话（假定我们最多能有一个自旋为 2 的粒子，而不是 3 或更高），那么我们就可以得到完美平衡。所以，我们仅从群论的角度就可以证明 10 和 11 是最合适的维度。

还有其他一些办法来说明 10 和 11 是"魔法数字"。如果我们研究较高等级的环路图（higher loop diagrams），我们会发现总的来说，单一性保持不住了，对于这个理论来说这就是个灾难。它意味着粒子可以忽然出现，忽然又消失，如同变魔术。但我们发现，在这些维度中，摄动理论又恢复了单一性。

我们还可以证明，在 10 个以及 11 个维度时，可以消除"鬼"粒子。鬼粒子是不遵循真正粒子的一般条件的粒子。

总而言之，有了这些"魔法数字"，我们就可以保持：（a）超对称性，（b）摄动理论的可穷尽性，（c）摄动序列的单一性，（d）洛伦兹不变性，（e）消除异常条件。

[12]（第 144 页）类似的发散现象不断困扰着任何一种量子引力理论。 物理学家

们试图解决复杂理论的时候,通常使用"摄动理论",也就是,先解决一个简单点的理论,然后再分析这一理论中出现的小偏差。这些微小偏差反过来又为原来以理想状态为基础的理论提供出无穷数量的小修正因数。每个修正都通常被称为一个"费曼图"(Feynman diagram),它可以用示意图的方式作图像化的描述,代表各种粒子可以互相碰撞的所有可能方式。

历史上,由于摄动理论中的项可以变为无穷大,物理学家们曾为此头痛,因为这样一来整个程序就作废了。但是,费曼和他的同事发现了一系列的巧妙的做法和手法,这样就可以把这些无穷数消除掉(为此他们在1965年赢得了诺贝尔奖)。

量子引力的问题在于,这一整套量子修正实际上是无穷的,也就是说,每个修正因数都等于无穷大,哪怕我们动用费曼和他的同事们设置的那一麻袋技巧也还是如此。我们说,量子引力是"不可重整化的"(not renormalizable)。

在弦理论中,这种摄动展开(perturbation expansion)实际上是可以穷尽的,我们之所以会去研究弦理论,其根本原因就在这里。(从技术上来说,在这方面不存在绝对严谨的证据。但是,可以证明,有无数等级的示意图都可以被证明为可穷尽的,而且还有一些算不上严谨的数学论据,说明这个理论很可能在一切层面上都是可穷尽的)。然而,单凭摄动展开并不能代表我们所知道的这个宇宙,因为摄动展开保持着完美的超对称性,这在自然界中是见不到的。我们在宇宙中所看到的对称性是严重破缺的(例如,我们找不到超粒子的实验证据)。因此,物理学家们需要对弦理论做出"非摄动性"描述,但要做这件事,其难度超乎想象。事实上,目前还没有一种统一的办法用来对量子场论计算出非摄动性的修正值。要建立一种非摄动性的描述方式,有许多困难。例如,如果我们想提高该理论中各种力的强度,这就意味着使摄动理论中的每个项都不断加大,这样,大到使摄动理论讲不通的程度。例如,$1+2+3+4\cdots$之和就没有意义,因为各项变得越来越大。M理论的优越性在于,它使我们第一次能够通过二元性得出非摄动性的结果。这意味着,一种弦理论的非摄动性限值可以被证明是与另一个弦理论相等的。

[13](第144页)慢慢地,他们意识到,解决的办法可能应该是放弃这种头痛医头脚痛医脚的方式,而采用一种全新的理论。 弦理论和M理论是一种对广义相对论的比较激进的新做法。爱因斯坦是围绕着弯曲时空的概念建立起了广义相对论,而弦理论和M理论则是围绕着延展物体的概念建立起来的,比如在超对称空间中运动的弦或膜。最终有可能把这两种对宇宙的描绘方式联系起来,但目前对此还没有透彻理解。

[14](第151页)这正好是对超弦的对称性的描述,叫做超对称性。 在20世纪60年代末期,当物理学家们最初开始寻找一种可以包括自然界所有粒子的对称性时,却故意没有把引力包括进去。这是因为,有两种对称性。粒子物理学中的对称性是把粒子重新分组的对称性。但还有另外一种对称性,它把空间转换为

时间,而且这种空间-时间对称性是与引力相关联的。引力理论不是建立在点状粒子可以互换的这种对称性上的,而是建立在四个维度可以轮换的这种对称性上的:那就是四个维度的洛伦兹群 O(3,1)。

此时西德尼·科尔曼(Sidney Coleman)和杰弗里·曼杜拉(Jeffrey Mandula)证明了一项有名的理论,声称不可能将描述引力的空间-时间对称性与描述亚粒子的对称性相结合起来。这一"止步"理论对任何想要建立一种宇宙"主对称"的想法泼了一瓢冷水。(举例来说,如果有人想要使大统一理论[GUT]群中的 SU(5)与相对论群的 O(3,1)结合起来,其结果就是灾难性的。比如,粒子的质量会一下子变为连续性的,而不是离散性的。这种情况是令人失望的,因为这意味着,你不可以想当然地以为可以借助于一种更高层次的对称性把引力与各种其他作用力放在一起。这也就意味着,说不定根本就不可能有统一场理论。)

然而弦理论运用迄今为止为粒子物理学找到的最强有力的对称理论解决了所有这些棘手的数学问题:超对称。目前,超对称是已知的唯一一种能够避免科尔曼-曼杜拉止步定理的方法。(超对称利用了这项定理中的一个微小但关键的空子。通常情况,当我们引入像"a"或"b"这样的数字时,我们会认为 $a \times b = b \times a$。这在科尔曼-曼杜拉定理中是默认的。但在超对称中,我们引进了"超数字",这样一来,$a \times b = -b \times a$。这些超数字有奇异的特性。例如,如果 $a \times a = 0$,那么 a 可以是非零,对于普通数字来说,这听起来荒唐。如果我们把超数字插入到科尔曼-曼杜拉定理中去,就会发现这个定理不再起作用)。

[15](第152页)超对称还奇迹般地解决了若干多年来一直困扰着物理学家的技术性问题。 首先,它解决了"级列问题"(hierarchy problem),这个问题实际上注定了大统一理论(GUT)不能成功。在建立统一场理论时,我们碰到两种很不相同的质量标度。有一些粒子,例如质子,它们的质量就是我们寻常所见的那种质量。还有一些粒子则有相当大的质量,其蕴涵的能量堪与接近大爆炸时的能量相比,也就是普朗克能量。这两种质量标度必须分别对待。然而,当我们考虑量子修正的时候,灾难性的结果就出来了。由于存在量子涨落,这两种不同类型的质量开始混合,因为一套轻粒子会转变为另一套重粒子,这种概率是有定数的,反之亦然。这意味着应该存在着一种各种粒子连续体(a continuum of particles),其质量在寻常质量和大爆炸时的巨大质量之间平滑地转换着,而这种大爆炸时的巨大质量我们显然在自然界中是看不到的。这就是著名的"级列问题"。这实际上就断送了大统一理论。而这时就需要用到超对称。人们可以证明,在超对称理论中,两种不同的能量标度不会混合,会发生一种美妙的抵消过程,使两种标度永远不会互相发生作用。费米子项正好抵消掉玻色子项,从而得出可穷尽的解。据我们所知,超对称可能是解决"级列"问题的唯一一种途径。

此外,超对称还解决了20世纪60年代的科尔曼-曼杜拉定理第一次提出的一个问题。这个定理证明,不可能把一个以像 SU(3)那样的夸克为基础产生作用的对称群与像爱因斯坦相对论中的空间-时间为基础产生作用的对称相结合。因此根据这项定理,不可能存在能够把这两种对称性统一起来的对称性。这是令人沮丧的,因为这意味着这种统一在数学上是不可能的。然而超对称性给这项定理提供了一种微妙的解决余地。这是超对称性的许多理论突破之一。

[16](第 173 页)马尔达塞纳(Maldacena)证明,在这一个五维宇宙与它的"边界"之间存在着对偶性……   更准确地说,马尔达塞纳所证明的,是 Ⅱ 型弦理论压缩为一个五个维度的反德西特尔空间后,就成为处在其边界上的四维共形场论的一个对偶。人们原本希望,在弦理论和四维 QCD(量子色动力学)之间可以建立起这一怪异对偶性的修改版本:强相互作用理论。如果可以建立起这种对偶性,那就是一项突破,因为那样一来,说不定就有可能直接从弦理论中对像质子那样的强相互作用粒子的特性进行计算了。然而目前这一愿望还没有实现。

[17](第 192 页)但是要确保这种难以置信的精确度,科学家必须做出计算,对牛顿定律稍做修正,因为根据相对论,卫星在外太空翱翔时,无线电波的频率会稍有偏移。   这种偏移以两种方式发生。因为近地卫星以每小时 18 000 英里(28 968.2 千米)的速度飞行,因此相对论就发生作用,卫星上的时间就会变慢。这也就是说,卫星上的时钟与地面上的时钟相比,看起来要慢了一些。但由于卫星在外太空所受到的引力场要弱一些,由于广义相对论的缘故,它的时间也会加快一些。因此,根据卫星与地球之间的距离,卫星上的时钟要么减慢(由于狭义相对论的缘故),要么加快(由于广义相对论的缘故)。事实上,在离开地球的某个距离上,这两种效应会正好相互抵消,卫星上的时钟会与地面上的时钟走得一样。

[18](第 196 页)如果一切都能按计划进行……   WMAP 卫星测量的宇宙背景辐射可回溯到大爆炸后的 380 000 年,因为初始爆炸发生后,在那时原子首次开始凝聚。然而,LISA 卫星可能会检测到的引力波可回溯到引力开始与其他的力分离的时候,这种分离发生在接近大爆炸发生的瞬间。因此,某些物理学家相信 LISA 卫星将能验证或排除今天提出的各种理论,包括弦理论。

[19](第 209 页)但苏联解体了……   在决定 SSC(超导超级对撞机)项目命运的最后几天听证会上,一位国会议员问了这样一个问题:我们用这台机器能够找到什么? 不幸的是,所给的答复是:希格斯玻色子。不难想象他当时目瞪口呆的样子。花 110 亿美元就是为了再找出一枚粒子? 最后几个问题中有一个是由共和党议员哈里斯·W. 法韦尔(伊利诺斯州共和党议员)提出的,他问道:"这台机器能让我们找到上帝吗?"共和党议员唐·里特(宾夕法尼亚州共和党议员)又加上一句:"如果它能,那我再回过头来支持它。"不幸的是,物理学家们没有能够向国会议员们提供强有力的、有说服力的回答。

  由于这个失误以及其他一些公共关系上的失误,超导超级对撞机(SSC)项目被取消了。美国国会已经给了我们 10 亿美元来为这台机器挖个洞,随后国会又取消了它,然后再给了我们10亿美元来把这个洞填上。这个国会,以它的智慧一共给了我们20亿美元来挖一个洞然后再填上它,使之成为了历史上最昂贵的洞。

　　(我个人认为,那个要回答关于上帝这个问题的倒霉物理学家应该这样回答:"阁下,我们有可能找到上帝,也有可能找不到上帝,但我们的机器将在人力可及的范围内最大限度地接近上帝,或者不管你把这种神性的存在称作其他什么。它会提示出神的最伟大成就的秘密,也就是创造宇宙的过程本身。")

[20](第216页)第一条定律说……　这条定律反过来又意味着,根据已知的物理学定律,号称可以"无代价获利"的"永动机"是不可能的。

[21](第231页)Ⅰ类文明的全部人口可能就像这样,都讲双语,一种本地语,一种全球通用语。　这也同样可以适用于Ⅰ类文明的文化。在许多第三世界国家中,都存在着精英集团,他们既会讲本地语言,也会讲英语,同时也与最新的西方文化和时尚保持同步。因此,Ⅰ类文明同时也可能会是双文化的,拥有一种遍及全球的通用文化,并与本地文化和习俗并存。所以,全球文化不一定意味着摧毁地方文化。

[22](第236页)我提醒他说,因为只有行星、恒星和星系,只有它们才是萌生智慧生命的平台……　可以想象,说不定存在着比Ⅲ类文明更高级的文化,它会开发利用暗物质,而暗物质构成宇宙中全部物质/能量成分的73%。电视连续剧《星际迷航》(Star Trek)中,那个"Q"就够得上这样一种文明,因为Q的能量威力是跨越星系的。

[23](第253页)我们大脑中的每个神经连接都被一个相应的晶体管取代……　原则上这一过程可以在你清醒的时候就进行。一边把神经元一点一点地从你大脑中删除,同时又按照它们复制出晶体管网络来取代它们,安放到机器人的脑壳中。由于晶体管所起的作用与被删除的神经元的作用相同,所以你在这个过程中完全清醒。这样,当手术完成以后,你在整个过程中都是清醒的,并发现自己已置身于一个以硅和金属为身体的机器人身体中了。

词 汇 表

人择原理（anthropic principle）

　　这个原理是说,大自然的常数是专门为产生生物和智慧生命而设定的。强人择原理得出的结论是,智慧生命的产生,是某种形式的智慧生命对物理常数进行了设定的结果。弱人择原理则只是声称,大自然的常数只有经过设定才可能产生出智慧生命(否则就不会有我们),但是对于这项设定工作是由什么原因或由谁做的,则持开放态度。在实验中我们发现,大自然的常数的确似乎经过了精细的设定,才使生物乃至意识得以产生。有些人相信,这就是存在宇宙造物主的迹象。另一些人则相信,这是存在多元宇宙的迹象。

反引力（antigravity）

　　它与引力相反,是一种向外推的力,而不是一种向内吸的力。现在我们意识到,可能正是由于存在这种反引力,才使宇宙在时间起始之时膨胀,并导致今天宇宙加速膨胀。然而这种反引力非常之弱,无法在实验室中测得,所以它没有实际价值。反引力也可以由负物质产生(在自然界中还从来没有见到过负物质)。

反物质（antimatter）

　　它与物质相反。反物质的存在,是由保罗·阿德里·莫里斯·狄拉克(P. A. M. Dirac)第一个预言的,它与普通物质的电荷相反,因此,反质子就有负电荷,而反电子(antielectrons,也叫正电子〔positrons〕)则有正电荷。如果它们相互接触,就会互相把对方湮灭掉。迄今为止,在实验室中生产出来的最复杂的反原子是反氢。令人迷惑不解的是,为什么我们的宇宙主要是由物质,而不是反物质构成的。如果大爆炸所创造的这两种物质是等量的,那么它们应该已经互相湮灭掉,而我们也就不会存在了。

原子击破器（atom smasher）

　　这是英语中对粒子加速器的通俗叫法,它是一种装置,用来创造以接近光速行进的亚原子能束。最大的粒子加速器是将在瑞士日内瓦附近建造的大型强子对撞机(LHC)。

重子（baryon）

　　这是一种像质子或中子那样的粒子,遵循强相互作用。重子是一种强子(一种强相互作用的粒子）。我们现在认识到,重子物质只构成宇宙物质中极小的一个零头,与暗物质相比少得可怜。

大爆炸(big bang)

这是指最初创造了宇宙的那次大爆炸,它使无数星系向四面八方飞散。宇宙创造之时,温度极高,物质密度极大。根据 WMAP 卫星的测定,大爆炸发生于 137 亿年前。今天所看到的微波背景辐射就是大爆炸的余晖。对于大爆炸,有三项由实验得出的"证据":星系的红移,宇宙微波背景辐射,元素的核合成。

大坍缩(big crunch)

指宇宙最终的坍塌。如果物质的密度足够大(欧米伽值〔Omega〕大于 1),那么宇宙中就有足够的物质使原来的膨胀过程倒转过来,造成宇宙重新坍塌。大坍缩的瞬间,温度升至无穷高。

大冻结(big freeze)

这是宇宙的终结,温度接近绝对零度。我们宇宙的最后状态有可能就是大冻结,因为据信欧米伽值和拉姆达值之和为 1.0,因此宇宙才处于膨胀状态之中。但由于没有足够的物质和能量使宇宙膨胀倒转,所以它有可能永远膨胀下去。

黑体辐射(black body radiation)

这是热物体与其环境处于热平衡状态时发出的辐射。如果我们取一个空心物体(一个"黑体")加热,等它达到热平衡后给它钻上一个小洞,然后观察从小洞释放出来的辐射,这种从小洞中发出的辐射就是黑体辐射。太阳、炽热的烧火棍、熔化的岩浆等都释放出近似的黑体辐射。这种辐射有其特定的频率特征,很容易用光谱仪测定。充斥宇宙的微波背景辐射遵循着这种黑体辐射公式,从而给出有关大爆炸的具体证据。

黑洞(black hole)

指逃逸速度与光速相等的物体。由于光速是宇宙中的终极速度,这就意味着,一个物体一旦越过事件穹界,就什么也剩不下,无法逃离黑洞。黑洞可以有各种大小。藏匿于星系和类星体中心的星系黑洞可以重达几百万个至几十亿个太阳系质量。恒星黑洞是濒死恒星的遗骸,它们原来可达太阳质量的 40 倍。这两种黑洞都已经被我们的仪器所找到。根据理论预言,微型黑洞也可能存在,但还没有在实验室中看到它们。

黑洞蒸发(black hole evaporation)

指从黑洞隧道中逸出的辐射。辐射徐缓地从黑洞逸出,这被称为蒸发,其概率非常小,但仍可以算得出。最终,通过量子蒸发流失的黑洞能量多到使黑洞不复存在。但这种辐射太微弱,通过实验无法观察到。

蓝移(blueshift)

由多普勒频移而造成的星光频率提高。如果一颗黄色的恒星朝你自己的方向移动,它的光看起来就会稍微发蓝。在外太空中,蓝移星系很少见。通过引力或使空间变形来压缩两点之间的空间,也可以造成蓝移。

玻色子(boson)

带整数自旋的亚原子粒子,例如质子或推测中存在的引力子。玻色子(boson。原书此处是重子〔baryons〕,可能有误。——译者注)通过超对称作用与费米子达到统一。

膜(brane)

英文“膜”(membrane)的简称。它们可存在于 11 个维度以下的任何空间。它们是 M 理论的基础,M 理论是最有可能成为万物理论的候选理论。如果我们取一个 11 维度膜的横截面,那么我们就得到了一个 10 维度的弦。由此,弦就是一种一位膜。

卡拉比-丘流形(Calabi-Yau manifold)

是一种六维空间,当我们从 10 维度弦理论中把其中 6 个维度卷起或紧致化成一个小球,剩下一个四维超对称空间,这样就得到了卡拉比-丘流形。卡拉比-丘成桐空间是多重连通的,也就是说,它们有洞,存在于我们这一个四维空间的夸克代的数量就取决于这些洞。它们在弦理论中之所以重要,是因为这些流形的许多特性,例如它们所具有的洞的数量等,可以决定我们这一个四维宇宙中所存在的夸克的数量。

卡西米尔效应(Casimir effect)

指由两块无限长的无电荷板平行放置而产生的负能量。板外侧的虚拟粒子施加的压力比板内侧的虚拟粒子大,因此两块板互相吸引。这种微弱的效应已在实验室测得。卡西米尔效应有可能被用作驱动时间机器或虫洞的能量,如果这种能量足够大的话。

造父变星(Cepheid variable)

这颗星的亮度以准确、可计算的速率变化,因此在进行天文测量时被用做“标准烛光”。造父变星在帮助哈勃空间望远镜计算星系距离中起到决定性作用。

钱德拉塞卡尔极限(Chandrasekhar limit)

1.4 倍太阳质量。超过这一质量,白矮星的引力会巨大到克服电子简并压力,把恒星压垮,产生出超新星。因此,我们在宇宙中观察到的所有白矮星,其质量都小于1.4 个太阳质量。

钱德拉 X 射线望远镜(Chandra X-ray telescope)

这是设在外太空的 X 射线望远镜,可对天空进行扫描,寻找 X 射线发射源,例如黑洞或中子星。

混沌膨胀说(chaotic inflation)

这是膨胀说的一个版本,是由安德烈·林德提出的,该理论认为膨胀是随机发生的。这就意味着,各种宇宙可以连续混乱地产生出其他宇宙,从而产生出由许多宇宙构成的多元宇宙。混沌膨胀说是解决膨胀导致终结问题的一种途径,因为根据此说,有形形色色的膨胀宇宙在随机产生着。

经典物理学(classical physics)

这是指量子理论出现之前的物理学,是以牛顿的确定性理论为基础的。由于相对论不包含测不准原理,所以它也是经典物理学的组成部分。经典物理学有确定性,也就是说,根据所有粒子在当前的运动状况,我们可以对未来做预测。

封闭类时曲线(closed time-like curves)

这是爱因斯坦理论中所说的一些在时间中倒退的路径。这在狭义相对论中是不允许的,但在广义相对论中,如果我们集中了足够大的正能量或负能量的话,就可以允许。

COBE 卫星

COBE 是宇宙背景探测者卫星(Cosmic Observer Background Explorer)的英文缩写,它通过测量那团"本初火球"放射出的黑体辐射,对大爆炸理论给出了可能是最具结论性的证据。从那以后,它所得出的结果又由 WMAP 卫星做了大幅度的改进。

相干辐射(coherent radiation)

这是指互为同相的辐射。相干辐射,就像在激光束中发现的那样,会互相干涉,产生出干涉图形,用以探测运动或位置中的偏差。这对于干涉仪和引力波探测器有用。

紧致化(compactification)

这指的是把空间和时间中不需要的维度卷起来或包起来的过程。由于弦理论存在于 10 个维度的超空间中,而我们生活在一个四维世界,所以我们必须想办法把 10 个维度中的 6 个维度卷曲起来形成一个非常小的球,连原子都不能溜进去。

守恒定律(conservation laws)

这条定律说,某些量值永远不会随时间变化。例如,物质和能量守恒定律说,宇宙中物质和能量的总量是个常数。

哥本哈根学派(Copenhagen school)

这是由尼尔斯·玻尔创立的学派,这个学派声称,必须有一个观察过程使"波函数坍塌",这样才能确定一个物体的状态。在没有进行观察之前,物体的存在状态有一切可能,哪怕是荒唐可笑的状态。由于我们没有观察到死猫和活猫同时存在,玻尔不得不假定,有一堵"墙"把亚原子世界与我们靠自己的感官观察到的这个日常世界隔绝开来。这种解释受到了质疑,因为它把量子世界与寻常的宏观世界分隔开来,而许多物理学家现在相信,宏观世界也必然遵循量子理论。今天,由于出现了纳米技术,科学家们已经可以对单个原子进行操作,于是我们意识到,并没有分隔两个世界的"墙"。因此,这个"猫"问题现在又再次浮出水面。

宇宙微波背景辐射(cosmic microwave background radiation)

这是从大爆炸时期残余下来的辐射,仍在宇宙中循环,由乔治·伽莫夫(George Gamow)及其工作组 1948 年首次预言。它的温度是绝对零度之上 2.7 度。它是由彭齐亚斯(Penzias)和威尔逊(Wilson)发现的,是大爆炸说的最有力"证据"。今天,科学家们在对这种背景辐射内的微小偏差进行测量,以便为膨胀说或其他理论提供证据。

宇宙弦(cosmic string)

这是大爆炸的遗迹。有些规范理论预言,最初大爆炸的一些遗迹可能依然以巨型宇宙弦的形式存在,其规模如星系般大,甚至更大。两个宇宙弦之间的碰撞有可能使时间旅行成为可能。

临界密度(critical density)

这是宇宙膨胀过程中,其密度达到要么面临永恒膨胀,要么面临重新坍缩的平衡状态。临界密度以某种单位度量,以欧米伽值 = 1(而拉姆达值 = 0)表示,此时宇宙恰好处于大冻结和大坍缩这两种不同前景的平衡点上。今天,由 WMAP 卫星提供的最佳数据表明,欧米伽值 + 拉姆达值 = 1,而这与膨胀说的预言是吻合的。

暗能量(dark energy)

这是空寂宇宙的能量。这是由爱因斯坦于 1917 年首先提出的,然后就被弃置。

如今人们知道,这种虚无能量(energy of nothing)是宇宙中物质/能量的主要形式。无人了解它的起源,但它最终可能把宇宙驱入大冻结。暗能量的数量与宇宙的体积成比例。最新数据显示,宇宙中73%的物质/能量以暗能量的形式存在。

暗物质(dark matter)

这是指不可见物质,有重量,但不与光相互作用。暗物质通常是在星系的巨大的晕轮中找到的,它比普通物质重10倍。暗物质可以被间接测到,因为它的引力使星光弯曲,这与玻璃使光弯曲的情况类似。根据最新数据,暗物质构成宇宙中全部物质/能量成分的23%。根据弦理论,暗物质可能由亚原子粒子构成,例如中性子,它代表超弦在较高层次上的振动。

去相干(decoherence)

这是指波不再互为同相的情况。去相干可以用来解释薛定谔之猫悖论。根据多世界说的解释,死猫和活猫的波函数互相去相干,因此不再互动,这样就解决了何以一只猫可以既死了又活着的难题。死猫的波函数和活猫的波函数同时都存在,但由于它们已经去相干,所以不再互相作用。去相干说轻而易举地解释了猫之悖论,而不用任何额外假说,例如"波函数坍塌"之类。

德西特尔宇宙(de Sitter universe)

这是对以指数方式扩张着的爱因斯坦方程的一种宇宙学解。其主项是一个宇宙常数,是它造成了指数般的膨胀。据信,宇宙在最初膨胀时处于德西特尔阶段,而在最近70亿年间又缓慢回落到了德西特尔阶段,造成现在这个加速膨胀中的宇宙。这种德西特尔膨胀的起因现在尚不清楚。

决定论(determinism)

这是一种哲学观,认为一切都是事先确定的,包括未来。根据牛顿力学,如果我们能知道宇宙中所有粒子的速度和位置,那么原则上我们就可以计算出整个宇宙的演进方向。然而,测不准原理已经证明决定论是不正确的。

氘(deuterium)

这是重氢的核子,由质子和中子构成。外太空的氘主要是由大爆炸,而不是由恒星造成的,而且它的数量相对丰富,所以这就使人们可以利用它来推算大爆炸的早期状态。氘的大量存在还可以用来帮助推翻稳恒态宇宙论。

维度(dimension)

这是指我们用以测量空间和时间的坐标或参数。我们所熟悉的这个宇宙有三个空间维度(长、宽、高)和一个时间维度。在弦理论和 M 理论中,我们需要用 10

(11)个维度来描述宇宙,其中只有4个可以在实验室中观察到。我们不能看到其他那些维度的原因,要么是因为它们卷缩起来了,要么是因为我们的振动被局限在了一张膜的表面。

多普勒效应(Doppler effect)

指物体在向你接近或离你而去时,波的频率所发生的变化。如果一颗恒星向你移近,则光的频率提高,于是一颗黄色的恒星看起来稍微发蓝。如果一颗恒星离你而去,则光的频率降低,于是一颗黄色的恒星看起来稍微发红。光频率的这种变化也可以通过使两点之间的空间扩张而实现,就像在膨胀着的宇宙中那样。通过测量频率的移动量,就可以计算出一颗恒星离你而去的速度。

爱因斯坦透镜和爱因斯坦环(Einstein lenses and rings)

这是指星光穿过星系之间的空间时,由于受到引力影响而发生的光学失真。遥远的星系团往往看起来像一个环状。爱因斯坦透镜可以用来计算多种量值,包括是否存在暗物质,甚至拉姆达值和哈勃常数值。

爱因斯坦-波多尔斯基-罗森(EPR)试验(Einstein-Podolsky-Rosen〔EPR〕experiment)

这项试验本来是设计用来推翻量子理论的,但实际上却证实了宇宙是"非定域性"的。如果一次爆炸使两个相干光子向两个相反方向飞散,且如果自旋量被保存下来,那么一个光子的自旋就与另一个的自旋正相反。于是,测量一个自旋就可以自动得出另一个自旋,哪怕另一个粒子远在宇宙的另一端。由于这个原因,信息的传播速度比光快。(然而,这种方式无法用于传递有用信息,例如一条短信之类的。)

爱因斯坦-罗森桥(Einstein-Rosen bridge)

把两个黑洞解连接起来而形成的虫洞。起初是要用这种解来代表一个爱因斯坦统一场论中的亚原子粒子,例如电子。但自那以后,它一直被用来描述靠近黑洞中心的空间-时间。

电磁力(electromagnetic force)

这是指电与磁之力。当它们振动一致的时候,它们所产生的波可以描述紫外线辐射、无线电、伽马射线等,这些都遵循麦克斯韦方程。电磁力是主宰宇宙的四种力之一。

电子(electron)

这是围绕着原子核的、带负电荷的亚原子粒子。围绕原子核的电子数量决定一个原子的化学特性。

电子简并压力（electron degeneracy pressure）

这是垂死恒星中的排斥力,阻止电子或中子完全坍塌。对于一颗白矮星来说,这意味着,如果它的质量大于1.4个太阳质量,则它的引力会超过这个力。此力是泡利不相容原理造成的,该原理声称,不可能存在量子态完全相等的两个电子。如果白矮星的引力大到足以克服这个力,那么它就会坍塌,然后爆炸。

电子伏特（electron volt）

这是电子电压下降1伏特时所积聚的能量。相比之下,化学反应中涉及的能量一般都以几个电子伏特计,或不到1个电子伏特,而核子反应则可涉及几亿电子伏特。普通化学反应中的能量只有几电子伏特。核子反应所涉及的能量以数百万电子伏特计。今天,我们的粒子加速器可以产生出带有几十亿至几万亿电子伏特能量的粒子。

熵（entropy）

这是无序或混沌状态的度量单位。根据热力学第二定律,宇宙中熵的总量永远增加,这意味着一切事物最终必然恶化。把它应用于宇宙,就意味着,宇宙将趋向于一种最大熵的状态,例如,成为一团接近绝对零度的均匀的气体。要想使小范围内的熵降低(例如在冰箱中),就要额外增加机械能。但即使对于冰箱来说,熵的总量还是增加了(例如,这就是为什么电冰箱的背面是热的)。有些人相信,热力学第二定律最终预示宇宙的死亡。

事件穹界（event horizon）

这是指围绕着黑洞的有去无回之点,通常称为穹界（horizon）。一度曾相信它是个有无穷引力的奇点,但现在证明,它是用来对它进行描述的坐标系的人为产物。

奇异物质（exotic matter）

这是一种具有负能量的新形式的物质(意指负物质。——编者注)。它与反物质不同,反物质有正能量。负物质会有反引力,因此它会向上升起,而不是向下掉落。如果它存在的话,就可以用它来驱动时间机器。然而还从来没有发现这种物质。

太阳系外行星（extrasolar phanet）

这是指围绕着除我们这个太阳之外的恒星旋转的行星。迄今已探测到100多颗这类行星,大约每个月发现两颗。不幸的是,它们当中的大多数都像木星一样,不利于生命的诞生。在几十年之内,将有人造卫星被派往外太空,寻找像地球一样的太阳系外行星。

假真空（false vacuum）

一种能量不是最低的真空状态。大爆炸的一瞬间,假真空可能是一种完美对称状态,随着能量状态降低,这种对称被打破。假真空状态有其内在不稳定性,因此不可避免地要过渡到能量水平更低的真真空。假真空的概念在膨胀说中起关键作用,根据膨胀说,宇宙起始之时处于德西特尔膨胀状态。

费米子（fermion）

这是指具有半整数自旋的亚原子粒子,如质子、电子、中子和夸克。费米子可通过超对称作用与玻色子达到统一。

微调（fine-tuning）

这是指把某些参数调节到难以置信的精确度。物理学家不喜欢做微调,认为它是一种人为安排,因此努力通过运用物理原理上的解释来消除做微调的必要性,即,要对平坦的宇宙做解释,可以不做微调,而是通过膨胀说来解释;要解决大统一理论(GUT)中的级列问题,可以不通过微调方式,而采用超对称理论来解释。

平坦度问题（flatness problem）

如果接受宇宙是平坦的,就需要进行一项这样的微调。为使欧米伽值大致等于1,那么在发生大爆炸的一瞬间就必然经过了微调使之达到难以置信的精准度。目前的实验表明,宇宙是平坦的,这说明,要么它在发生大爆炸时经过了精确度难以置信的微调,要么宇宙是被在宇宙空间中平摊开后膨胀起来的。

弗里德曼宇宙（Friedmann universe）

爱因斯坦方程式最普通的宇宙学解建立在一个均匀一致无差异的宇宙之上。而弗里德曼宇宙则是一个动态解,宇宙要么经过膨胀最终进入大冻结,要么经过坍塌最终进入大坍缩,要么永远膨胀,这都取决于欧米伽值和拉姆达值。

聚变（fusion）

把质子或其他轻核子结合起来,使它们形成更高级的核子,在此过程中释放出能量。由氢到氦的聚变过程可产生出像我们这颗太阳这种主序星的能量。大爆炸过程中轻元素的聚变使我们有较多的像氦那样的轻元素。

星系（galaxy）

指巨大的恒星集群,通常都有几千亿颗恒星。星系有多种,有椭圆形的、螺旋形的(普通螺旋和棒旋)以及不规则形的。我们这一星系称为银河系。

广义相对论（general relativity）

这是爱因斯坦的引力理论。在爱因斯坦的理论中,引力不再作为一种力,而是被降解为一个几何学的产物,是时空的弯曲度造成了一种错觉,让人觉得好像有一种叫做引力的吸引力量。在实验中已经证实广义相对论的准确率为 99.7% 以上,预言了黑洞的存在,以及宇宙在扩张中。然而这项理论被应用到黑洞中心或宇宙创立的一刹那时就不起作用了,无法做出有意义的预言。要解释这些现象,必须采用量子理论。

金凤花区域（Goldilocks zone）

使智慧生命成为可能的狭窄参数频带,又称适居带。地球和宇宙"正好"落在这样一个参数频带范围内,使能够构成智慧生命的化学物质得以产生。在宇宙的物理常数和地球的特性方面已经发现了几十个这种金凤花区域。

大统一理论（GUT）（Grand Unified Theory〔GUT〕）

这是一种把弱、强及电磁相互作用(不算引力)统一起来的理论。各种大统一理论的对称性(例如 SU(5))把夸克和轻子混合在一起。根据这些理论,质子是不稳定的,会衰变为正电子。大统一理论有内在的不稳定性(除非加进超对称性)。各种大统一理论都没有引力概念(大统一理论中加进引力概念之后就会出现带有无穷数的发散)。

祖父悖论（grandfather paradox）

在有关时间旅行的故事中,一旦改变了过去,现今的一切就成为不可能,于是就产生了这个悖论。如果你回到过去,在你出生之前就把你的父母杀死了,那么你根本就不可能存在。要解决这个悖论,要么就是运用自身一致性原理,这样,你虽然可以回到过去,但你不能人为改变它;要么就应该存在平行宇宙。

引力子（graviton）

这是一种设想出来的亚原子粒子,是引力的量子。引力子的自旋为 2。它小到不能在实验室中观察到。

引力波（gravity wave）

爱因斯坦广义相对论中预言的一种引力的波。通过观察相互围绕着旋转的脉冲星的老化过程,已经间接测量到这种波。

引力波探测器（gravity wave detector）

一种新一代的装置,通过激光束,对引力波造成的微小紊乱现象进行测量。像 LIGO 观测站这类引力波探测器有可能不久以后发现它们。引力波探测器可用来分析大爆炸之后一万亿分之一秒内释放出的辐射。设在太空的 LISA 引力波探测器甚至有可能为弦理论或某些其他理论提供出首次实验证据。

霍金辐射(Hawking radiation)

指从黑洞中缓慢蒸发出来的辐射。这种辐射以黑体辐射为形式,有特定的温度,是由于量子粒子可以穿透围绕黑洞的引力场而造成的。

杂化弦理论(heterotic string theory)

最具物理实际意义的弦理论。它的对称群为 E(8)×E(8),大到足以容纳标准模型的对称性。用 M 理论来解释的话,可以显示杂化弦其实等同于其他 4 种弦理论。

级列问题(hierarchy problem)

各种大统一理论中低能物理学与普朗克长度上的物理学之间产生的一种恼人的混合,会使这些理论成为无用的理论。通过引入超对称性可以解决级列问题。

希格斯场(Higgs field)

从假真空到真真空的过渡过程中,打破各种大统一理论的对称性的场。各种希格斯场是大统一理论中物质的起源,也可以用它来驱动膨胀。物理学家希望大型强子对撞机(LHC)最终能够找到希格斯场。

穹界(horizon)

这是指人的目力所及的最远处。围绕着黑洞有一片奇异的区域,称为史瓦西半径,是个有去无回之点。

穹界问题(horizon problem)

这指的是为什么不论我们朝哪个方向看,宇宙都是如此均匀这样一个谜。甚至夜空中遥相对望的地平线两端的区域也是均匀的。这是奇怪的现象,因为在时间起始之初,它们不可能有热接触(因为光的速度是确定的)。如果大爆炸是在一个微小的均匀面上发生的,然后膨胀成为今天的宇宙,那么就可以解释得通了。

哈勃常数(Hubble's constant)

这是指红移星系的速度除以它的距离。哈勃常数用于测量宇宙膨胀的速率,它的倒数与宇宙的年龄成大致相关关系。哈勃常数越低,宇宙的年龄越大。WMAP 卫星把哈勃常数定在每百万秒差距 71 千米/秒,或者说每百万光年 21.8 千米/秒,从而结束了长达几十年的争议。(每百万秒差距相当于 3.26 百万光年。——译者注)

哈勃定律（Hubble's law）

这是说，星系离地球越远，它的移动速度就越快。这是 1929 年由埃德温·哈勃发现的。这项观察与爱因斯坦的膨胀宇宙理论相吻合。

超空间（hyperspace）

这是指超过四个维度的空间。弦理论（M 理论）预言，应该有 10(11) 个超空间维度。目前为止，还没有实验数据表明存在这些高维度，也许因为它们太小，不能被测量到。

膨胀理论（inflation）

这项理论说，宇宙在诞生之时经历了难以置信的超阈限扩张。膨胀理论可以解决平坦度、磁单极子以及穿界问题。

红外线辐射（infrared radiation）

这是频率稍低于可见光的热辐射或电磁辐射。

干涉（interference）

这是指两种在"相"或频率方面稍有不同的波之间的混合，产生出别具特征的干扰图像。通过对这一图像进行分析，就可以探测到两种波之间非常细微的差别。

干涉测量法（interferometry）

这是利用光波干涉而探测来自两个不同光源的光波之间的细微差别。干涉测量法可以用来测量是否存在引力波，以及其他一般情况下很难探测到的对象。

同位素（isotope）

这是一种质子数量相同，但中子数量不同的化学元素。同位素的化学特性相同，但重量不同。

卡鲁扎-克莱恩理论（Kaluza-Klein theory）

这是以五个维度表达的爱因斯坦理论。当把它降解为四个维度时，可以发现与麦克斯韦的光理论结合在一起的普通爱因斯坦理论。因此，这是光与引力之间第一种非平凡统一。如今，卡鲁扎-克莱恩理论已被纳入弦理论。

克尔黑洞（Kerr black hole）

这是爱因斯坦方程式的一个精确解，代表一个有自旋的黑洞。黑洞会坍塌为一个奇异环。从这个环中掉落的物体只会受到有限的引力，而且从原则上来讲，有可能穿过这个环进入一个平行宇宙。克尔黑洞有无限多个平行宇宙，但是一旦你进入其中之一就不可能再回来。迄今还不知道克尔黑洞中心的虫洞到底有多稳定。要想尝试作一次穿越克尔黑洞的航行,存在若干理论和实践上的困难。

拉姆达值(Lambda)

这是一个宇宙常数,用以度量宇宙暗物质的数量。迄今已有的数据表明欧米伽值＋拉姆达值＝1,这与膨胀说或平行宇宙说的预言相吻合。人们一度认为拉姆达值为零,现在人们知道,它决定着宇宙的最终命运。

激光(laser)

这是一种用来产生相干光辐射的装置。英文中激光"laser"是"受激辐射光放大(Light Amplification through Stimulated Emission of Radiation)"的缩写。从原则上来讲,唯一能对激光光束上所承载能量形成限制的是发射激光的材料。

轻子(lepton)

这是一种弱相互作用粒子,如电子和中微子及其较高级的代,例如 μ 介子。物理学家相信,所有物质都由强子和轻子(强相互作用粒子和弱相互作用粒子)构成。

LHC(Large Hadron Collider)

这是指大型强子对撞机,是一种粒子加速器,用以产生强大的质子束,它设在瑞士日内瓦。该装置几年之内最终建成以后,将以自大爆炸以来未曾见过的强大能量使粒子对撞。人们希望,2007 年 LHC 投入使用以后将能找到希格斯粒子和超粒子。

光年(light-year)

光在一年时间内达到的距离,大约为 5.88 万亿英里(9.46 万亿千米)。最近的恒星大约位于 4 光年以外,银河系的直径大约为 100 000 光年。

LIGO 观测站(Laser Interferometry Gravitational-Wave Observatory)

这是英文"激光干涉引力波观测站"的缩写,位于华盛顿州和路易斯安那州,是世界上最大的引力波探测器,2003 年投入使用。

LISA 卫星(Laser Interferometry Space Antenna)

这是英文"激光干涉太空天线"的缩写,是一组太空卫星,共 3 颗,利用激光光束测量引力波。几十年后把它发射升空后,它的灵敏度将足以确认或推翻膨胀理论,乃至弦理论。

MACHO(Massive Compact Hole Object)

这是英文"大质量致密晕轮天体"的缩写。这是些暗恒星、行星和小行星,难以用光学望远镜探测到,可能构成暗物质中的一部分。最新数据表明,暗物质总体来说都是非重子性质的,也并非由大质量致密晕轮天体(MACHOs)构成的。

多世界理论(many-worlds theory)

这是一种量子理论,声称一切可能的量子宇宙都可以同时存在。该理论声称,宇宙在每个量子交汇点上分裂一次,以此解释了薛定谔之猫问题,因为这样,猫可以在一个宇宙中活着,而在另一个宇宙中已死去。近来越来越多的物理学家表示支持多世界理论。

麦克斯韦方程(Maxwell's equation)

这是有关光的基本方程,由詹姆斯·克拉克·麦克斯韦于1860年首次写出。这些方程显示,电场和磁场可以互相转换。麦克斯韦证明,这些场以一种波样运动互相转换,产生出以光速传播的电磁场。麦克斯韦进而大胆猜测,这就是光。

膜(membrane)

以各种维度存在的延展表面。零位膜是个点状粒子。一位膜是一根弦。二位膜是一片膜。膜的概念是M理论中的关键特点。可以把弦视为一片有一个维度被压缩了的膜。

微波背景辐射(microwave background radiation)

大爆炸最初辐射的遗迹,温度大约为绝对零度之上2.7度(K)。这种背景辐射中的细微差异为科学家提供了宝贵的数据,可以用来对多种宇宙学理论进行验证或排除。

磁单极子(monopole)

磁场的单独一个极。磁体通常都有不可分开的北极和南极,因此从来未能在实验室中确切看到过磁单极子。大爆炸之时按理说应产生了大量的磁单极子,但我们今天一个也看不到,也许在膨胀过程中它们的数量被稀释了。

M理论(M-theory)

弦理论中的最先进版本。M理论存在于11个维度的超空间中,那里可以有二位膜和五位膜。可以有5种方法把M理论降解为10个维度,从而带给我们5种已知的超弦理论,现在知道它们其实就是同一种理论。M理论的全套方程迄今完全无人知晓。

多连通空间(multiply connected space)

在这种空间中,套索或活套无法被连续收缩为一个点。举例来说,环绕在面包

292

圈表面的活套不能被收缩为一个点,因此面包圈就是多连通的。虫洞就是典型的多连通空间,所以绕在虫洞脖子上的套索不能被抽紧。

多元宇宙(multiverse)

许多宇宙。这一概念一度被认为带有高度的猜测性,如今被看做是理解早期宇宙的关键概念。有若干形式的多元宇宙,都密切相关。任一量子理论都有一个多元宇宙的各种量子态。应用到宇宙上,这就意味着存在着无穷数量的平行宇宙,互相分离。膨胀理论引入多元宇宙说,用以解释膨胀的过程是如何开始并结束的。弦理论引入多元宇宙说,因为它提供了大量的可能的解。在 M 理论中,这些宇宙实际可以互相碰撞。还有一些人出于哲学上的需要,引入多元宇宙说,来解释人择原理。

μ 介子(muon)

缪介子,一种与电子完全相同的亚原子粒子,但质量要大得多。它属于标准模型中的第二种冗余代。

负能量(negative energy)

这种能量小于零。物质有正能量,引力有负能量,这二者在许多宇宙模型中都可以互相抵消。在量子理论中,由于有卡西米尔效应和其他一些效应,则允许有一种不同的负能量,可以用做一种驱动力,使虫洞稳定。负能量在创造和稳定虫洞过程中有用。

中微子(neutrino)

这是一种飘忽不定的、几乎没有质量的亚原子粒子。它们对其他粒子的反应非常弱,可以穿透若干光年厚的铅而不与任何东西发生相互作用。它们是从超新星中大量释放出来的。中微子的数量大到把围绕坍缩中的恒星周围的气体加热的程度,从而导致超新星的爆发。

中子(neutron)

这是一种中性的亚原子粒子,与质子一起构成原子核。

中子星(neutron star)

这是指坍塌的恒星,由致密的中子构成。它的直径通常为 10～15 英里(16～24 千米)。当它自转的时候,它以不规则方式释放出能量,造成脉冲星。它是超新星的遗骸。如果中子星相当大,大约如 3 个太阳质量那样大,那么它就有可能坍塌为一个黑洞。

核合成（nucleosynethesis）

从大爆炸时开始的以氢创造高等级核子的过程。这样，人们就可以获得比较丰富的各种可以在大自然中找到的元素。这是大爆炸的三个"证据"之一。高等元素是在恒星中心形成的。超过铁以上的元素都是在超新星爆发中炮制成的。

核子（nucleus）

原子中微小的核心，由质子和中子构成，直径大约 10^{-13} 厘米。核子中质子的数量决定了围绕着核子的壳层中有多少电子，这又进而决定了原子的化学特性。

奥尔贝斯悖论（Olbers' paradox）

这个悖论提出的问题是，夜空为什么是黑色的。如果宇宙是无穷大的，而且是均匀的，那么我们肯定会接收到无穷数量的恒星发出的光，因此天空应该是白的，这与我们观察到的实际情况不相符。大爆炸和恒星的有限寿命解释了这个悖论。大爆炸使从宇宙深空到达我们眼睛的光线截断了。

欧米伽值（Omega）

这是测量宇宙中物质的平均密度的参数。如果拉姆达值 = 0，欧米伽值小于 1，那么宇宙将永远膨胀，直到进入大冻结。如果欧米伽值大于 1，那么就有足够的物质，把扩张过程反转过来，最后进入大坍缩。如果欧米伽值 = 1，那么宇宙就是平的。

微扰理论（perturbation theory）

物理学家利用微扰理论，通过求出无穷数量的小修正之和的方式，解决量子理论问题。弦理论中几乎所有的工作都是通过弦微扰理论完成的，但有一些最为有趣的问题则超出了微扰理论的能力，例如超对称性破缺。于是，我们就需要有非微扰方式来解弦理论，但目前这种方式还没有以任何系统的方式真正出现。

光子（photon）

光的粒子或量子。光子是爱因斯坦首次提出的，用以解释光电效应，即，把光照射到金属上时会弹射出电子。

普朗克能量（Planck energy）

100^{19} 亿电子伏特。这是大爆炸的能量，此时所有的力都统一为单独一个超力。

普朗克长度（Planck length）

10^{-33} 厘米。这是在大爆炸时期的尺度，那时引力与其他力的强度一样。在这个尺度上，空间-时间变成"泡泡状"，真空中有微小的泡泡和虫洞出现并消失。

10 的幂（powers of ten）

科学家用来标示极大或极小数字的一种简便写法。例如，10^n 就等于 1 之后跟着 n 个零。1 000 就是 10^3。同样，10^{-n} 就等于 10^n 的倒数，即，$0.000\cdots001$，有 $n-1$ 个零。同样，千分之一就是 10^{-3} 或 0.001。

质子（proton）

这是一种有正电荷的亚原子粒子，与中子一起构成原子核。它们很稳定，但大统一理论预言，在经过很长时期以后，它们有可能衰变。

脉冲星（pulsar）

这是旋转中的中子星。由于它不规则，所以它就像一座旋转着的灯塔，看起来像是一颗眨眼睛的恒星。

量子涨落（quantum fluctuation）

相对牛顿或爱因斯坦经典理论的一些微小变化，是由测不准原理造成的。宇宙本身可能就是从子虚乌有中的量子涨落（超空间）演化出来的。大爆炸中的量子涨落造就了今天的星系团。几十年来一直阻碍形成统一场理论的量子引力问题，在于引力理论的量子涨落具有无穷性，而这是无法解释的。迄今为止，只有弦理论能消除这些无穷的引力量子涨落。

量子泡沫（quantum foam）

这是指在普朗克长度的层面上，空间-时间产生的微小的像泡沫一样的扭曲。如果我们能够窥探到普朗克长度上的时空结构，那么我们就会看到那里有许多极小的泡泡和虫洞，看起来像泡沫一样。

量子引力（quantum gravity）

一种遵循量子原理的引力形式。把引力量化的时候，我们会看到一个引力包，称为引力子。把引力量化的时候，我们通常发现它的量子涨落是无穷的，从而使这个理论变得毫无用处。目前，弦理论是唯一能够消除这些超位数的。

量子跃迁（quantum leap）

这是指物体状态发生突然变化，是经典物理学所不允许的。原子内部的电子在轨道之间进行量子跃迁，在此过程中或释放光或吸收光。宇宙有可能是从子虚乌有中发生了一次量子跃迁，从而产生了我们今天的宇宙。

量子力学（quantum mechanics）

这是指 1925 年提出的完整的量子理论，取代了普朗克和爱因斯坦的"老的量子理论"。旧的量子理论汇集了各种旧的经典概念和较新的量子概念。与此不同,量子力学以波动方程和测不准原理为基础,代表了与经典物理学的重大决裂。实验室中还从来没有发现不符合量子力学的现象。该理论在今天的最新版本称为量子场论,它把狭义相对论和量子力学结合在一起。然而,要为引力建立一个完整的量子力学理论是超乎寻常地困难。

量子理论(quantum theory)

这是亚原子物理的理论。它是有史以来最成功的理论之一。量子理论加上相对论构成基础层面上全部物理学知识的总和。粗略而言,量子理论是建立在三项原则之上的:(a)能量以称做量子的离散包形式存在;(b)物质是以点状粒子为基础的,但找到它们的概率则是由波来显示的,而波则遵循薛定谔的波动方程;(c)要使波坍塌并确定一个物体的最终状态,需要进行观测。量子理论的基本原理与广义相对论的基本原理是倒转过来的,广义相对论有确定性,并且是建立在光滑表面上的。如何将相对论与量子理论结合起来,是今天物理学面临的最大难题之一。

夸克(quark)

一种构成质子和中子的亚原子粒子。三个夸克构成一个质子或中子,一个夸克和一个反夸克组成的一对构成一个介子。夸克本身是标准模型的组成部分。

脉冲星(quasar)

这是准恒星天体。它们是在大爆炸之前不久形成的巨大星系。在它们的中心有巨大的黑洞。我们今天看不到脉冲星,正好推翻了稳恒态理论,该理论声称,今天的宇宙与几十亿年以前没有什么不同。

红巨星(red giant)

红巨星是燃烧氦的恒星。当一个像我们这颗太阳一样的恒星耗尽了其氢燃料以后,它就开始膨胀,形成燃烧氦的红巨星。这意味着,大约 50 亿年以后,当太阳变成红巨星时,地球最终在大火中死去。

红移(redshift)

遥远星系在多普勒效应下发红或光频减弱,说明它们正在离我们而去。空寂的太空在膨胀时也会发生红移,例如扩张中的宇宙。

相对论(relativity)

这是爱因斯坦的理论,包括狭义相对论和广义相对论。前一种理论研究光以及平的四维时空。它的根本原理是,光在所有的惯性坐标系中都保持一样。后一种理论研究的是引力和弯曲的空间。它的根本原理是,引力参考系和加速参考系是没有区别的。相对论和量子理论结合起来就代表全部物理学知识的总和。

薛定谔之猫悖论(Schrödinger's cat paradox)

这个悖论提出的问题是,猫是否可能同时既已死去又还活着。根据量子理论,装在盒子里的猫有可能同时既是死的又是活的,至少在我们对其进行观察之前是这样,这听起来荒唐。但是根据量子力学,在我们真正进行观测之前,我们必须把猫的波函数的所有可能状态(死的、活的、正在跑着、睡着、正在吃东西等)都考虑进去。要解决这个悖论有两种主要办法,即,要么假定意识决定存在,要么假定存在着无穷数量的平行宇宙。

史瓦西半径(Schwarzschild radius)

这是指事件穹界的半径,或者说是黑洞的有去无回点。对于太阳来说,史瓦西半径大致为 2 英里(3.22 千米)。一颗恒星一旦被压缩到其事件穹界以内,它就坍塌成一个黑洞。

单连通空间(simply connected space)

在这种空间中,任何套索都可以被持续收缩成一个点。平坦的空间是单连通的,而面包圈或虫洞则不是。

奇点(singularity)

这是一种无穷引力的状态。广义相对论预言,在非常普通的条件下,奇点存在于黑洞中心和宇宙诞生之时。在这些情况下,广义相对论不再起作用,不得不引入量子引力理论。

狭义相对论(special relativity)

爱因斯坦在 1905 年提出的理论,其基础是光的速度恒定。依据这条原理,你运动的速度越快,时间就变得越慢,质量就越增加,距离就越缩短。同时,物质和能量由 $E = mc^2$ 这个等式关联起来。狭义相对论所产生的结果之一就是原子弹。

光谱(spectrum)

光中的各种不同颜色或频率。通过对星光的光谱进行分析,可以确定恒星主要是由氢和氦构成的。

标准烛光(standard candle)

这是指一种标准化了的光源,适用于全宇宙,供科学家用以计算天文距离。标准烛光越暗,说明它离得越远。一旦知道标准烛光的亮度,我们就可以计算它的距离。今天所采用的标准烛光是Ⅰa 型超新星和造父变星。

标准模型（Standard Model）

这是有关弱相互作用、电磁相互作用和强相互作用的最成功的量子理论。它的基础是夸克的 SU(3) 对称、电子和中微子的 SU(2) 对称和光的 U(1) 对称。它汇集了一大批粒子：夸克、胶子、轻子、W 玻色子和 Z 玻色子，以及希格斯粒子。它不能成为万物理论的原因有三：（a）它对引力只字未提；（b）它有 19 个必须通过手工确定的参数；（c）它有三个完全相同的夸克和轻子代，是多余的。标准模型可以被纳入一种大统一理论（GUT），乃至最终纳入弦理论，但目前对这两种理论还没有任何实验证据。

稳恒态理论（steady state theory）

这种理论说，宇宙没有开始，它一边膨胀一边不断地产生出新的物质，以此保持同样的密度。后来由于若干原因，这项理论被否定了，例如，发现了微波背景辐射，以及发现了类星体和星系各自不同的演化阶段。

弦理论（string theory）

这种理论的基础是微小的、振动着的弦，它们的每种振动方式就对应于一种亚原子粒子。这是唯一能把引力与量子理论结合在一起的理论，从而使它成为万物理论的首要候选理论。它只有在 10 个维度中才能从数学上自圆其说。它的最新版本是 M 理论，是以 11 个维度定义的。

强核作用力（strong nuclear force）

这是把核子绑缚在一起的力。这是四种基本作用力之一。物理学家采用量子色动力学来描述强相互作用力（以符合 SU(3) 对称性的夸克和胶子为基础）。

超新星（supernova）

超新星是爆发中的恒星。它们的强度非常高，有时其光芒可以盖过一个星系。有许多种超新星，其中最有趣的是 I a 型超新星，它们都很相像，可以用来当做测量星系距离的标准烛光。I a 型超新星的形成，是由于正在老化的白矮星从其伴星处偷取了物质，使其超越了钱德拉塞卡尔极限，因此突然坍塌，随后爆发。

超对称性（supersymmetry）

这是指可以使费米子和玻色子互换的对称性。这一对称性解决了级列问题，还帮助消除超弦理论中任何剩余的奇异性。这种对称性意味着，标准模型中的所有粒子都必须有伴子，称为超粒子，迄今还从未在实验室中看到过它们。超对称性原则上可以把宇宙中所有的粒子统一到单一的一种物体中。

对称性（symmetry）

物体重新组织或安排后仍然保持不变或与原来一样的特性。不论以多少个60度去旋转雪花，它都保持不变。圆圈以任何角度旋转都保持不变。对夸克模型的三个夸克重新组织之后，夸克模型能保持不变，这就是SU（3）对称性。弦在超对称性及其表面共形形变下保持不变。对称性在物理学中起到关键作用，因为它们帮助消除量子理论中的多种奇异性。

对称性破缺（symmetry breaking）

量子理论中的对称性破缺。人们认为，在大爆炸之前，宇宙是完美对称的。大爆炸之后，宇宙冷却并老化，因此四种基本作用力以及它们的对称性出现了破缺。今天，宇宙已经破缺得惨不忍睹，所有这些作用力都彼此分离。

热力学（thermodynamics）

关于热的物理学。有三项热力学定律：物质与能量守恒，熵永远增加，以及不可能达到绝对零度。热力学在理解宇宙怎样死去方面起到关键作用。

隧穿（tunneling）

这是粒子穿透牛顿力学所不允许的障碍的过程。放射性阿尔法粒子的衰变就是因为隧穿，隧穿概念是量子理论的产物。宇宙本身可能就是由隧穿创造的。曾有猜测，也许可以在各个宇宙之间进行隧穿。

Ⅰ、Ⅱ、Ⅲ 类文明（type Ⅰ, Ⅱ, Ⅲ civilizations）

由尼古拉·卡尔达舍夫（Nikolai Kardashev）提出的一种分类方法，把外太空的文明按照它们所产生的能量进行排位。这种分类对应于一个文明是否能够掌握整个行星、整个恒星还是整个星系的能量。目前，太空中还没有发现存在其中任何一种的证据。我们自己的文明可能相当于一个0.7类文明。

Ⅰa 型超新星（type Ⅰa supernova）

经常被用作测距的标准烛光的超新星。这种超新星在双星体系中产生，其中，白矮星缓慢地从伴星中抽取物质，导致它超出1.4个太阳质量的钱德拉塞卡尔极限，使之爆炸。

测不准原理（uncertainty principle）

这项原理说，你不可能以无穷精确度既知道一个粒子的位置又知道它的速度。粒子位置的不确定性乘以粒子动量的不确定性，必然大于或等于普朗克常数除以2π。测不准原理是量子理论中最根本的部分，它把概率概念引入宇宙。由于有了纳米技术，物理学家可以随心所欲地对单个原子进行操作，从而可以在实验室中对测不准原理进行测试。

统一场论(unified field theory)

这是爱因斯坦所探寻的一种理论,它可以把一切自然力统一到单一一个连贯的理论之中。目前,它的首要候选理论是弦理论或 M 理论。爱因斯坦原来相信,他的统一场论可以把相对论和量子理论吸纳到一个更高级的、不需要概率的理论中。然而弦理论是个量子理论,因而需要用到概率。

真空(vacuum)

这是指空无一切的空间。但是根据量子理论,空无一切的空间中充斥着虚拟的亚原子粒子,它们的寿命只延续 1 秒钟都不到。真空也是指一个系统的最低能量状态。据信,宇宙是从一种假真空状态发展到今天的真真空状态的。

虚拟粒子(virtual particles)

这是指在真空中瞬间闪现又旋即消失的粒子。它们不符合已知的守恒定律,但由于测不准原理的作用,只持续很短一段时间。过后,守恒定律又作为真空中的一种平均状态继续起作用。如果真空中加入了足够的能量,虚拟粒子有时会变成真正的粒子。从微观角度上来看,这些虚拟粒子可能包括虫洞和婴宇宙。

波函数(wave function)

伴随着每一个亚原子粒子的波。它是对概率波的数学描述方式,用以确定任何粒子的位置和速度。薛定谔是第一个为电子的波函数写出方程式的人。在量子理论中,物质是由点状粒子构成的,但波函数则给出找到这种粒子的概率。后来狄拉克(Dirac)提出了一种波动方程,它结合了狭义相对论。目前,包括弦理论在内的所有的量子物理学都是建立在这些波的概念之上的。

弱核作用力(weak nuclear force)

这是指核子内部的力,是它使核衰变成为可能。这种力不够强大,不能把核子聚在一起,因此核子会散开。弱作用力对轻子(电子和中微子)起作用,由 W 玻色子和 Z 玻色子承载。

白矮星(white dwarf)

这是一种到了寿命最后阶段的恒星,是由氧、锂及碳等低等元素构成的。它们是在红巨星耗尽了其氦燃料并坍塌之后形成的。它们一般如地球般大小,重量不超过 1.4 个太阳质量(否则就会坍塌)。

WIMP（Weakly Interacting Massive Particle）

　　英文"弱相互作用重粒子"的缩写。人们猜测,宇宙中大部分的暗物质都是由它们构成的。最有希望被确认为是弱相互作用重粒子(WIMPs)的,是弦理论所预言的超粒子。

虫洞（wormhole）

　　这是指两个宇宙间的通道。数学家们称这些空间为"多连通空间",即,在这种空间中,不能把套索收缩成一个点。现在还不清楚,有没有可能穿过虫洞而不破坏其稳定性或让人活着穿过它。

不必逃逸我们的宇宙
（向读者致谢）

　　《平行宇宙》中文版自2008年5月面世以来，得到众多挚爱高端科学图书读者的厚爱，对本书的网评、报评和书评很多，如华中科技大学物理学院的杨建邺教授，网友优游卒岁、Finding、上杉、into_the_forest、三无人员、gerry、观是音、ole等等数不胜数的高品位读者。亦有很多深藏不露的高端读者大隐于高校、院所和民间，如吴岩、杨鹏等等。

　　值得一提的是四年前来自北京的一位读者电话（很抱歉忘了问他的大名），他在西单附近的一家小书店偶然看到《平行宇宙》，阅读后倍感高兴，抑制不住内心的快乐，辗转将电话接到我的办公室，聊述阅读的感受，并慎重叮嘱一定要多出这样的好书。

　　杨建邺教授亦是亲书笔墨，致信十分赞同出版值得留存、值得反复阅读的图书，并将洋洋大观的书评发往《现代物理知识》杂志发表，非常希望有更多的年轻学子能阅读《平行宇宙》，以助其思想展翅于浩瀚的宇宙之上。（不止于此，他还发表了热情洋溢的《量子理论》《物理学的未来》《终极理论》书评，并强烈推荐引进《科学的火星人》。）

　　由此，让我想起了ole、观是音等的网评，他们既为《平行宇宙》的品质感所叹服，亦为中文版的瑕疵而叹息，遗憾之情溢于言表，辛辣之手不辞劳苦地将书中编校之不足一一列举，足见阅读之精深、知识之渊博、品位之雅正、爱书之心切，还有很多这样的超一流读者，让我很受"摧残"又很受感动，感谢与歉疚之情不由自主地像超弦一般杂合在了一起。

　　当然，into_the_forest、优游卒岁、Finding等的网评也十分中肯和令人鼓舞，如数家珍般地细述了《平行宇宙》的种种宏大与精微、前沿与玄奥的奇妙之处。然而，将《平行宇宙》高比《时间简史》觉得是极度赞誉了，其实很难高比的。《时间简史》乃巅峰，

《平行宇宙》或许可能接近山顶。

同时,还要说说《科学时报》,他们在《平行宇宙》出版后很短的时间内就对本书和"科学可以这样看丛书"作了颇有深度和见地的详尽报道,可见它的锐度和执着。(还有豆瓣、新浪、百度、当当、卓越、京东……)

故而在此向所有热爱、呵护和关注《平行宇宙》的读者致以诚挚的谢意,并对中文第一版中存在的瑕疵向读者表达深深的歉意。

现在,您看到的《平行宇宙》是重新修订的中文版。本书原版没有改动,改正的是中文一版中主要由两个原因给读者阅读带来的不便:当初为了让读者尽早读到中文版,采用的是翻译原出版社定稿的 Word 文本,那时原版书尚未面世,且以为是根据最终版在译,原版书到手后虽然与定稿 Word 文本作了比对调整,结果还是出现了少量内容与原版书的些许偏差。在对中文译稿进行编辑加工时受限于六七年前的诸多主客观条件,留存下了人名、术语名、语句等欠贴切之处,诸如高-Z 超新星(高红移超新星)、MACHOs(重的紧凑的光环物体)(大质量致密晕轮天体)、麦克佩斯(麦克白)等等,这也是将英文名附在中文名后的原因,期望有助于读者顺畅了解加来道雄的原意,但或许会影响中文阅读的流畅感。

在《平行宇宙》中文二版中对读者、译者和编者发现的瑕疵作了改正。但有些人名或术语未作改动,如:海森堡(海森伯)、测不准原理(不确定性原理或不可测原理)等,主要基于这些人名、术语已经约定俗成且不影响阅读理解,或许不少读者更习惯于海森堡、测不准原理等。也有极少数英文缩写未找到合适的中文对应,如 ROSEBUD、EDELWEISS 等,好在基本不会影响阅读,就留存下来了。还有如"年表保护猜想"根据前后文似乎优于"时序保护猜想",因而选用了前者;再如《万千之路》(*All the Myriad Ways*)似乎比《那所有数不清的路》简洁。凡此种种,赘述二三。

《平行宇宙》中文二版期望继续得到您的挚爱、呵护、斧正,其中应该还会有一些疏漏之处,或许不多了,仍然希望读者不吝指正。

"科学可以这样看丛书"是我们长期出版的项目,已经出版 8 种图书(见果壳书单),今后每年都会有三五种新书面世,如 2014 年的《平行宇宙·新版》、《终极理论·二版》、《达尔文的黑匣子》、《物种之神》、《消灭秘密机器》,2015 年的《暴力解剖》、《心灵的未来》、《领悟我们的宇宙》(精装 12 开)等,初衷是借用好的科学图书有助于国人涉猎新知,永葆新锐鲜活的创造力,尤其是学生读者能从书中品尝到一些与教科书不一样的东西,或许可以勇敢地质疑科学泰斗们被众人奉为真理的思想与理论,或许顺带着让自己的素质能力与应试能力并行不悖。

　　高级科普的翻译是一件既有非凡意义,又有挑战性,还会有成就感的工作。真诚地欢迎对科学图书有兴趣、有感觉的读者朋友参与其中,不妨尝试一下读者 + 译者的乐趣。可随时(QQ: 553017398)建立联系。谢谢!

编者 2014 年 3 月于重庆

加来道雄博士解释说，世界上最重要的物理学家和天文学家正利用高度精密的波检测器、引力透镜、卫星和望远镜来寻找各种方法，以便对多元宇宙理论做检测验证。M理论的前景非常诱人，其意义难以尽数。如果平行宇宙确实存在，加来道雄博士推测，一万亿年之后，当宇宙变冷变暗，进入科学家所描述的大冻结时，很可能高级文明能找到一种方法乘坐某种"星际间救生飞船"逃离我们的宇宙。

　　探索黑洞、时间机器、另类宇宙、高维空间，这是一次令人难忘的旅程。《平行宇宙》一书讲述的是一场席卷宇宙学领域的革命，不可不看。

　　加来道雄博士是纽约城市大学研究生中心的理论物理学教授。他的几部著作都广受赞誉，其中包括《构想未来》(*Visions*)、《超越爱因斯坦》(*Beyond Einstein*)和《超空间》(*Hyperspace*)，均被《纽约时报》和《华盛顿邮报》提名为当年的最佳科学读物之一。他主持着一档全国联网的科学广播节目，还在诸如《晚间热线》、《60分钟》、《早安美国》以及《拉里·金直播在线》之类的全国性电视节目中亮相。

门外汉都能读懂的世界科学名著。在学者的陪同下，作一次奇妙的科学之旅。他们的见解可将我们的想象力推向极限！

1	平行宇宙（新版）	〔美〕加来道雄	43.80元
2	超空间	〔美〕加来道雄	59.80元
3	物理学的未来	〔美〕加来道雄	53.80元
4	心灵的未来	〔美〕加来道雄	48.80元
5	超弦论	〔美〕加来道雄	39.80元
6	宇宙方程	〔美〕加来道雄	49.80元
7	量子计算	〔英〕布莱恩·克莱格	49.80元
8	量子时代	〔英〕布莱恩·克莱格	45.80元
9	十大物理学家	〔英〕布莱恩·克莱格	39.80元
10	构造时间机器	〔英〕布莱恩·克莱格	39.80元
11	科学大浩劫	〔英〕布莱恩·克莱格	45.00元
12	超感官	〔英〕布莱恩·克莱格	45.00元
13	麦克斯韦妖	〔英〕布莱恩·克莱格	49.80元
14	宇宙相对论	〔英〕布莱恩·克莱格	56.00元
15	量子宇宙	〔英〕布莱恩·考克斯等	32.80元
16	生物中心主义	〔美〕罗伯特·兰札等	32.80元
17	终极理论（第二版）	〔加〕马克·麦卡琴	57.80元
18	遗传的革命	〔英〕内莎·凯里	39.80元
19	垃圾DNA	〔英〕内莎·凯里	39.80元
20	修改基因	〔英〕内莎·凯里	45.80元
21	量子理论	〔英〕曼吉特·库马尔	55.80元
22	达尔文的黑匣子	〔美〕迈克尔·J.贝希	42.80元
23	行走零度（修订版）	〔美〕切特·雷莫	32.80元
24	领悟我们的宇宙（彩版）	〔美〕斯泰茜·帕伦等	168.00元
25	达尔文的疑问	〔美〕斯蒂芬·迈耶	59.80元
26	物种之神	〔南非〕迈克尔·特林格	59.80元
27	失落的非洲寺庙（彩版）	〔南非〕迈克尔·特林格	88.00元
28	抑癌基因	〔英〕休·阿姆斯特朗	39.80元
29	暴力解剖	〔英〕阿德里安·雷恩	68.80元
30	奇异宇宙与时间现实	〔美〕李·斯莫林等	59.80元
31	机器消灭秘密	〔美〕安迪·格林伯格	49.80元
32	量子创造力	〔美〕阿米特·哥斯瓦米	39.80元
33	宇宙探索	〔美〕尼尔·德格拉斯·泰森	45.00元
34	不确定的边缘	〔英〕迈克尔·布鲁克斯	42.80元
35	自由基	〔英〕迈克尔·布鲁克斯	42.80元
36	未来科技的13个密码	〔英〕迈克尔·布鲁克斯	45.80元
37	阿尔茨海默症有救了	〔美〕玛丽·T.纽波特	65.80元
38	血液礼赞	〔英〕罗丝·乔治	预估49.80元
39	语言、认知和人体本性	〔美〕史蒂芬·平克	预估88.80元
40	骰子世界	〔英〕布莱恩·克莱格	预估49.80元
41	人类极简史	〔英〕布莱恩·克莱格	预估49.80元
42	生命新构件	贾乙	预估42.80元

欢迎加入平行宇宙读者群·果壳书斋QQ:484863244

邮购:重庆出版社天猫旗舰店、渝书坊微商城。

各地书店、网上书店有售。

扫描二维码
可直接购买